Zu diesem Buch

'Techniken der Datensammlung' werden in drei Studienskripten behandelt: 1. Interview - 2. Beobachtung - 3. Inhaltsanalyse, Sekundäranalyse. Jeder Band bietet eine geschlossene Darstellung.

Beobachtungsverfahren gehören zusammen mit dem Interview und der Inhaltsanalyse zum Stoff der Lehrveranstaltung 'Methodik der empirischen Sozialforschung', in der die Anfangssemester in die Grundlagen der empirischen Forschung eingewiesen werden. In diesem Skriptum werden deshalb keine Vorkenntnisse vorausgesetzt, so daß es sowohl zur Ergänzung der Lehrveranstaltung dienen kann, als auch für ein Selbststudium geeignet ist.

Dieses Skriptum stellt Beobachtungsverfahren aus der Sicht eines Soziologen dar. Es dürfte aber auch für Psychologen, Sozialpsychologen, Pädagogen, Politologen und Mediziner als Einführung geeignet sein, obwohl die speziell in der Psychologie entwickelten Verfahren und deren Problematik hier nicht behandelt werden.

Studienskripten zur Soziologie

Herausgeber: Prof. Dr. Erwin K. Scheuch
Dr. Heinz Sahner

Teubner Studienskripten zur Soziologie sind als in sich abgeschlossene Bausteine für das Grund- und Hauptstudium konzipiert. Sie umfassen sowohl Bände zu den Methoden der empirischen Sozialforschung, Darstellungen der Grundlagen der Soziologie, als auch Arbeiten zu sogenannten Bindestrich-Soziologien, in denen verschiedene theoretische Ansätze, die Entwicklung eines Themas und wichtige empirische Studien und Ergebnisse dargestellt und diskutiert werden. Diese Studienskripten sind in erster Linie für Anfangssemester gedacht, sollen aber auch dem Examenskandidaten und dem Praktiker eine rasch zugängliche Informationsquelle sein.

Techniken der Datensammlung **2**

Beobachtung

Von Dipl.-Volksw. K.-W. Grümer

Institut für vergleichende
Sozialforschung
der Universität zu Köln

1974

B. G. Teubner Stuttgart

Dipl.-Volksw. Karl-Wilhelm Grümer

1942 in Gummersbach geboren. 1964 bis 1970 Studium der Volkswirtschaftslehre, Soziologie und Sozialpsychologie an der Universität zu Köln. 1970 bis 1973 wissenschaftlicher Assistent; seit 1974 wissenschaftlicher Angestellter am Institut für vergleichende Sozialforschung der Universität zu Köln.

ISBN 3-519-00032-6

Printed in Germany
Druck: Julius Beltz, Hemsbach/Bergstr.
Umschlaggestaltung: W. Koch, Sindelfingen

Vorwort

In den Sozialwissenschaften werden drei Datenerhebungsverfahren unterschieden: das Interview bzw. die Befragung, die Inhalts- bzw. Dokumentenanalyse und die Beobachtung. Es ist nun das Ziel dieses Skriptums, den Studenten der einzelnen sozialwissenschaftlichen Disziplinen eine Einführung in die Probleme zu geben, die bei der Arbeit mit dem Datenerhebungsinstrument "Beobachtung" auftauchen können. Es soll damit auch gleichzeitig ein erster Überblick über die zu diesem Thema relevante Literatur gegeben werden, wodurch eine gezieltere Beschäftigung mit diesem Verfahren ermöglicht werden soll.
Es konnten im Rahmen dieser Arbeit nicht alle Probleme in der sicher notwendigen Breite behandelt werden, sodaß diejenigen, die an einer Vertiefung dieses Stoffes interessiert sind und die vor der empirischen Feldarbeit mit diesem Verfahren stehen, sich aus der Vielzahl der hier angebotenen Literatur das notwendige "Rüstzeug" holen können. Wir möchten aber schon hier darauf hinweisen, daß besonders die Beobachtung in der praktischen Feldarbeit eine Reihe von Problemen aufwirft, die sich gerade nicht mit "Patentrezepten" lösen lassen. In diesem Sinn kann und soll auch dieses Skriptum nicht als eine Art "Kochbuch" für Beobachtungsverfahren verstanden werden. Durch die Darstellung der Probleme soll vielmehr versucht werden, die einzelnen Vorgehensweisen wissenschaftlicher Beobachtung aufeinander zu beziehen und ihre theoretischen Grundlagen etwas zu erhellen.
Dieses Skriptum gliedert sich nun in zwei Teile: im ersten Teil behandeln wir die einzelnen Beobachtungsverfahren und die dabei auftretenden Schwierigkeiten und Probleme; es wird bereits an dieser Stelle versucht, Lösungsvorschläge zu erarbeiten. Der zweite Teil befaßt sich mit der Darstellung konkreter Untersuchungen, versucht deren Probleme anhand der Überlegungen des ersten Teils zu verdeutlichen und die angebotenen Lösungen zu beurteilen.
Der weite Bereich der Beobachtungen in standardisierten Expe-

rimental- und Testsituationen wird nicht behandelt, wir werden aber auf einige Verfahren der Sozialpsychologie näher eingehen. Die Abgrenzung von Beobachtung und Experiment ist sicher nicht ganz eindeutig und zudem in der Literatur umstritten (vgl.dazu S.24f.). Wir versuchen aber in dieser Arbeit, eine Trennung beider Verfahren vorzunehmen, um uns schwerpunktmäßig mit Beobachtungsverfahren der empirischen Sozialforschung zu beschäftigen.
Eine Schwierigkeit besonderer Art liegt für den Verfasser in der Tatsache, daß er selbst bisher nicht empirisch mit Beobachtungsverfahren gearbeitet hat. Dies führt nun dazu, daß wir nicht aus eigenem Erleben heraus Probleme der Feldarbeit darstellen und beschreiben können, sondern uns ausschließlich auf die Erfahrungen anderer mit diesem Verfahren stützen müssen. Die manchem Leser vielleicht etwas "trocken" erscheinende Darstellung wird sich z.T. daraus erklären lassen, schafft doch das eigene Erleben und die Erfahrung gerade in der Empirie die notwendige Souveränität in der Behandlung von Problembereichen.

Herrn Professor Dr.E.K. Scheuch bin ich verbunden für die Überlassung einiger älterer unveröffentlichter Manuskripte. Besonderen Dank sagen möchte ich Herrn Professor Dr.G. Kunz und den Herren Dr.H. Sahner und Dr.E. Erbslöh für die kritische Durchsicht des ersten Entwurfs für dieses Skriptum. Durch ihre zahlreichen Anregungen und Vorschläge gaben sie wertvolle Hilfen zur Überarbeitung des Manuskripts. Weiterhin möchte ich dem BELTZ-Verlag, Weinheim danken, für die Erlaubnis zum Abdruck einiger wichtiger Passagen aus der Monographie von J.Friedrich und H. Lüdtke "Teilnehmende Beobachtung" (1973); gleicher Dank gebührt der RAND McNALLY Company, Chicago für die Erlaubnis zu Abdruck der Verkodungsbeispiele aus E.F.Borgatta und B.Crowthe "A Workbook for the Study of Social Interaction Processes"(196 Leider ließ sich der ursprüngliche Plan nicht aufrechterhalten diese Beispiele im Anhang abzudrucken, da sonst der Rahmen die ses Skriptums gesprengt worden wäre.

Köln, im Januar 1974 Karl-Wilhelm Grümer

Inhaltsverzeichnis

1. Einleitung

Naive und wissenschaftliche Beobachtung

Die Techniken der Datenerhebung in den Sozialwissenschaften lassen sich fast immer auf Modi der Gewinnung alltäglicher Erfahrung zurückführen, die durch Versuche der Problematisierung und Theoretisierung auf eine wissenschaftliche Ebene transponiert werden. So wird zum Beispiel das Interview als eine Weiterentwicklung eines bewußten oder auch beiläufigen alltäglichen Gesprächs zwischen mindestens zwei Personen angesehen; entsprechend sind Beobachtungsverfahren dann eine konsequente Fortführung sogenannter "naiver" Beobachtungen von Aktionen in "natürlichen" Situationen. Dies hat dann sehr häufig zur Folge, daß methodische und theoretische Probleme von Erhebungsverfahren nicht genügend beachtet werden und sich manche Forscher verhältnismäßig unbefangen entsprechenden Techniken bedienen (vgl. SCHEUCH 1973, S. 67; zum Interview siehe auch ERBSLÖH 1972).

KÖNIG (1973, S. 1) zieht die Trennungs- und zugleich Verbindungslinie zwischen naiver und wissenschaftlicher Beobachtung, wenn er schreibt: "Die Beziehung zur Welt wird uns vermittelt durch die Sinnesorgane, mit deren Hilfe wir unsere Erfahrungen machen. In diesem allgemeinen Sinne ist Beobachtung eine Art des Erfahrens der Welt, wobei der Weg von der unmittelbaren (auch naiven) Beobachtung zur wissenschaftlichen über die planmäßige Schärfung unserer Sinneswahrnehmung vermittels zahlreicher Beobachtungstechniken verläuft, die sich natürlich je nach den behandelten Dimensionen der Wirklichkeit wandeln".

Behandeln wir Beobachtung als ein eigenes Verfahren der Datenermittlung - weitere Verwendungsmöglichkeiten des Begriffs Beobachtung liegen in der Bedeutung von Beobachtung als erkenntnistheoretischem Begriff und in der Benutzung von Beobachtung als Sammelbezeichnung für verschiedene Techniken der Datensammlung - und grenzen wir es als "direkte" Beobachtung von anderen Verfahren in den Sozialwissenschaften ab (Interview und Inhaltsanalyse können entsprechend als "indirekte" Verfahren bezeichnet werden), so müssen wir wohl sagen, daß sich die naive Beobachtung und die wissenschaftliche Beobachtung nicht ganz ausschließen, sondern "vielmehr beide ein nach bestimmten Normen ablaufendes Verhalten darstellen und auch so beschreibbar sind" (KUNZ 1972, S. 86). Das Hauptunterscheidungsmerkmal beider Möglichkeiten "etwas über diese Welt zu erfahren" ist aber, "daß der wissenschaftlich Beobachtende aus dem Bezugsrahmen des sozial Handelnden heraustritt, für den 'Beobachtung Bestandteil der Lebensorientierung' (KÖNIG 1967) ist, und seine Wahrnehmung eine grundsätzlich andere Zielorientierung erfährt. Im allgemeinen Sinne ist also wissenschaftliche Beobachtung eine von wissenschaftlichen Zielorientierungen bestimmte Kontrolle und Systematisierung der habituellen Wahrnehmung"(KUNZ 1972, S. 87). JAHODA u.a. systematisieren und vertiefen diesen Unterschied, wenn sie sagen: "daß die Beobachtung insoweit zu einem wissenschaftlichen Verfahren wird, als sie a) einem bestimmten Forschungszweck dient, b) systematisch geplant und nicht dem Zufall überlassen wird, c) systematisch aufgezeichnet und auf allgemeinere Urteile bezogen wird, nicht aber eine Sammlung von Merkwürdigkeiten darstellt und d) wiederholten Prüfungen und Kontrollen hinsichtlich der Gültigkeit, Zuverlässigkeit und Genauigkeit unterworfen wird, gerade so wie alle anderen wissenschaftlichen Beweise" (JAHODA, DEUTSCH, COOK 1968, S. 77). Damit werden wichtige Prinzipien einer wissenschaftlichen Beobachtung angesprochen, die KÖNIG als das Konstanzprinzip und das Kontrollprinzip bezeichnet: vor jeder Beobachtung muß die Konstanz eines Phänomens in der Weise gesichert werden, daß sie unabhängig vom Sinnverständnis eines einzelnen Beobachters wird und sich ebenfalls von einer bloß habituellen Wahrnehmung absetzt. Dies kann geschehen durch wiederholte Beobachtungen eines Beobachters am gleichen Objekt oder auch durch wiederholte Beobachtungen mehrerer Beobachter, die entweder gleichzeitig oder aber zu verschiedenen Zeitpunkten das gleiche Objekt untersuchen. Eine weitere Möglichkeit,die Konstanz zu sichern,kann auch in der Analyse und Auswertung von Ergebnissen von Beobachtungen ähnlicher Objekte liegen. "Die Beobachtung kann also, wenn das Konstanzprinzip eingehalten werden soll, überhaupt nicht als einzelne Beobachtung, sondern einzig in Beobachtungsserien vollzogen werden"(KÖNIG 1973, S. 29). Damit ist dann das Kontrollprinzip mit eingeschlossen, mit dem "erst die planmäßige Schärfung unserer Wahrnehmung durch eigens dafür entwickelte Beobachtungstechniken" anhebt (KÖNIG 1973, S. 31). Als drittes Postulat für die wissenschaftliche Beobachtung hebt KÖNIG ebenfalls die Gezieltheit der Beobachtungsakte hervor: mit Ausnahme beim sog. "serendipity pattern" (MERTON 1957, S. 1o4 ff.), bei dem die Aufmerksamkeit eines Beobachters auf einen nicht erwarteten, aber strategisch bedeutsamen Sachverhalt gelenkt wird, kann ein wissenschaftlicher Beobachter nicht von einem Sachverhalt "überrascht" werden, wie dies bei einer bloßen Wahrnehmung möglich ist. Dies kann aber nur dann gewährleistet werden, wenn die Beobachtungen gezielt angestellt werden, d.h. sich aus theoretischen Einsichten und Erkenntnissen haben leiten lassen. Wissenschaftliche Beobachtungen, wie auch alle anderen Erhebungsverfahren und Methoden der Soziologie kann es nicht geben, ohne theoretische Vorerörterungen (vgl. KÖNIG 1973 , S. 32).

Der Übergang von der naiven zur wissenschaftlichen Beobachtung stellt sich damit als ein Problem der Kontrolle und Systematisierung der ersteren dar. Diese Problematik beinhaltet vier grundlegende Fragestellungen:

"1. Was soll und kann beobachtet werden?
2. Wie lassen sich Auswahlen von Beobachtungen realisieren?
3. Auf welchen Sprachsystemen sind Beobachtungen abbildbar?

4. Welchen Einfluß haben Beobachtungen im Meßprozeß?" (KUNZ 1972, S. 87)

In der ersten Frage zeichnet sich bereits ein Unterschied zwischen der naiven und der wissenschaftlichen Beobachtung ab. Die naive Beobachtung ist keine Beobachtung im eigentlichen Sinn, sondern nur eine habituelle Wahrnehmung von Gegebenheiten der Umwelt und des Alltagsgeschehens, ohne planvolle und zielgerichtete Organisation der gewonnenen Daten, deren Grundlage ein theoretisches Konzept des Forschers oder des Beobachters sein sollte. Die Deutung des so Wahrgenommenen findet ihre Grenzen, wie bei der wissenschaftlichen Beobachtung, in kognitiven und physischen Fähigkeiten; zusätzlich aber noch in der notwendig subjektiven Bedeutung für den Beobachter, d.h. in den Interessen, Motivationen und Einstellungen des Einzelnen. So kann man dann auch die erste Frage für eine naive Beobachtung nicht beantworten. Für die wissenschaftliche Beobachtung können wir Kriterien für das, was wir beobachten wollen bzw. was zu beobachten ist, nur aus einer deskriptiv formulierten oder zu formulierenden Theorie gewinnen (vgl. KUNZ 1972, S. 87). Gleichzeitig müssen wir uns aber davor hüten, worauf KUNZ (ebenda S. 88) auch hinweist, daß wir theoretische Begriffe und Begriffsysteme einer soziologischen Theorie ohne Explikation direkt zur Organisation einer wissenschaftlichen Beobachtung übernehmen. Theoretische Begriffe haben häufig keine Entsprechung in beobachtbaren Sachverhalten, sie bedürfen vielmehr der Übersetzung in empirisch feststellbare Tatbestände (Operationalisierung). (Vgl. Abschnitt 4.2.2.3 über sprachliche Probleme von Beobachtungsleitfaden und Beobachtungsschemata)

Diese mögliche Verwischung zwischen Theorie und Daten macht dann auch die Beantwortung der zweiten Frage zum Problem. Es ist selbstverständlich, daß man bei einer wissenschaftlichen Beobachtung sozialer Vorgänge aus der Vielzahl dieser Vorgänge auswählen muß. Diese Auswahl kann nach den verschiedensten Gesichtspunkten geschehen: Unter Aspekten von Zeit und Zeitdauer, situativen Bedingungen, sozialem Handeln u.ä. Dabei hat der Beobachter einen großen Spielraum in der Auswahl von Beobachtungsereignissen, die in der Regel nur durch die Norm begrenzt werden, die für eine bestimmte Theorie relevanten Tatbestände festzuhalten und aufzuzeichnen. Problematisch kann allerdings auch diese Norm wiederum werden, wenn nur solche Tatbestände beobachtet werden, die in der Lage sind, die zugrunde gelegten Hypothesen zu stützen. Vorstellungen des Beobachters über das "Typische" und "Wesentliche" sozialer Phänomene sollten nur eine untergeordnete Rolle spielen, da sich sonst die subjektiven Verzerrungsmöglichkeiten beim Einsatz mehrerer Beobachter kumulieren könnten.

Die präzise Abgrenzung von Beobachtungsereignissen als Beobachtungseinheiten ist nur schwer möglich, besonders dann, wenn man den Regeln der Zufallsauswahl genügen will, nach denen jedes Element einer Population dieselbe Wahrscheinlichkeit haben muß, in ein Sample zu gelangen. So verlagert sich dann für die Beobachtungsverfahren die Problematik von der Repräsentativität einer Auswahl auf die Frage nach der Verallgemeinerungsfähigkeit von Ergebnissen. Damit wird dann auch weniger das Problem einer internen Gültigkeit angesprochen, als vielmehr das einer externen Gültigkeit, wie es besonders in der neueren Diskussion über Beobachtungsverfahren angesprochen wird (vgl. Abschnitt 4.1.1.).

KÖNIG (1973, S. 26) spricht das dritte Problem wissenschaftlicher Beobachtung an, wenn er sagt, daß diese "auf Urteile ausgerichtet ist, die den Prozeß des Erfahrens mit einer Feststellung abschließen" (ähnlich auch in dem Zitat von JAHODA u.a. auf Seite 12). Diese Feststellungen sind die den wissenschaftlichen Aussagesystemen oder den Theorien zugrundeliegenden Basis- oder Protokollsätze bzw. die in Beobachtungsverfahren häufig in symbolischer Form aufgezeichneten Informationen über beobachtete Ereignisse (so z.B. bei vielen

systematischen Beobachtungsverfahren vgl. Abschnitt 7.).
Für den naiven Beobachter stellt sich das Problem einer Objektivität von Aussagen nicht; die vom logischen Empirismus geforderte intersubjektive Nachprüfbarkeit und damit die Kontrolle der subjektiv wahrgenommenen Tatbestände ist für ihn unerheblich. So findet er subjektiv leicht eine Entsprechung von Protokollsätzen und der durch sie bezeichneten Tatbestände. Ohne zu zögern wird er u.U. das beobachtete Phänomen "lächeln" als eine Gefühlsregung "glücklich sein" deuten, ohne sich auch anderer, möglicher Bedeutungen eines solchen Gesichtsausdruckes zu versichern. Damit geht er nicht über das hinaus, was man als den manifesten Inhalt von Aktionen bezeichnet: d.h. man bezieht sich in den Beobachtungen auf das offenbare Verhalten, ohne auf mögliche andere Intentionen (latente Inhalte) zu achten. (Vgl. Abschnitt 4.1.5).

Eine sozialwissenschaftliche Methodologie versucht nun, "die Eindeutigkeit von Beobachtungsaussagen durch ein korrespondierendes Maß schließenden und schlußfolgernden Denkens zu bestimmen; entsprechend muß diesem Denken eine Sprache zur Verfügung stehen, die in bezug auf die zu bezeichnende Realität nach eben denselben Strukturprinzipien konstruiert oder aber konstruierbar ist" (KUNZ 1972, S. 9o; ähnlich auch GALTUNG 197o, S. 28 f). Damit wird aber das Problem eines möglichen eindeutigen Sprachgebrauchs vom sozial handelnden Individuum auf die Sprache selbst verlagert. Wir haben es also mit Problemen einer Beobachtungssprache zu tun, wenn wir die dritte Frage beantworten wollen.

Die Person des Beobachters stellt das <u>vierte</u> grundlegende Problem einer wissenschaftlichen Beobachtung dar. Es ist auch nicht nur ein theoretisches Problem, sondern in viel stärkerem Maße ein Problem der täglichen Praxis in der Feldarbeit. (Vgl. Abschnitt 4.2.1.)

Generell läßt sich jedoch sagen, daß auch bei einem weitgehend objektiven Beobachtungsverfahren d.h. einem Verfahren, das möglichst keine Verzerrungen zuläßt, der Beobachter immer ein Teil des Meßsystems bleibt: einmal können durch seine Person Verzerrungen im Verhalten der beobachteten Einheiten entstehen und zum anderen ist jeder Beobachter als Mitglied eines bestimmten Kulturkreises der Gefahr ausgesetzt, seine Beobachtungsakte an den Normen und Werten dieser Kultur auszurichten. Diese möglichen Fehler sind nicht nur durch begriffliche und theoretische Überlegungen zu vermeiden, sondern auch durch eine Kontrolle, Überwachung und Schulung der Beobachter. Damit sind dann wirksame Verhaltensvorschriften für Beobachter ein wesentliches Kriterium einer wissenschaftlichen Beobachtung.

Die Beobachtung von Aktionen kann nun aber auch unabhängig von direkter sprachlicher Übersetzung möglich sein. Die moderne Technik hat der Sozialforschung einige Hilfsmittel an die Hand gegeben: so in der Verwendung audiovisueller Aufnahmegeräte bei der Beobachtung relativ kleiner Gruppen. WEICK (1968, S. 412-416) weist in seinem Aufsatz über systematische Beobachtungsmethoden auf eine Reihe von Untersuchungen hin, deren technischer Aufwand sich im gleichen Maße erhöhte, wie die Film- und Fernsehtechnik sich entwickelte. Die Mehrzahl dieser Untersuchungen wurden von Jugend- und Schulpsychologen gemacht.

Der wichtigste Vorteil im Gebrauch von Aufnahmegeräten liegt wohl darin, daß es uns möglich ist, das Beobachtungssystem vom Objektsystem zu trennen und damit die speziellen Einwirkungs- und Verzerrungsmöglichkeiten durch Beobachter zu vermeiden.

Wenn es auch so scheint, daß wir mit Hilfe der Technik eine Möglichkeit gefunden haben, die im vorigen Abschnitt bereits besprochenen wichtigsten drei Probleme zu lösen - der Beobachter tritt ja nicht mehr in Erscheinung -, so können wir sie trotzdem als nicht endgültig gelöst ansehen. Wir haben nur eine notwendige Entscheidung auf einen späteren Zeitpunkt verschoben; das Problem ist nach wie vor existent. KUNZ (1972, S. 91) weist daraufhin, daß die mechanische Aufnahme von sozialem Verhalten im Meßprozeß nicht die Notwendigkeit zugeordneter Theoriekonstruktion aufhebt. Denn "da Theorien logisch nur auf Aussagen, nicht aber auf Ereignissen selbst aufgebaut werden können, müssen die gespeicherten Informationen zunächst in Beobachtungsaussagen transformiert werden". Die Aufzeichnung selbst wird also vereinfacht; trotzdem bleibt aber das Problem bestehen, das Material sprachlich zu ordnen und zu kategorisieren. Das Meßproblem wird also vom Beobachter auf den Verkoder von Aufzeichnungen verlagert. Damit ist dann zwar das psychologische Problem (Frage 1) und das semantische Problem (Frage 2) nicht gelöst, aber es ist doch eine bessere Kontrolle der Beobachtungen möglich. Inwieweit das logische Problem (Frage 3) als gelöst angesehen werden kann, soll hier nicht entschieden werden. Wir können uns aber nicht der Meinung von KUNZ (1972, S. 91) anschließen, der diese Frage als prinzipiell beantwortet ansieht, "weil Meßwirkungen auf die zu untersuchenden Ereignisse ausgeschaltet sind". In der Darstellung der unterschiedlichsten technischen Aufnahmemöglichkeiten stellt WEICK (1968, S. 412-416) sehr klar die Verzerrungsmöglichkeiten heraus, die gerade durch die Technik hervorgerufen werden; Wechselwirkungen zwischen Beobachter und Beobachteten werden allerdings nicht mehr spürbar.

Durch den Einsatz audiovisueller Aufnahmegeräte lassen sich also die methodischen Probleme der Beobachtung nur bedingt lösen und bleiben zudem auch nur auf einen kleinen Teil theoretisch bedeutsamer Sachverhalte beschränkt (Kleingruppenforschung).

Mit Ausnahme einiger weniger Ansätze (so z.B. bei KÖNIG 1973, S. 1 - 32 oder CICOUREL 197o, S. 77 - 1o7) ist bisher nicht versucht worden, eine allgemeine Theorie der Beobachtung zu entwickeln. Die Mehrzahl der Überlegungen beschränkt sich auf taxonomische Beschreibungen von Beobachtungsverfahren. Dabei ist es das Ziel dieser Untersuchungen, einzelne Beobachtungstechniken voneinander abzugrenzen und ihre Anwendungsmöglichkeiten darzustellen.

Diese mehr "kasuistisch-technische" (KÖNIG) Behandlung von Beobachtungsverfahren in der Soziologie entbindet nun nicht davon, eine systematische Abklärung mit Hilfe einer allgemeinen Theorie der Beobachtung zu versuchen. Dies zeigen besonders die Ansätze von KUNZ (1972) und von KÖNIG (1973), wobei besonders letzterer in einer wesentlichen Erweiterung eines Übersichtartikels aus den beiden ersten Auflagen des "Handbuches für empirische Sozialforschung" auch jetzt noch nur von einem "Umriß einer Theorie der Beobachtung" spricht.

KÖNIG (1973, S. 2) stellt in seiner Abhandlung die Beobachtung in den Zusammenhang mit der Gestaltwahrnehmung und arbeitet heraus, inwieweit die Gestalt zum Problem wird, "als sich diese der Wahrnehmung gewissermaßen aufdrängt und entsprechend von ihr aufgenommen wird". Er greift hiermit auf wichtige Arbeiten der Zoologie und der Tierpsychologie (LORENZ 1966) zurück und versucht, diese Ansätze auch für die Soziologie und Sozialpsychologie fruchtbar zu machen.

Des weiteren versucht KÖNIG durch die Diskussion eines Ansatzes von KAPLAN (1964) einer Theorie der Beobachtung Kontur zu geben. KAPLAN fordere eine Beobachtung mit "instrumentalem Charakter" (KÖNIG) und siedele sie damit in enge Nachbarschaft zum Experiment an. Damit wird dann eine aktive Beobachtung gefordert, die sich von einer "passiven Aussetzung an die Wahrnehmung" (KÖNIG 1973, S. 9) absetzt, bei der ein Wissenschaftler nur die Rolle des "Voyeurs" spielt.

Mit der Diskussion der Rolle des "Verstehens" im Erkenntnisprozeß (und damit auch bei der Beobachtung sozialer Tatbestände, denn Beobachtung ist zugleich auch bereits eine Form der Erkenntnis (vgl. KÖNIG ebenda S. 9) und nicht nur Technik der Datensammlung), sowie mit der Abgrenzung der Beobachtung von einer phänomenologischen Wesensschau (vgl.GEHLEN 1957) beschließt KÖNIG seinen Versuch, den Umriß einer Theorie der Beobachtung zu geben.

KUNZ (1972, S. 92) versucht dieses Problem von der Seite der Meßtheorie her anzugehen, wenn er für die empirische Soziologie eine Verstärkung der Methodologie über Meßprozesse fordert. Dies hätte dann seiner Meinung nach in zwei Richtungen zu erfolgen:

1) Durch methodisch kontrollierte Untersuchungen der ersten drei Hauptprobleme zur Entwicklung einer allgemeinen Theorie der Beobachtung;
2) Verfahren zur Neutralisierung von Verzerrungen im Meßprozess zu entwickeln (4. Problem):
   a) Eingrenzung und Ausschaltung von Fehlern, die in der Person des Beobachters begründet sind;
   b) die inhaltliche Einbeziehung von vermuteten oder festgestellten Meßfehlervariablen bei der Darstellung der Ergebnisse;
   c) Neutralisierung von Störvariablen während einer Beobachtung, so z.B. durch eine Interpretation von Beobachtungseinflüssen als Zufallsfehler mit Hilfe bestimmter Wahrscheinlichkeitsmodelle.

In welcher Form die eine oder andere Verzerrung neutralisiert werden kann, wird in den folgenden Erörterungen (Abschnitt 4) noch dargestellt werden.

Nicht vergessen werden bei dem Versuch, eine Theorie der Beobachtung zu erarbeiten, sollten unseres Erachtens die Ergebnisse und Überlegungen der Wahrnehmungsforschung in Psychologie und Sozialpsychologie (vgl. TAGUIRI und PETRULLO 1958 und TAGUIRI 1969). Im Rahmen dieses Skriptums erscheint es uns aber nicht sinnvoll zu sein, den Überlegungen für eine allgemeine Beobachtungstheorie breiteren Raum zu geben. Es sollte nur versucht werden darzustellen, wie sich ein Übergang von einfacher habitueller Wahrnehmung zur wissenschaftlichen Beobachtung darstellt und in welchem Stadium der Theoriebildung und der Diskussion darüber sich die "Beobachtung" befindet. In diesem Sinne möchten wir dann dieses Skriptum als einen Versuch gewertet wissen, einen allgemeinen Überblick über die theoretischen und methodischen Probleme von Beobachtungsverfahren zu geben. Mit der Beschreibung einzelner Verfahren sollen die Kriterien für die Beurteilung ihrer Reichweite und für die Brauchbarkeit ihrer Ergebnisse erarbeitet werden.

A ALLGEMEINER TEIL

2. Die Beobachtung als Forschungsmethode in der Soziologie

2.1. Die Bedeutung der Beobachtung

Die Beobachtung hat als Methode zur Tatsachenfindung den Naturwissenschaften zu einem beispiellosen Aufstieg seit dem ausgehenden Mittelalter verholfen. Analog ließe sich vielleicht auch ähnliches für die Stellung der Beobachtung in der Soziologie vermuten. So uneinig man sich in unserer Wissenschaft über den Stellenwert empirischer Forschung im allgemeinen ist, so wenig Übereinstimmung besteht auch über die Stellung der Beobachtung innerhalb der Forschungstechniken. Zwar halten viele Sozialforscher die Beobachtung im Verhältnis zu anderen Verfahren für theoretisch und methodisch gleichwertig, ohne dies aber auch in der Praxis zu vollziehen. Weder ist bis heute eine Theorie der Beobachtung über das Stadium eines "Umrisses" (vgl. KÖNIG 1973) hinausgekommen, noch ist mit gleicher Akribie, wie etwa beim Interview, an der Verfeinerung der Methode selbst gearbeitet worden. Wir können daher von einer generellen Vernachlässigung der Beobachtung in der Soziologie sprechen, ohne die Gründe dieser Vernachlässigung hier eingehender erörtern zu wollen. Einige dieser Gründe werden sicher deutlich werden, wenn wir in der Folge die spezifischen Probleme von Beobachtungsverfahren behandeln werden. Wir können aber schon jetzt nicht verhehlen, daß der eigentliche Grund dieser Benachteiligung in der bisher mangelnden theoretischen Durchdringung dieses Verfahrens liegt.

Die meisten Untersuchungen, auf die sich ein an Beobachtungsverfahren interessierter Leser stützen kann, sind ethnologische, anthropologische oder auch ältere soziologische Untersuchungen, von denen wir an dieser Stelle nur drei aufführen wollen (zwei von ihnen werden wir später noch eingehender behandeln): WHYTE's (1943) Untersuchung über einen von italienischen Auswandern bewohnten ärmlichen Vorort von Boston, WARNER's (1941/1942) Studie über eine Kleinstadt Neu-Englands und BALES' (195o) Untersuchungen über die Strukturen kleiner Gruppen.

Während seiner Untersuchung in "Yankee City" stellte WARNER fest, daß weder informelle Interviews noch Fragebogen, weder Fallstudien noch die Auswertung von Sekundärmaterialien ein hinreichendes Bild des komplexen Lebens in dieser Stadt erbrachten. Er beschloß deshalb zusätzliche Beobachtungen in ganz konkreten Situationen: Restaurants, Kirchen, Kinos, Polizeistationen, Verwaltungsbüros etc. Durch die Verbindung der Interviewergebnisse mit denen der Beobachtung konnte er einmal beide Methoden miteinander vergleichen und zum anderen neue Einsichten in das Leben der Stadt gewinnen.

Erwies sich die Beobachtung schon für die Untersuchung des sozialen Lebens einer ganzen Stadt als äußerst wertvoll, so konnte später an vielen anderen Beispielen gezeigt werden, daß dieses Verfahren bei der Untersuchung kleiner Gruppen noch sinnvoller eingesetzt werden konnte. So bediente sich WHYTE in seiner berühmt gewordenen Untersuchung "Street Corner Society" fast ausschließlich der Beobachtung. Während 3 1/2 Jahre studierte er die Menschen in diesem Viertel von Boston und widmete sein besonderes Augenmerk der Autoritätsstruktur der Jugendbanden (vgl. Abschnitt 5).

Waren WHYTE's Intentionen noch nicht mit der Ermittlung von Gesetzmäßigkeiten in kleinen Gruppen verbunden, so entwickelte sich später in stärkerem Maße eine Richtung, die diesem Ansatz besondere Aufmerksamkeit schenkte. BALES entwickelte aufgrund von vielen, unter experimentellen Bedingungen gemachten Beobachtungen an einer Reihe von kleinen Diskussionsgruppen ein Beobachtungsschema, das die Aufzeichnung von

Gruppengesprächen und -aktivitäten gestattete und Aussagen über die Gruppenstruktur erlaubte. Durch diese Forschungen wurde es möglich, wichtige, neue Erkenntnisse für eine Theorie kleiner Gruppen zu gewinnen (vgl. Abschnitt 7.1.).

Diese Beispiele liessen sich noch beliebig vermehren und wenn man die Vielzahl der Untersuchungen aus den Gebieten der Ethnologie und Anthropologie hinzunimmt, sollte man der Beobachtung eigentlich einen vorderen Platz innerhalb der sozialwissenschaftlichen Datenerhebungstechniken zuweisen. Ihre Bedeutung und ihre Anwendungsmöglichkeit hat sie in den verschiedensten Bereichen zeigen können, ohne aber bisher die eigentliche Würdigung durch eine Theorie der Beobachtung erfahren zu haben, wenn auch mittlerweile im Zuge vieler empirischer Forschungen weite Teile einer Kunstlehre entwickelt wurden.

2.2. Der Begriff "Beobachtung" in der Soziologie

Der Mangel an einer geschlossenen Theorie der Beobachtung hängt unter anderem auch mit der Tatsache zusammen, daß vielen Autoren die Abgrenzung der Beobachtung von den anderen Verfahren der Datenerhebung schwerfällt, gilt doch nur zu oft Beobachtung als Synonym für "empirisches Vorgehen". Andere wiederum sprechen nur dann von Beobachtung, wenn man bei der Wahrnehmung sozialer Vorgänge auch wirklich mit den Augen diese Vorgänge verfolgte.

Im Hinblick auf die Methoden des Interviews und des Experiments scheint eine Abgrenzung besonders notwendig zu sein. Bereits über die Notwendigkeit Experiment und Beobachtung begrifflich zu trennen, herrscht keineswegs Einigkeit. Viele Autoren halten das Experiment nur für eine besonders strenge und rigorose Form der Beobachtung (vgl. etwa KAPLAN 1964).

Dieser Argumentation können wir uns aus zwei Gründen nicht anschließen: erstens halten wir das Experiment im Gegensatz zum Interview, zur Beobachtung und auch zur Inhaltsanalyse nicht für ein eigentliches Datensammlungsverfahren, sondern für eine besondere methodische Vorgehensweise, die sowohl im Rahmen einer Beobachtung als auch im Verlauf anderer Verfahren angewandt werden kann; zweitens und damit greifen wir das erste Argument wieder auf, besteht das Grundprinzip des Experiments darin, daß der Gegenstand seiner Untersuchung bewußt manipuliert wird (Variation von abhängigen und unabhängigen Variablen), während sich dies im Rahmen einer Beobachtung eigentlich verbieten sollte. (Vgl. zum Experiment: ZIMMERMANN 1972; zur Abgrenzung von Beobachtung und Experiment besonders S. 35 f.).

In ähnlicher Form müssen wir auch die Abgrenzung zwischen dem Interview und der Beobachtung vornehmen. Besonders in der englischsprachigen Literatur werden beide Begriffe häufig verwechselt, da man den Begriff der Beobachtung in der Sozialforschung nicht analog zum gewöhnlichen Gebrauch des Wortes in der Alltagssprache benutzt. Nicht nur mit den Augen wahrnehmbare Stimuli können beobachtet werden, sondern auch akustische Stimuli, wie man umgekehrt auch von Befragung nicht nur dann spricht, wenn tatsächlich gefragt und geantwortet wird, sondern auch dann, wenn Fragen in schriftlicher Form gestellt werden. Eine Unterscheidung beider Methoden, die von den Sinnesorganen ausgeht, kann daher nicht sinnvoll sein. Wir müssen vielmehr die Unterscheidung, wie beim Experiment, in der Rolle des Sozialforschers sehen, die er in den verschiedenen Verfahren ausfüllt. Das bedeutet aber auch, daß man sich in den einzelnen Methoden der Unterschiedlichkeit der Rollen bewußt werden muß. Für die Unterscheidung zwischen Interview und Beobachtung heißt das: während der Beobachter darauf achten soll, nicht auf die zu Beobachtenden einzuwirken, ist der Interviewer immer ein Übermittler eines Stimulus, auf den die Befragten reagieren sollen.

Nachdem wir versucht haben, die Beobachtung gegenüber dem Experiment und dem Interview abzugrenzen, möchten wir nun eine eigene Begriffsbestimmung vornehmen. Dabei greifen wir wieder auf die bereits erwähnte Rolle des Beobachters zurück. Weiter müssen wir die Beobachtung als die Erfassung sinnlich wahrnehmbarer Sachverhalte von den Verfahren einer Introspektion und einer "verstehenden Methode" abgrenzen (vgl. dazu KÖNIG 1973, S. 1-32). Außerdem greifen wir die Unterscheidung zur sogenannten "naiven" Beobachtung aus dem Abschnitt 1 wieder auf und definieren dann die Beobachtung als ein Verfahren, das auf die zielorientierte Erfassung sinnlich wahrnehmbarer Tatbestände gerichtet ist, wobei der Beobachter sich passiv gegenüber dem Beobachtungsgegenstand verhält und gleichzeitig versucht, seine Beobachtung zu systematisieren und die einzelnen Beobachtungsakte zu kontrollieren.

2.3. Beobachtung als Problem

Die Problematik einer Verwendung der Beobachtung soll an dieser Stelle nur kurz dargestellt werden, ohne weiter auf spezielle Probleme eingehen zu können. Dies soll den folgenden Abschnitten vorbehalten bleiben.

Die Notwendigkeit, Beobachtungsverfahren zu problematisieren, scheint nun nicht so ohne weiteres einsichtig zu sein. Wir bedienen uns täglich der Beobachtung, um uns in der Welt zurechtfinden zu können. Die Rolle des Beobachters scheint uns dabei kaum Schwierigkeiten zu machen. Auf der anderen Seite zeigen uns aber die Ergebnisse vieler Untersuchungen, daß es notwendig ist, zu lernen, wie man sich als Beobachter in sozialwissenschaftlichen Forschungen verhält.

So kennen wir alle das Phänomen der "optischen Täuschung" und viele Experimente in der Psychologie zeigen uns, wie leicht sich unser Sinnesorgan Auge bei der Abschätzung von Objekten verschiedener Größe und unterschiedlichen Gewichts (CRUTCHFIELD 1955), bei der Beurteilung von Farben (BRUNER und POSTMAN 1949) und in vielen anderen Untersuchungen täuschen läßt. Wir stellen damit fest, wie selten man "wissenschaftlich beobachten" mit "hinschauen" gleichsetzen kann. Wir werden gezwungen, unsere Aufmerksamkeit auf irrelevante Details zu lenken bzw. durch optische Hindernisse oder aufgrund eines sozialen Drucks oder anderer sozialer und kultureller Phänomene, nicht die wirklich relevanten Tatbestände erfassen zu können. Das bedeutet aber, daß wir nur Teilaspekte eines Gesamtkomplexes wahrnehmen und trotzdem versuchen, aus einzelnen wahrgenommenen Bruchstücken ein Gesamtbild zu entwerfen. Es lassen sich also zwei Fehlerquellen in der Beobachtung festhalten: erstens die Selektion der Wahrnehmung und zweitens der Versuch, daraus gültige Aussagen über einen ganzen Sachverhalt abzuleiten.

Beide Gesichtspunkte sind nicht nur von praktischer Relevanz, sondern auch von theoretischer Bedeutung. So sagt ALBERT(1968, S. 28): "Beobachtungen und die sich aus ihnen ergebenden Aussagen sind nicht nur stets selektiv, sondern sie enthalten darüber hinaus eine Interpretation im Sinne mehr oder weniger expliziter theoretischer Gesichtspunkte. Solche Gesichtspunkte müssen entwickelt und ausgearbeitet werden, wenn man die Relevanz der Beobachtung beurteilen und die Erfindung interessanter Experimente sowie das Zustandekommen theoretisch konträrer Beobachtungen ermöglichen will". Diese Erarbeitung theoretisch relevanter Gesichtspunkte ist nun die Arbeit, die für Beobachtungsverfahren eigentlich auch noch heute aussteht.

Nun sind Beobachtungsfehler der oben genannten Art im täglichen Leben nicht sehr häufig, da sich die Selektion wie auch die anschließende Interpretation in einer weitgehend standardisierten Form vollziehen, d.h. Situationen sind soweit vorstrukturiert und spielen sich in so verfestigten Formen ab, daß diese Fehler nur eine geringe Rolle spielen. Sehen wir uns relativ "ungewöhnlichen" Situationen gegenüber, die weniger den Situationen im Alltag entsprechen, so müssen wir dagegen eine Häufung von Fehlern feststellen (z.B. die Fehlerhaftigkeit von Zeugenaussagen).

Eine nicht zu unterschätzende Fehlerquelle in der Verwendung von Beobachtungsverfahren - wenn auch weniger in der Sozialforschung als vielmehr in der Ethnologie und Anthropologie - liegt in den Beobachtungsfeldern, die außerhalb des gewöhnlichen und bereits strukturierten Erfahrungsbereichs eines Beobachters liegen. Dabei brauchen wir noch nicht einmal an Untersuchungen in fremden Kulturen zu denken, sondern eben nur an Felder, die nicht dem Erfahrungsbereich des Beobachters angehören. So konnte beispielsweise die kulturelle und soziale Bedingtheit der Wahrnehmung in einer Untersuchung unter amerikanischen Studenten gezeigt werden, die ein Bild einer korpulenten Frau in einer ärmlichen Küche gezeigt bekamen. In der Nacherzählung über den Inhalt des Bildes bezeichneten die Studenten aus den Südstaaten die Frau signifikant häufiger als Negerin als Nordstaatenstudenten. In ihrem Erfahrungsbereich - den Südstaaten - lebten eben fast nur Negerinnen in solch ärmlichen Verhältnissen. In einer anderen Untersuchung sollte eine Gruppe von reichen und eine andere Gruppe von armen Kindern die Größe von Münzen schätzen (BRUNER und GOODMAN 1947). Wie erwartet überschätzten die ärmlichen Kinder die Münzengrößen. Wird man auch zur Erklärung beider Untersuchungsergebnisse unterschiedliche Hypothesen heranziehen, so läßt sich doch sagen, daß die Verzerrungen durch die Zugehörigkeit der Personen zu verschiedenen sozialen Gruppen hervorgerufen wurden.

Das Studium sozialer Wahrnehmungen hat sich in der Psychologie zu einem mittlerweile selbständigen Zweig der Forschung und der Theorie entwickelt. Da wir auf die vielfältigen Ergebnisse dieser Forschungen im Rahmen dieser Arbeit nicht eingehen können, wollen wir uns mit der Aussage begnügen, daß die soziale Umwelt ein wichtiger Faktor ist, der unsere Beobachtungen verzerren kann.

Diese Verzerrungen verstärken sich natürlich noch mehr, wenn man sich als Beobachter in eine fremde kulturelle Umwelt begibt: Beobachter benutzen die falschen Kriterien zur Auswahl der zu beobachtenden Sachverhalte und interpretieren demzufolge auch unrichtig: sie sind nicht konsistent in der Verwendung von Begriffen und stellen nicht den Gesamtzusammenhang her, in dem sich ein einzelnes, beobachtetes Ereignis befindet. Auch hier werden wir wieder auf die Einheit von Theorie und Praxis, d.h. von Theorie und Empirie verwiesen: beide ergänzen einander und bedürfen einander: die Theorie bleibt ohne die Empirie nur intellektuelles Spiel, während die Empirie ohne Theorie eine Anhäufung einzelner Ergebnisse bedeutet, deren Gültigkeit fragwürdig bleiben muß.

Die Problematik der empirischen Vorgehensweise ohne die vorherige theoretische und begriffliche Abklärung des Objektbereichs, läßt sich an einer Vielzahl von Untersuchungen zeigen.

So berichten etwa viele Ethnologen über das Vorherrschen der Monogamie unter den Völkern der Erde. Dabei wissen wir heute, daß nicht die Monogamie, sondern die Polygynie die verbreiteste Form der Ehe ist. Wie aber kam es zu dieser falschen Analyse? Zwar haben diese Forscher im Einzelfall wohl richtig beobachtet ohne aber zu erkennen, daß in diesen Stämmen die Polygynie als Institution bestand und freigestellt war, daß aber die Mehrzahl der Männer aus ökonomischen Gründen nur in

Einehe leben konnte. Im tatsächlichen Verhalten waren diese Stämme wirklich monogam, per Institution aber polygam.

Ähnliche Verzerrungen konnten bei Ethnologen nachgewiesen werden, die die Stellung der Frau in verschiedenen Kulturen beobachteten. Sie berichteten über Brautpreise, die bei der Heirat vom zukünftigen Ehemann an die Familie der Braut zu entrichten waren. Daraus schlossen sie auf eine besonders niedrige Stellung der Frau in diesen Gesellschaften, da die Frau "wie eine Ware" behandelt werde. Durch die Beobachtung von Scheidungen in diesen Gesellschaften konnte dann aber nachgewiesen werden, daß die Gabe von Geld und Vieh bei der Heirat keineswegs als Kaufpreis gedacht war, sondern als eine Art Versicherung für den Fall, daß die Ehe zerbrach. Die Frau sollte also auch im Falle des Scheiterns der Ehe wirtschaftlich sichergestellt sein, was zweifellos nicht eine Unterbewertung ihrer Rolle bedeutet.

In allen geschilderten Fällen kann man kaum von einem "falschen"Beobachten der jeweiligen Forscher sprechen, wohl aber von entscheidenden Fehlern in der Interpretationsphase. Im Falle des Monogamiestreites wurde das Verhaltensmuster mit der Institution gleichgesetzt und im zweiten Fall unterschoben die Forscher den richtig beobachteten Vorgängen einen falschen Sinn.

Wir wollen diese Ausführungen mit einem Zitat von NAGEL (1972 S. 79) abschließen, der vielleicht etwas zu pointiert die anthropologische Forschung wie folgt kennzeichnet: "Wenn die Geschichte der anthropologischen Forschung irgendetwas bestätigt so sind es die Fehler, die von Forschern begangen werden, wenn sie menschliche Verhaltensweisen im Rahmen fremder Kulturen in Kategorien interpretieren, die sie unkritisch aus ihrem begrenzten persönlichen Leben abstrahieren."

3. Methoden und Techniken einer wissenschaftlichen Beobachtung in der Soziologie

Wenn wir eine allgemeine Übersicht über die Methoden und Techniken einer wissenschaftlichen Beobachtung geben wollen, so sehen wir uns Schwierigkeiten anderer Art gegenüber, als beim Versuch eine Beobachtungstheorie aufzustellen. Schon in der taxonomischen Beschreibung von verschiedenen Vorgehensweisen finden wir eine abweichende Verwendung einzelner Begriffe, die auf die unterschiedliche Struktur von Begriffssystemen und auf unterschiedliche Ansätze einer dimensionalen Analyse zurückzuführen sind.

So geht man einmal von der Idee einer Teilnahme eines Beobachters aus und versucht, die Beobachtungstechniken nach diesem Gesichtspunkt zu ordnen; zum anderen spielt die Struktur der Beobachtung eine Rolle, womit die Probleme vom Beobachter auf zu entwickelnde begriffliche Beobachtungsinstrumente und die verstärkte Kontrolle des Beobachters verlagert werden. Im ersten Fall liegen die extremen Pole bei dem Begriffspaar "teilnehmend - nicht teilnehmend"; im zweiten Fall bei der Alternative "strukturiert - unstrukturiert".[1)] Dabei werden beide Dimensionen wahrscheinlich ein Kontinuum bilden und sind zudem untereinander verbunden (vgl. Abschnitt 4).

Eine weitere Unterscheidung finden wir in den Begriffen "offene" und "verdeckte" Beobachtung. Beide Typen beziehen sich auf das Ausmaß, in dem ein Beobachter bzw. Forscher seine Tätigkeit (das Beobachten) zu erkennen gibt, bzw. während dieser Tätigkeit erkannt wird oder nicht.

---

1) In der Literatur werden die Begriffe "strukturiert", "kontrolliert", "standardisiert" und "systematisch" auf der einen Seite ebenso synonym gebraucht wie die Begriffe "unstrukturiert", "unkontrolliert", "nicht-standardisiert" und "unsystematisch" auf der anderen Seite.

Die sehr häufig gebrauchte Alternative zwischen "direkter" und "indirekter" Beobachtung hat dagegen eine völlig andere Grundlage. Sie bezieht sich darauf, daß man allgemein alle Verfahren der Datensammlung in den Sozialwissenschaften als Beobachtung im weiteren Sinne bezeichnen kann: man unterscheidet dann die eigentliche Beobachtung als "direkte" Beobachtung von "indirekten" Verfahren wie beispielsweise der Inhaltsanalyse, dem Interview oder anderen Verfahren, die zur Datenerhebung dienen können (vgl. dazu WEBB u.a.1966, sowie LÜCK und BUNGARD 1974). "Direkte" Beobachtung ist damit Verhaltensbeobachtung im engeren Sinne, während sich eine "indirekte" Beobachtung"nicht auf das Verhalten selbst, sondern auf dessen Spuren, Auswirkungen, Objektivationen bezieht" (GRAUMANN 1966, S. 93). Deshalb trifft diese Unterscheidung sich auch nicht mit einer sonst sehr gebräuchlichen, nämlich der Unterscheidung zwischen "Labor"- und "Feldbeobachtung". Die Laborbeobachtung ist nicht deshalb "indirekt", weil der Beobachter keinen direkten Kontakt zu den Beobachteten hat und die Feldbeobachtung nicht deshalb "direkt", weil es diesen Kontakt in sehr starken Maße gibt. Die Alternative direkt vs. indirekt sagt nichts über eine bestimmte Technik oder eine bestimmte Vorgehensweise in der wissenschaftlichen Beobachtung aus; sie bezieht sich hingegen ausschließlich auf die Unterscheidung verschiedener Techniken der Datenerhebung.

In Anlehnung an ein Schema von ATTESLANDER (1971, S. 131) können wir die Verbindungsmöglichkeiten der einzelnen Alternativen etwa wie folgt darstellen:

Abb.1: Wichtigste Formen einer wissenschaftlichen Beobachtung

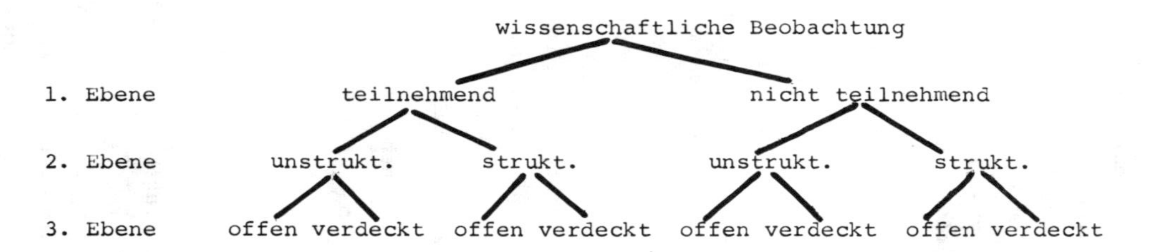

Nur die vier äusseren Beobachtungstypen (1. teilnehmend/unstrukturiert/offen; 2. teilnehmend/unstrukturiert/verdeckt; 3. nicht teilnehmend/strukturiert/offen; 4. nicht teilnehmend/strukturiert/verdeckt) entsprechen tatsächlich entwickelten und angewendeten Beobachtungstechniken, während die mittleren Typen mehr oder weniger fiktiv bzw. schlecht entwickelt sind. Die teilnehmende strukturierte Beobachtung bildet dabei eine Ausnahme, da zunehmend in der empirischen Sozialforschung Versuche unternommen werden, ihre besonderen Probleme zu lösen (vgl. Abschnitte 3.2.; 4.2.1. und 6). Methodisch und theoretisch interessant sind die Kriterien der 1. und 2. Ebene; auf der dritten Ebene sind eigentlich nur strategische Probleme zu lösen, inwieweit sich ein Forscher oder ein Beobachter in seiner wissenschaftlichen Tätigkeit zu erkennen gibt oder nicht. Dies hängt im wesentlichen vom jeweiligen Beobachtungsfeld ab und kann theoretisch nicht vorab entschieden, sondern nur aus der Erfahrung abgeleitet werden.

Wir beschränken uns also auf die beiden Alternativen der 1. und 2. Ebene: wir vereinfachen das Schema von ATTESLANDER zu einer 2 x 2 Matrix (vgl. FRIEDRICHS und LÜDTKE 1973, S. 19):

Abb. 2: Matrix der beiden wichtigsten Beobachtungsdimensionen

	nicht teilnehmend	teilnehmend
unstrukturiert	1	2
strukturiert	3	4

Der erste Typ ist in der Regel keine wissenschaftliche Methode im oben definierten Sinn, sondern repräsentiert die mehr oder minder zufällige Alltagsbeobachtung.

Den zweiten Beobachtungstyp finden wir vorwiegend in der Anthropologie und Ethnologie, Disziplinen, in denen die Vertrautheit mit dem zu beobachtenden Gegenstand wenigstens im

Anfang einer Untersuchung geringer ist als bei den Typen drei und vier. Diese Beobachtungen arbeiten daher auch in der Regel ohne einen systematischen Beobachtungsplan, der eine zielgerichtete Beobachtung und eine Kontrolle der Beobachter ermöglicht.

Der dritte Typ ist wohl der in den Sozialwissenschaften verbreiteste Typ: der Beobachter tritt nicht in den Handlungsablauf ein; er zeichnet die Aktionen im Feld nach einem Beobachtungsplan auf, der aufgrund theoretischer Abklärung für eine Vielzahl ähnlicher Situationen und ähnlicher Untersuchungsfelder gültig ist (vgl. Abschnitte 3.1.; 4.2.2. und 7).

Beim vierten Typ nimmt der Beobachter selbst an den Aktionen im Feld teil; seine Aktivitäten - mit Ausnahme des Beobachtens selbst bewegen sich grundsätzlich auf der gleichen Ebene wie die der anderen beteiligten Personen (vgl. KÖNIG 1968b, S. 36). Dabei übernimmt er eine Rolle, die dem Handlungsablauf adäquat sein sollte, um die Identifikationsprobleme der Gruppenmitglieder mit ihm zu verringern. Gleichzeitig wird versucht, durch einen zusätzlich Einsatz von Beobachtungsschemata die Beobachtungen zu standardisieren und den einzelnen Beobachter zu kontrollieren (vgl. Abschnitt 4.2.2.).

Wollen wir den Grad der Exaktheit (Zuverlässigkeit und Gültigkeit) dieser vier Typen feststellen, so fragen wir nach der Systematik des Vorgehens, die gleichzeitig mit einer weitgehenden Fehlerkontrolle verbunden ist, wobei sich die Fehlerkontrolle in der Mehrzahl der Untersuchungen mehr auf die Zuverlässigkeit bezieht als auf die Gültigkeit.

Wir können dann etwa folgende Rangordnung aufstellen ($>$ = exakter als):

$$3 > 4 > 2 > 1$$

Mit Ausnahme des letzten Typs wollen wir alle Typen der Beobachtung in den folgenden Abschnitten behandeln und anhand einzelner Beispiele besprechen. Wir gehen dabei in der umgekehrten Richtung des Exaktheitsgrades vor. Es erscheint uns damit möglich, gleichzeitig einen gewissen geschichtlichen Überblick über die Entwicklung von Beobachtungstechniken zu geben. Ist doch die Beobachtung in Ethnologie und Anthropologie die eigentliche Vorgängerin der Beobachtung in anderen sozialwissenschaftlichen Disziplinen (vgl. FRIEDRICHS und LÜDTKE 1973, S. 21-26). Bei dieser Darstellung wollen wir uns vorwiegend mit den Vorgehensweisen und Problemen einer Beobachtung in der empirischen Sozialforschung befassen; die speziell entwickelten und häufig sehr verbreiteten Beobachtungstechniken der Psychologie, Psychiatrie und Medizin wollen wir dabei vernachlässigen.

3.1. Strukturierte und unstrukturierte Beobachtung

Die Unterscheidung strukturiert vs. unstrukturiert bezieht sich auf die Technik der Beobachtung. KÖNIG (1973, S. 43 f.) weist in diesem Zusammenhang daraufhin, daß die Entsprechung von unstrukturierter Beobachtung mit der naiven oder der pragmatischen, der Lebensorientierung dienenden Beobachtung nur eine scheinbare ist, obwohl sie in vielen Fällen zutreffen mag. Aber gerade in der wissenschaftlichen Beobachtung finden wir diese Alternative zwischen strukturiert und unstrukturiert. In diesem Sinne wollen wir dieses Unterscheidungskriterium auch nur auf eine wissenschaftliche Beobachtung bezogen wissen und damit beide als Grundformen einer solchen Beobachtung ansehen.

Die Übergänge auf einem Kontinuum "strukturiert - unstrukturiert" lassen sich nach verschiedenen Einzelaspekten untersuchen und sind zudem fließend. Ein wichtiger Aspekt wäre mit der Frage angesprochen, auf welche Art und Weise beobachtet werden soll; ein anderer Aspekt bezieht sich etwa auf die Stellung des Beobachters dem Untersuchungsgegenstand gegenüber und damit auf die Frage nach den Aufgaben eines Beobachters; eng mit diesen Aspekten hängt ein weiterer zusammen, der das Problem der Kontrolle von Aufzeichnung und Auswertung zum Inhalt hat. Zwar sind diese Aspekte und Probleme für alle Beobachtungsverfahren wichtig, sie stehen jedoch im Mittelpunkt einer Diskussion der Unterscheidung von strukturierter und unstrukturierter Beobachtung. KUNZ (1972, S. 96) faßt diese Probleme in der Frage zusammen: "Was wird von wem auf welche Weise beobachtet und kann wie analysiert werden?"

Bevor wir aber die einzelnen Aspekte zu diskutieren beginnen, wollen wir die grundsätzliche Frage beantworten, worin nun eigentlich der Unterschied zwischen strukturierter und unstrukturierter Beobachtung liegt. Wenn wir auch noch einmal festhalten müssen, daß es keine wissenschaftliche Beobachtung geben kann, der nicht ein Plan darüber zugrunde liegt, was und in welcher Art und Weise beobachtet werden soll, so ist es doch gerade ein solcher Beobachtungsplan, durch den sich beide Verfahren unterscheiden. Während wir bei der unstrukturierten Beobachtung nur Anweisungen vorliegen haben, die einem Beobachter einen u.U. ziemlich großen Spielraum in seiner Beobachtung lassen, finden wir in der strukturierten Beobachtung sehr präzise Angaben darüber, was, wie lange und auf welche Art und Weise zu beobachten ist. Außerdem enthalten diese Anweisungen häufig sogar Verhaltensregeln für die Beziehungen, die ein Beobachter im Feld anknüpft. Je weiter wir nun den eigenverantwortlichen Spielraum eines Beobachters einengen, umso ausführlicher und detaillierter müssen die Beobachtungsanweisungen werden. Haben wir im unstrukturierten Verfahren noch die Möglichkeit komplexe Situationen und Verhaltensabläufe zu erfassen, so reduzieren sich diese Möglichkeiten in der strukturierten Beobachtung auf die Erfassung eng begrenzter und umschriebener Verhaltensweisen. Außerdem wird der Beobachter gezwungen, das beobachtete Verhalten in ihm vorgeschriebene Merkmalsausprägungen (Beobachtungskategorien) zu unterteilen und im genauen zeitlichen Ablauf festzuhalten. Mit dem Übergang von unstrukturierter zu strukturierter Beobachtung können wir gleichzeitig eine wachsende Kontrollmöglichkeit feststellen, wodurch die Bezeichnungen für Beobachtungsverfahren verständlich werden, die als Synonyme gebraucht werden: kontrolliert ist eine solche Beobachtung, da wir das Verhalten der Beobachter und die Auswertung kontrollieren können; standardisiert ist ein solches Verfahren, weil das Verhalten von Beobachtern durch ein Beobachtungsschema standardisiert wird; systematisch ist ein solches Verfahren durch die einheitliche Zielorientierung und Gerichtetheit einzelner Beobachtungsakte.

Doch versuchen wir der Argumentation von KUNZ zu folgen und die obige Frage in ihre Einzelaspekte zu zerlegen. Dabei wird deutlich werden, inwieweit einerseits der Strukturierungsgrad andere wichtige Aspekte der Beobachtungsverfahren beeinflußt und andererseits von ihnen abhängig ist.

Der erste Teil der Frage von KUNZ bezieht sich auf den Beobachtungsgegenstand. Die Frage könnte danach lauten: "Lassen sich Kriterien entwickeln, die solche Gegenstände danach abgrenzen können, ob sie sich für eine strukturierte bzw. eine unstrukturierte Beobachtung eignen?" Dies läßt sich sicher nicht eindeutig beantworten. Wie wir bereits weiter oben festgestellt haben, können wir nur sinnlich wahrnehmbare Tatbestände beobachten. Wir müssen also davon ausgehen, was wir beobachten können, nicht aber was wir beobachten sollen (vgl. S.26). Von daher kann sich also nicht entscheiden, wie strukturiert eine Beobachtung zu sein hat.

Wir beobachten nun relativ strukturell einfache, aber auch strukturell komplexe Sachverhalte. Je einfacher nun ein Sachverhalt (Verhalten) ist, umso leichter muß es möglich sein, ein Schema zu erarbeiten, in dem alle möglichen Verhaltensausprägungen vorkommen. Dies kann natürlich nur dann geschehen, wenn wir bereits einige Informationen und Kenntnisse über entsprechende Verhaltensweisen erworben haben. Diese können aus der Alltagserfahrung stammen, können sich aber auch durch Ableitungen aus Theorien oder aufgrund der Analyse von Ergebnissen anderer Untersuchungen ergeben haben. Diese Vorinformationen gehen dann in ein Hypothesengerüst ein, das die Grundlage für jedes Beobachtungsschema darstellt. Die Daten werden damit nicht nur zur Beschreibung von sozialen Sachverhalten - wie bei unstrukturierter Beobachtung -, sondern zur Überprüfung von Hypothesen und Theorien benutzt. Nur die Daten einer strukturierten Beobachtung können zur Überprüfung von Theorien herangezogen werden, da durch das vorgegebene, auf theoretische Überlegungen aufgebaute Beobachtungsschema erst eine Untersuchungssituation geschaffen wird, in der eine Systematisierung und Kontrolle einzelner Beobachtungsakte erfolgen kann.

Der zweite Teil der Frage bezieht sich auf denjenigen, der beobachten soll, also auf den Beobachter. In der Regel ist das Zusammenfallen von Forscher und Beobachter in einer Person das besondere Merkmal einer nicht strukturierten Beobachtung. Gerade die Tatsache eines unvoreingenommenen Eintritts in ein bisher kaum bekanntes, wenn nicht sogar unbekanntes Feld, läßt es für Beobachtungsverfahren unerläßlich erscheinen, eine Identität von Forscher und Beobachter zu fordern. Dieses Betreten von "Neuland" verhindert nun gerade die Erarbeitung eines Schemas, in dem wichtige von unwichtigen Sachverhalten geschieden werden und in dem Verhaltensvorschriften mit Angaben über Beobachtungsdauer u.ä. gekoppelt werden. Demgegenüber läßt das auf einer Theorie bzw. auf Hypothesensystemen beruhende Beobachtungsschema einer strukturierten Beobachtung die

Entscheidung offen, ob die Beobachtung von anderen Personen als vom Forscher selbst durchgeführt werden soll.

Damit tritt dann ein Problem in den Vordergrund, das nicht mehr mit den Einflüssen der Beobachter auf das jeweilige Feld beschäftigt ist, sondern mit den physischen und psychischen Fähigkeiten von Beobachtern, sowie mit dem systematischen Training an einem Beobachtungsschema. Diese Verlagerung eines wichtigen Problems wird einsichtig, wenn man sich klar macht, daß mit steigendem Strukturierungsgrad - und damit mit wachsender Beschränkung auf einen relativ einfachen Sachverhalt - die Notwendigkeit einer Teilnahme des Beobachters verschwindet. Durch die "Nicht-Teilnahme" fällt der Beeinflussungsprozeß zwischen Beobachter und Beobachteten fort, und die Beobachtungsfähigkeiten in Verbindung mit Problemen des Beobachtungsschemas treten in den Vordergrund.

Der für den Übergang von strukturierter zu unstrukturierter Beobachtung wohl typischste Unterschied liegt in der begrifflichen Festlegung eines Instrumentariums zur Koordination und Systematisierung einzelner Beobachtungsakte und zur gleichzeitigen Speicherung der daraus resultierenden Informationen. Dies alles geschieht im Beobachtungsschema. Mit diesem Problem beschäftigt sich der dritte Teil der Frage, nämlich:"auf welche Weise soll beobachtet werden?"

Dabei werden von KUNZ (1972, S. 97) drei Problembereiche diskutiert: 1. die Bestimmung von Beobachtungseinheiten; 2. die Auswahl von Beobachtungseinheiten und 3. die operationalen Definitionen von Beobachtungskategorien und die Konstruktion eines Beobachtungsschemas (vgl. auch die Diskussion in den Abschnitten 4.1.2. und 4.2.2.).

Die Beobachtungseinheit ist die kleinste Einheit in einem Beobachtungsverfahren, an der Messungen, d.h. Beobachtungen vorgenommen werden. Der Beobachter ist nun in einer unstrukturierten Beobachtung relativ frei in seiner Entscheidung, Beobachtungseinheiten festzulegen. Er hat i.d.R. nur einen Beobachtungsplan zur Verfügung, der aber nur als grobes Raster zur Organisation seiner Beobachtungen dienen kann. In einem solchen Plan sind die Schwerpunkte der Untersuchungen aufgeführt, ohne aber detaillierte Angaben über das Vorgehen oder auch das Verhalten eines Beobachters zu enthalten. So beschränkt man sich in unstrukturierten Beobachtungen sehr häufig auf protokollarische Darstellung des Geschehens in bestimmten Situationen.

Die Definition von Beobachtungseinheiten wird in strukturierten Beobachtungen nicht dem Beobachter selbst überlassen bleiben können, sondern wird zu einer spezifischen Aufgabe eines Forschers oder Untersuchungsleiters werden müssen. Aufgrund seiner Kenntnisse über Strukturen und Verhaltensabläufe in einem Beobachtungsfeld ist er in der Lage, Beobachtungseinheiten festzulegen. Diese Aufgabe wird nun umso schwieriger, je komplexer die Beobachtungsfelder sind und je mehr die Beobachtungen darauf ausgerichtet sind, kontinuierlich ablaufende Ereignisse als Einzelaktionen zu erfassen. Hier wird dann nicht nur eine Definition gefordert, sondern auch die Entwicklung von Kriterien für die Trennung einer Einheit von der anderen.

Es bieten sich nun zwei Möglichkeiten an, Beobachtungseinheiten zu definieren: 1. eine zeitliche Definition und 2. eine inhaltliche Definition. In der zeitlichen Definition wird z.B. ein Verhalten oder eine Interaktion mehr oder weniger willkürlich in Zeitabschnitte unterteilt. Ein Beobachter bekommt also verbindliche Angaben über die Länge seiner Beobachtungen und über die Zeitpunkte der Kodierungen. Eine solche Definition ist natürlich nicht ganz unproblematisch: einmal fallen wesentliche Informationen über die Inhalte von Ereignissen fort, wenn man sich ausschließlich auf eine zeitliche Definition beschränkt und zum anderen verläuft der Inhalt sozialer Interaktionen nur selten mit einer physikalischen Chronometrie synchron (KUNZ 1972, S. 97). Mit inhaltlichen Definitionen können Verhalten und Interaktionen besser erfaßt werden. Während die zeitliche Definition nur sinnvoll ist in Verbindung mit einer strukturierten Beobachtung, finden wir inhaltliche Definitionen sowohl in strukturierten als auch in unstrukturierten Beobachtungen. In ersteren finden wir aber i.d.R. nur eine einzige Definition, da wir es hier mit einfacheren, durch eine einzelne Definition erfassbaren Sachverhalten zu tun haben: so grenzt etwa BALES (1968b,S. 158) in seiner Interaktionsanalyse Beobachtungseinheiten als kleinste erkennbare Einheiten des Verhaltens ab, die der Definition irgendeiner seiner Kategorien genügen. Ähnliche Definitionen kommen in vielen strukturierten Beobachtungen vor; hier besteht aber die Gefahr, daß Beobachtungseinheiten mit den Beobachtungskategorien, d.h. mit den Verhaltensausprägungen gleichgesetzt werden (vgl. HEYNS und LIPPITT 1954, S. 378).

Allgemein können wir den Übergang von unstrukturierter zur strukturierten Beobachtung in einer Präzisierung des Beobachtungsleitfadens bzw. eines Beobachtungsplanes in Richtung auf ein Beobachtungsschema sehen, etwa analog dem Übergang vom unstrukturierten zum strukturierten Interview als einer Entwicklung vom Interviewerleitfaden zum voll strukturierten Fragebogen. Das Beobachtungsschema ist damit eine Art Fragebogen mit dreifacher Funktion: "die Beobachtung sprachlich wie inhaltlich zu lenken und darüberhinaus auch die Aufzeichnung zu erleichtern" (FRIEDRICHS und LÜDTKE 1973, S. 73).

Je detaillierter wir ein Kategoriensystem in einem Beobachtungsschema ausarbeiten, umso strengere Kriterien müssen wir an ein solches System stellen. Dabei können wir uns auf einen

Katalog von Kriterien beziehen, der für alle Datenerhebungsverfahren mit einem hohen Strukturierungsgrad gilt und nach denen sich jedes Klassifikationsschema zu richten hat: 1. Eindimensionalität; Diese Forderung kann häufig nicht erfüllt werden, man sollte ihr aber versuchen, Rechnung zu tragen! Die Forderung besagt, daß Messungen in einem Schema nur auf einer Dimension erfolgen sollten, nicht aber auf mehreren gleichzeitig. 2. Ausschließlichkeit der Kategorien: jedes beobachtete Ereignis (Beobachtungseinheit) darf nur einer Kategorie zugeordnet werden können. 3. Vollständigkeit der Kategorien: ein Kategoriensystem muß so erschöpfend sein, daß alle möglichen Beobachtungen erfaßt werden können. Speziell für die Beobachtung müssen wir weiter fordern: 4. Konkretion der Kategorien: Kategorien müssen beobachtbaren Sachverhalten korrespondieren. 5. Begrenzung der Anzahl der Kategorien: aufgrund der begrenzten Beobachtungs- und Registrierfähigkeit des Menschen sollten wir eine bestimmte Zahl der Kategorien in einem Schema nicht überschreiten. Von vielen Forschern, so auch von MEDLEY und MITZEL (1963) und WEICK (1968) ist diese Zahl mit etwa lo Kategorien angegeben worden. 6. Kategorien in einem Beobachtungsschema sollten möglichst aufgrund einer theoretischen Konzeption entwickelt worden sein. Für alle diese Forderungen bietet das Schema von BALES ein gutes Beispiel (vgl. Abschnitt 7.2.).

Der vierte und letzte Teil der Frage bezieht sich auf die Analyse der Beobachtungsdaten und damit auf die mit der Auswertung intendierten Zielvorstellungen eines Forschers. Wie wir bereits weiter oben festgestellt haben (S. 39), können wir mit einer strukturierten Beobachtung Theorien mit Hilfe von Hypothesen überprüfen. Wenn auch häufig den unstrukturierten Beobachtungen theoretische Überlegungen vorausgegangen sind, so können wir doch keine Überprüfung einzelner Hypothesen vornehmen; allenfalls können wir den Bereich relevanter Hypothesen abstecken und die Grundlage für weitere, dann strukturiertere Verfahren schaffen. Aber nicht nur hier zeigt sich die relative Schwäche einer unstrukturierten Beobachtung: je ausführlicher und detaillierter ein Beobachtungsschema ausgearbeitet wurde, umso leichter ist eine nachfolgende quantifizierende Datenanalyse. Allerdings ist auch bei der unstrukturierten Beobachtung eine quantitative Auswertung möglich, so z.B. als einfache zählende Beschreibung. Der entscheidende Nachteil scheint aber der zu sein, daß die zahlenmäßige Bestimmung einer "Datenqualität" (vgl. Abschnitt 4.1.1.) beim augenblicklichen Stand der Forschung für eine unstrukturierte Beobachtung sehr schwierig, wenn nicht sogar unmöglich ist.

Zum Abschluß stellen wir in der nun folgenden Synopsis noch einmal alle Problembereiche zusammen:

Problembereich	strukturierte Beobachtung	unstrukturierte Beobachtung
Beobachtungsobjekt	relativ einheitliche, homogene Felder	relativ komplexe Felder
Beobachtungssubjekt	Beobachter und Forscher sind i.d. R. nicht identisch; große Kontrollmöglichkeit; i.d.R. nicht teilnehmend	Beobachter und Forscher sind i.d.R. identisch; keine Kontrollmöglichkeit; immer teilnehmend
Art des Schemas	Von einer Theorie abgeleitetes Beobachtungsschema mit einer Reihe von einzelnen Kategorien	Wenn überhaupt, dann nur ein Beobachtungsleitfaden oder ein Plan, auf dem einige Hauptrichtlinien angegeben sind
Art der Analyse	Geeignet zur Überprüfung von Theorien und Hypothesen; große Quantifizierungsmöglichkeit; Datenqualität läßt sich gut ermitteln	keine Überprüfung von Hypothesen und Theorien möglich; besonders für die Explorationsphase geeignet; schlechtere Quantifizierungsmöglichkeit; Kontrolle der Datenqualität nicht gegeben

3.2. Teilnehmende und Nicht-teilnehmende Beobachtung

Die zweite wichtige Unterscheidung von Beobachtungsverfahren bezieht sich auf die Art und das Ausmaß der Teilnahme von Beobachtern. Der Begriff "teilnehmende" Beobachtung wurde zuerst von LINDEMANN bereits 1924 geprägt, als er einen "objektiven" von einem "teilnehmenden" Beobachter unterschied. Die Unterscheidung "teilnehmend - nicht-teilnehmend" pflegt auch bei der Diskussion über Beobachtungsverfahren zumeist im Mittelpunkt zu stehen. "Das geschieht zu Recht", wie KÖNIG (1973, S. 5o) feststellt, "denn teilnehmende Beobachtung ist nicht nur eine Klasse oder Art der Beobachtung, sondern darüber hinaus noch ein ganzes Programm: daß nämlich Sozialforschung nicht aus theoretischer Entfernung oder spekulativer Erhabenheit, sondern einzig und allein in der unmittelbaren Auseinandersetzung mit der Wirklichkeit betrieben werden könnte".

Beide Formen der Beobachtung unterscheiden sich vor allem durch die unterschiedliche Rolle des Beobachters, die er im zu beobachtenden sozialen Feld spielt. Die teilnehmende Beobachtung geht im wesentlichen auf ethnologische Forschungen zurück und hat von daher auch in der Soziologie und Sozialforschung zunehmend an Bedeutung gewonnen. In dieser Beobachtungsform nimmt der Beobachter - mehr oder weniger aktiv - am Leben eines Beobachtungsfeldes teil. Die nicht-teilnehmende Beobachtung fand und findet ihren Schwerpunkt in der Psychologie, Sozialpsychologie und verwandten Disziplinen. Der Beobachter spielt hier eine völlig andere Rolle: er steht zumeist nicht nur in personeller, sondern auch in räumlicher Distanz zum Beobachtungsfeld. Die auch jetzt noch möglichen Wechselwirkungen zwischen ihm und den Beobachteten sind im Gegensatz zur teilnehmenden Beobachtung sehr häufig gewollt und manipulativ, d.h. die Beobachtung nähert sich damit sehr stark dem Experiment.

Wir möchten uns in diesem Zusammenhang nicht der Meinung von ATTESLANDER (1971, S. 136) anschließen, daß jede Beobachtung eine teilnehmende ist, da mit Hilfe der Sinnesorgane Sachverhalte registriert würden und damit "ein Minimum an Eingliederung in die Beobachtungssituation" konstituiert werde. In seiner Terminologie dient das Gegensatzpaar "aktiv-passiv" als Unterscheidungskriterium für den unterschiedlichen Grad der Partizipation eines Beobachters. Diese Kennzeichnung des Partizipationsgrades ist unseres Erachtens nur sinnvoll für eine Beobachtung, in der ein Beobachter in irgendeiner Form teilnehmender Partner im Beobachtungsfeld ist (Übernahme einer Rolle aus dem Rollensatz des Feldes), nicht aber dann, wenn, wie bei ATTESLANDER, selbst die Laborbeobachtung als teilnehmende Beobachtung angesprochen wird. Hier wird die Bedeutung unterschätzt, die der Rolle eines Beobachters in den verschiedenen Verfahren zukommt.

Einige generelle Probleme der teilnehmenden Beobachtung lassen sich nun anhand der Ethnologie bzw. Kulturanthropologie besonders deutlich aufzeigen: Die kulturelle Distanz zwischen Beobachter und fremder Kultur wird häufig als konstitutives Merkmal einer kulturanthropologischen Beobachtung angesehen (vgl. FRIEDRICHS und LÜDTKE 1973, S. 21). Der Eintritt eines Beobachters als "Fremder" in eine sehr komplexe und ihm unbekannte Umwelt kann sich sowohl positiv als auch negativ auswirken. Negativ sind besonders die Sprachschwierigkeiten und die Fülle des anfallenden Materials; positiv hingegen das Entdecken fremder sozialer Selbstverständlichkeiten, die oft von Informanten der betreffenden Kultur nicht berichtet werden. Diese positive Bewertung trifft aber nur für die Beobachter zu, die gelernt haben, von eigenen kulturellen Selbstverständlichkeiten zu abstrahieren, und die zunächst allen Ereignissen im sozialen Feld die gleiche Aufmerksamkeit schenken.

Für einen Soziologen ist eine Untersuchung mittels Beobachtung insofern schwieriger, als er zu seinem Erkenntnisobjekt eine geringere soziale und kulturelle Distanz hat als der Anthropologe oder Ethnologe. Während einerseits die ethnologische Untersuchung einer "fremden Kultur" nicht ganz unproblematisch ist (s.o.), hat andererseits auch die soziologische Analyse von sozialen Phänomenen der "eigenen Kultur" ihre besonderen Probleme. Bei unvoreingenommener Betrachtung könnte man annehmen, daß die Beobachtung sozialer Sachverhalte in bekannter Umwelt keine besonderen Schwierigkeiten aufwirft. Das Gegenteil ist aber der Fall: die enge Vertrautheit mit einem zu beobachtenden Feld oder einer Situation läßt auch einen noch so qualifizierten Beobachter zu leicht wichtige Sachverhalte übersehen und eine Situation als "gewöhnlich" deuten, die einen unvoreingenommenen Beobachter zu weiteren, intensiveren Beobachtungen veranlaßt hätte. Die Bedeutung einzelner Handlungen für einen gesamten Handlungsablauf wird nicht gesehen, weil die Kenntnis der Struktur eines solchen Ablaufs die Beziehung einer einzelnen Handlung zur Gesamtsituation verdecken kann.

Wir sehen damit, daß die soziale und kulturelle Distanz in jedem Fall eine die Beobachtung beeinflussende Größe ist: in der Anthropologie und Ethnologie wird die große Distanz zum Problem, in der Soziologie kann sich eine zu geringe Distanz negativ auswirken. Wir müssen deshalb für die Soziologie die Forderung erheben, eine gewisse Distanz neu aufzubauen, um eine möglichst große Unvoreingenommenheit gegenüber dem Beobachtungsgegenstand wieder zu gewinnen.

In der folgenden schematischen Übersicht haben wir versucht, die Vor- und Nachteile einer teilnehmenden Beobachtung hinsichtlich der Distanz zum Beobachtungsgegenstand einander gegenüberzustellen:

	große Distanz zum Beobachtungsfeld = Beobachtung in "fremder Kultur"	geringe Distanz zum Beobachtungsfeld = Beobachtung in "eigener Kultur"
Vorteil	Die relative Unvoreingenommenheit (Fremdheit) fördert die Entdeckung wichtiger sozialer Zusammenhänge	keine lange Anpassungs- und Eingewöhnungszeit für den Beobachter; der Zugang zum Feld kann erleichtert sein
Nachteil	Ein Beobachter ist auf zusätzliche Berichte von Informanten angewiesen; Verzerrungen durch Übernahme eigener kultureller Werte und Vorstellungen; der Zugang zum Beobachtungsfeld ist nicht in vollem Maß gewährleistet; Probleme der sprachlichen Verständigung	Befangenheit dem Untersuchungsgegenstand gegenüber; wichtige Sachverhalte werden übersehen

Ein weiterer Unterschied zwischen den Verfahren in beiden sozialwissenschaftlichen Disziplinen liegt in der größeren Komplexität des Beobachtungsobjektes in der Anthropologie; in der Soziologie haben wir es dagegen meistens mit einfacheren und homogeneren Feldern zu tun. Dies dürfte auch einer der Gründe sein, daß erst die Soziologie exaktere Forschungspläne, Beobachtungsschemata und eine Systematik der Beobachtungsverfahren hat entwickeln können. So stellt CICOUREL (197o, S. 63 f.) fest: "Die Anthropologen, die die Technik der Felduntersuchung benutzen, haben eine beträchtliche Menge von Literatur über verschiedene Kulturen zusammengetragen. Trotz der langen Geschichte der Feldforschung und trotz der vielen Lehrgänge, die in Feldtechniken abgehalten wurden, hat man sich jedoch wenig darum bemüht, die verschiedenen Forschungen zu kodifizieren"; an einer anderen Stelle führt er aus: "...die anthropologische Feldberichte offenbaren sehr wenig über die anfänglichen Erfahrungen oder über die Verfahren, die zur Bestimmung der Bedeutung eines gegebenen Ereignisses benutzt wurden" (S. 82). Aus ähnlichen Gründen bemängeln auch andere Autoren die mangelnde methodologische Reflexion in kulturanthropologischen Forschungen und die fehlende Darstellung der "natural history" einer Untersuchung (vgl. BECKER 1969, S. 246 f.). So ist auch mit BECKER zu fordern, daß auch in einer teilnehmenden Beobachtung einem Leser die Möglichkeit gegeben werden muß, die Schlußfolgerungen des Autors nachzuvollziehen und ihm somit Anleitungen zu geben, wie man sich in konkreten Situationen zu verhalten hat und wie man seine Untersuchung aufbauen kann. Eine beispielhafte Beschreibung dieser "natural history" einer teilnehmenden Beobachtung gibt WHYTE in seiner klassisch gewordenen Studie "Street Corner Society" (vgl. Abschnitt 5).

In einer Zusammenfassung seiner Kritik an anthropologischen Felduntersuchungen kommt CICOUREL (197o, S. 1o7) zu dem Schluß, daß die Ergebnisse solcher Forschungen präsentiert werden, "als ob die Probleme des Zugangs, des Kontakthaltens und des Kontaktbeendens das Ergebnis und die Interpretation von Daten nicht beeinflußt hätte. Der Bericht hat, wie VIDICH sagt, eine 'zeitlose' Qualität"(vgl. dazu auch: STRECKER 1969).

Doch wenden wir uns nun wieder den Unterschieden zwischen teilnehmender und nicht-teilnehmender Beobachtung zu. In der teilnehmenden Beobachtung nimmt der Forscher am sozialen Handlungsablauf eines Untersuchungsgegenstandes teil: er übernimmt eine bestimmte Rolle in einem sozialen System, wobei die Rollenausfüllung auf verschiedene Art und Weise und unterschiedlicher Intensität geschehen kann. In der nicht-teilnehmenden Beobachtung tritt der Forscher dem Untersuchungsgegenstand gegenüber nicht als Träger einer Rolle dieses Systems auf, sondern als "Fremder" oder als "Außenstehender", der seine Forschungsaufgabe offen zu erkennen gibt oder aber den Mitgliedern des Systems unbekannt bleibt, indem er sie im Laboratorium durch einen Ein-Weg-Spiegel beobachtet.

In der Literatur werden beide Arten einer Beobachtung meistens alternativ gegenübergestellt. GOLD (1969 S. 3o ff.) versucht dagegen, die Dimension "Teilnahme" als ein Kontinuum zu verstehen; er unterscheidet: 1. die Rolle des vollständigen Teilnehmers; 2. die Rolle des Teilnehmenden als Beobachter; 3. die Rolle des Beobachters als Teilnehmer; 4. die Rolle des vollständigen Beobachters (vgl. auch die Darstellung im Abschnitt 4.2.1.3.). In vielen Untersuchungen, so bei WHYTE und BECKER, wurde die Möglichkeit einer solchen Differenzierung positiv beurteilt und ihre Bedeutung für die Einschätzung der Gültigkeit von Ergebnissen herausgestellt.

Können wir nun Kriterien oder allgemeine Kennzeichen von Beobachtungsobjekten erarbeiten, für die man eine teilnehmende bzw. eine nicht-teilnehmende Beobachtung anzuwenden hätte? Diese Frage kann sicher insoweit bejaht werden, als wir Objekte und deren soziales Verhalten so ordnen können, daß die Hinwendung zu teilnehmender bzw. nicht-teilnehmender Beobachtung notwendig erscheint, während das Forschungsziel die Entscheidung für oder gegen strukturierte Beobachtung beeinflußt. KUNZ (1972, S. 94) arbeitet drei Situationen heraus, die auf teilnehmende Beobachtung angewiesen sind, wobei er vom Sprachsystem als vermittelnder Instanz zwischen Beobachter- und Objektsystem ausgeht:

1. Beobachtersystem und Objektsystem haben ein unterschiedliches Sprachsystem (Verhaltensforschung bei Tieren: LORENZ 1966)
2. Beobachtersystem und Objektsystem haben ein unterschiedliches Sprachsystem, doch besteht die Möglichkeit, sich schließlich auf ein gemeinsames Sprachsystem zu beziehen (anthropologische und ethnologische Untersuchungen in sprachlich fremden Kulturkreisen: z.B. MALINOWSKI 1922 und MEAD 1928, 193o)
3. Beobachtersystem und Objektsystem haben ein gemeinsames Sprachsystem, es kommen aber gewisse Unterschiede und Abweichungen vor, die das Verständnis eines Beobachters für eine Situation beeinträchtigen oder verhindern können (Untersuchungen bei Kleinkindern,Geisteskranken oder in kul-

turellen Subgruppen)
In dieser Systematik stellt die Sprache das Kriterium dar, nach dem eine Entscheidung für oder gegen eine teilnehmende Beobachtung zu treffen ist. Da wir in der Soziologie, besonders aber mit Beobachtungsverfahren, soziales Handeln untersuchen wollen, erschließt sich der Sinn des sozialen Handelns für den Beobachter wesentlich durch die Sprache der beteiligten Akteure. Dies impliziert aber wenigstens die Kenntnis der Semantik und Syntaktik einer Sprache; in wieweit man auch den pragmatischen Bereich durch eine Beobachtung zugänglich machen kann, ist ohne eine Lösung des Inferenzproblems (vgl. Abschnitt 4.1.5.) nicht zu beantworten. Es zeigt sich aber, daß die Beobachtung verbalen Verhaltens wohl den bedeutsamsten Zugang zum Verständnis sozialer Aktionen bringt.

Als weitere Kriterien möchten wir noch zwei andere vorschlagen, die man als pragmatische Kriterien bezeichnen könnte: die Zugänglichkeit eines Beobachtungsfeldes und dessen Komplexitätsgrad. Je nach Abgeschlossenheit eines Feldes fremden "Eindringlingen" gegenüber oder wenn bestimmte, strategisch wichtige Rollen eines Feldes einem Beobachter nicht zugänglich sind (vgl. Abschnitt 4.2.1.3.), wird man sich zu einer nicht-teilnehmenden Beobachtung entschließen müssen. Mit einer Einschränkung möchten wir dagegen das Kriterium "Komplexitätsgrad" versehen: Nur wenn man in einer nicht-teilnehmenden Beobachtung in jedem Fall auch eine strukturierte Beobachtung sieht, kann eine Zuordnung von teilnehmender Beobachtung zu relativ komplexen Feldern und von nicht-teilnehmender Beobachtung zu relativ strukturell einfachen Feldern gerechtfertigt sein.

Die Brauchbarkeit teilnehmender Beobachtung, die ja meistens nicht-strukturierte Beobachtung ist, kann sich besonders da erweisen, wo der Forscher unvorhersehbare, aber theoretisch bedeutsame Entdeckungen im Verlauf seiner Untersuchung macht, deren Protokollierung, ja sogar deren Auffindung mit einer eng an eine bestimmte Theorie gebundenen Beobachtungstechnik nicht möglich gewesen wäre. In der Literatur über Beobachtung hat sich dafür ein Terminus von MERTON eingebürgert, der dieses Phänomen, das nur bei einem geschulten Beobachter auftreten kann, als "serendipity pattern" bezeichnet hat (vgl. S. 13). Nach der Entdeckung eines theoretisch bedeutsamen Ereignisses ist ein entsprechend ausgebildeter Beobachter also in der Lage, Veränderungen der theoretischen Betrachtungsweise und Begrifflichkeit herbeizuführen, um noch während der Untersuchung Schwerpunkte verlagern zu können.

Damit können wir als nicht untypisch für die teilnehmende Beobachtung festhalten: Die Beobachtung und die theoretische Deutung laufen als ein sich wechselseitig beeinflussender Prozeß ab (vgl. WAX 1968, S. 239). Damit wird auf der anderen Seite natürlich die Gefahr erhöht, in Zirkelschlüsse zu verfallen oder bzw. zu sich-selbst-bestätigenden-Erwartungen zu gelangen: Ergebnisse werden nur im Licht einer sie bestätigenden Theorie gesehen und diese beeinflußt ihrerseits die für eine bestimmte Fragestellung als relevant angesehenen Beobachtungseinheiten (vgl. KUNZ 1972, S. 94). Diese Gefahren sind besonders dann nur schwer zu vermeiden, wenn wir - wie meistens in klassischen Untersuchungen - in der teilnehmenden Beobachtung eine Rollenidentität von Forscher und Beobachter haben. Die beispielsweise von FRIEDRICHS und LÜDTKE (1973) geforderte Trennung von Forscher und Beobachter wirft aber auch ihrerseits wieder besondere Probleme auf, die mit der Konstruktion eines Beobachtungsschemas und dem Training und der Kontrolle der Beobachter verbunden sind (vgl. Abschnitte 4.2.1.3; 4.2.1.4.; 4.2.2.).

Im folgenden Kapitel wollen wir nun die wichtigsten Probleme einer wissenschaftlichen Beobachtung im einzelnen darzustellen versuchen. Dabei wollen wir wie folgt vorgehen: zuerst sollen die allen Verfahren gemeinsamen Probleme besprochen werden, danach folgen die Probleme, die wir den einzelnen Verfahren zuordnen können, ohne damit zu behaupten, daß ein einzelnes Problem nur dem einen oder dem anderen Verfahren eignet.

4. Probleme einer wissenschaftlichen Beobachtung

In diesem Kapitel wollen wir nun versuchen, die Probleme darzustellen, die mit der Anwendung wissenschaftlicher Beobachtungsverfahren verbunden sind. Einige dieser Probleme sind im vergangenen Abschnitt bereits angesprochen worden; sie sollen nun an dieser Stelle vertieft und diskutiert werden.

Die Probleme wissenschaftlicher Beobachtung sind einerseits vielfältiger Natur, lassen sich aber andererseits auf zwei Grundprobleme zurückführen: 1. auf das Problem der Strukturierung des Verfahrens mit Hilfe von Beobachtungsschemata und Beobachtungskategorien und 2.auf Probleme, die mit der Person des Beobachters verbunden sind.

Einige der im folgenden zu behandelnden Einzelprobleme sind allgemeinerer Art und beziehen sich auf jedes Beobachtungsverfahren, nur wird jedes Verfahren unterschiedlich gut mit ihnen fertig. Andere Fragenkomplexe befassen sich mit speziellen Problemen einzelner Verfahren, so mit Problemen einer teilnehmenden Beobachtung oder denjenigen einer strukturierten Beobachtung.

Die thematische Gliederung dieses Kapitels wird sicher manchem Leser willkürlich oder zufällig erscheinen, zumal sich die meisten der im folgenden dargestellten Einzelprobleme nicht so eindeutig dem einen oder dem anderen Verfahren zuordnen lassen (so ist beispielsweise das Problem der "selektiven Perzeption" ebenfalls in einer strukturierten Beobachtung von Bedeutung und nicht nur ausschließlich in einer teilnehmenden). Wir halten den Versuch einer Zuordnung einzelner Probleme zu einzelnen Verfahren aber deshalb für sinnvoll, weil wir an einer schwerpunktmäßigen und eindeutigen Darstellung der Probleme interessiert sind. Im Verlauf der Diskussion wird sicher deutlich werden, für welche Verfahren die einzelnen Probleme besonders wichtig sind und für welche sie es nicht sind.

Wir wollen nun im folgenden zuerst die generellen, allen Beobachtungsverfahren gemeinsamen Probleme behandeln (Zuverlässigkeit und Gültigkeit, Wahl der Beobachtungseinheit, Aufzeichnung und Auswertung von Beobachtungsdaten, Inferenzproblem). Dann werden wir zu den speziellen Problemen übergehen und uns im Rahmen der teilnehmenden Beobachtung mit dem Beobachterproblem befassen (selektive Perzeption, Einführung des Beobachters, Rolle des Beobachters, Beobachterschulung und Beobachterkontrolle); im Rahmen strukturierter Verfahren geht es einzig und allein um Probleme des Beobachtungsschemas, d.h. um die Konstruktion eines Beobachtungsinstruments.

4.1. Allgemeine Probleme einer wissenschaftlichen Beobachtung

4.1.1. Probleme der Zuverlässigkeit und Gültigkeit von Beobachtungsdaten

Obwohl sich die Frage nach der Zuverlässigkeit und Gültigkeit von Beobachtungsdaten für eine nicht-strukturierte Beobachtung stärker stellt als für eine strukturierte Beobachtung, soll diese Problematik doch an dieser Stelle für beide Verfahren gemeinsam behandelt werden. Wir sind mit MAYNTZ der Meinung, daß die Validitäts- und Zuverlässigkeitskontrolle in einem strengen Sinne nur in strukturierten Beobachtungen unter experimentellen Bedingungen möglich ist, glauben aber, daß sie auch in allen anderen Beobachtungsverfahren der empirischen Sozialforschung unbedingt beachtet werden und Anstrengungen zu einer Lösung unternommen werden sollten (vgl. MAYNTZ, HOLM und HÜBNER 1969, S. 92 f., sowie FRIEDRICHS und LÜDTKE 1973, S. 153 ff.). Dabei sind wir uns wohl bewußt, daß eine solche Lösung für unstrukturierte Beobachtungen nur schwer zu finden sein wird. In allen anderen Verfahren, in denen eine Standardisierung der Beobachtungsakte versucht wird, sind diese Probleme nicht unlösbar.

Was bedeutet aber nun Gültigkeit bzw. Zuverlässigkeit im Hinblick auf Beobachtungsdaten und Beobachtungsverfahren?

Zuverlässigkeit (Verläßlichkeit) von Beobachtungsdaten und Beobachtungsverfahren liegt dann vor, wenn deren Anwendung unter kontrollierten Erhebungs- und Meßbedingungen zu gleichen Ergebnissen führt. Dies kann für die Beobachtung auf zweierlei Art und Weise beurteilt werden: 1. inwieweit verschiedene Beobachter den gleichen Sachverhalt gleich einordnen und 2. inwieweit ein Beobachter zu verschiedenen Zeitpunkten den gleichen Sachverhalt konsistent zuordnet. Damit aber haben wir das Problem der Zuverlässigkeit und Beobachtungsdaten verlagert: wir bestimmen nicht die Zuverlässigkeit eines Meßinstrumentes, sondern die Zuverlässigkeit eines oder mehrerer Beobachter. Der Beobachter wird also als wichtigster Faktor angesehen, der für eine mangelnde Zuverlässigkeit verantwortlich zeichnet. Dies hat dann zur Berechnung von Koeffizienten geführt, die die Beobachterübereinstimmung messen sollen (dem Äquivalenzkoeffizienten für die Beurteilung der Übereinstimmung von mehreren Beobachtern und dem Stabilitätskoeffizienten für die Beurteilung der Konsistenz eines Beobachters in mehreren Beobachtungsserien).

Allerdings sollte man die Zuverlässigkeit nicht nur als eindimensionales Konzept sehen, sondern muß sie auch als mehrdimensionales Problem verstehen (vgl. MEDLEY und MITZEL 1963,S.268, WEICK 1968, S. 4o4), d.h.neben der Fehlerquelle "Beobachter"- und wir müssen mangelnde Zuverlässigkeit als Fehler begreifen - werden wir noch andere Faktoren identifizieren können, die als Fehlerquellen anzusprechen sind:

1. das Problem von nicht identischen Stichproben: die Beobachter beziehen sich auf unterschiedliche Elemente als Einheiten der Beobachtung;

2. mangelnde Trennschärfe von Beobachtungskategorien und Beobachtungsitems;
3. Veränderungen in der Situation von einem Beobachtungszeitpunkt zum anderen;
4. Veränderungen in den beobachteten Personen selbst; (vgl. CRANACH und FRENZ 1969, S. 3o1 auch WEICK 1968, S. 4o4, die sich beide auf eine Systematik von DUNETTE stützen).

Diese Berücksichtigung mehrerer Fehlerquellen ist deshalb wichtig, weil wir uns nicht allein auf die Beurteilung der Zuverlässigkeit durch obige Koeffizienten verlassen können: bei einem hohen Äquivalenzkoeffizienten kann es sehr gut vorkommen, daß die Beobachter in der Zuordnung häufig uneins waren, aber trotzdem zu gleichen Gesamtpunktwerten gelangten oder aber, daß ein Beobachter bestimmte Tatbestände konsistent höher als andere Beobachter beurteilt, ein Sachverhalt, der in einem Korrelationskoeffizienten nicht zum Ausdruck kommen kann.

Um die Zuverlässigkeit von Beobachtungen zu gewährleisten und damit die oben genannten Fehler weitgehend auszuschalten, schlägt WEICK (1968, S. 4o4) vier Verfahren vor:

1. Messung der Übereinstimmung zwischen zwei Beobachtern des gleichen Ereignisses: Ausschaltung von Fehlern der personellen und situativen Veränderung;
2. Konsistenz der Beobachtung eines Beobachters zu zwei verschiedenen Zeitpunkten: das Stichprobenproblem wird ausgeschaltet;
3. Messung der Übereinstimmung zwischen zwei Beobachtern, die ein Ereignis zu zwei verschiedenen Zeitpunkten beobachten: dieses Maß schließt keinen der obigen Fehler aus;
4. Ähnlich dem Prinzip der internen Konsistenzprüfung von Testitems nach der "odd-even" Methode werden die Ergebnisse eines einzelnen Beobachters verglichen, der ein bestimmtes Ereignis beobachtet hat:dies ist ein Maß für die Konsistenz eines Beobachters innerhalb einer Beobachtungsserie; es kann

zudem zur Abschätzung der Genauigkeit der Definitionen von Items oder Kategorien dienen.

Von diesen vier vorgeschlagenen Maßen beziehen sich zwei (1) und (2) ausdrücklich auf die oben angeführten Fehlerquellen, das dritte Maß sagt kaum etwas über die Zuverlässigkeit aus und das vierte ist ein sehr gutes Maß für die Beobachter- und Instrumentenzuverlässigkeit und kann insoweit etwas über die Trennschärfe von Beobachtungskategorien oder Items aussagen.

Die Möglichkeiten, die Zuverlässigkeit eines Beobachtungsverfahrens und der daraus gewonnenen Daten zu beurteilen und damit gleichzeitig die Reproduzierbarkeit eines solchen Vorgangs sicher zu stellen, kann damit nur im Beobachtungssystem selbst liegen, d.h. in der Bewältigung der Probleme, die mit dem Meßinstrument "Beobachtung" und dem Beobachter zusammenhängen. Probleme des Meßsystems sind oben bereits besprochen worden, nicht jedoch die Probleme, die mit dem Beobachter, besonders des teilnehmenden Beobachters zusammenhängen. Letztere können wir vielleicht unter den folgenden drei Aspekten sehen, die im einzelnen noch zu behandeln sein werden (vgl. Abschnitt 4.2.1

1. die reaktiven Effekte durch die mehr oder weniger starke Teilnahme von Beobachtern am Geschehen im Felde;
2. die verzerrenden Effekte durch selektive Perzeption und Interpretation der Beobachter;
3. Begrenzungen in der rein physischen Wahrnehmungsfähigkeit der Beobachter.

Der erste Punkt wird in der Literatur über teilnehmende Beobachtung meistens als "Rollenproblem" des Beobachters behandelt der zweite Punkt befaßt sich dann mit dem möglichen Bezugsrahmen, dem kulturellen und sozialen Hintergrund des Beobachters sowie mit den psychologischen Aspekten der Wahrnehmung; der dritte Punkt stellt in der Regel auf die Technik des Beobachtens ab und versucht die Beobachtungsleistung von Beobachtern zu verbessern.

Die Zuverlässigkeit von Beobachtungsdaten steht in einem engen Verhältnis zum Strukturierungsgrad eines Beobachtungsverfahrens. Je mehr ein Beobachter in seinen Beobachtungsakten durch ein Schema eingeengt wird, umso weniger Spielraum hat er, seinen Beobachtungen eigene Interpretationen zu unterlegen und umso größer kann dann die Übereinstimmung zwischen mehreren Beobachtern sein. Gleichzeitig wird die Anwendungsmöglichkeit der bereits besprochenen Maßzahlen zur quantitativen Abschätzung der Zuverlässigkeit verstärkt. Eine solche Einengung des Interpretationsspielraums ist aber nur dann möglich, wenn die Dimensionen eines Beobachtungssystems genau definiert sind, wenn ihre Bedeutungen spezifiziert sind und wenn in bezug auf die Beobachtungsleistung nicht zu große Anforderungen an den einzelnen Beobachter gestellt werden. All dies erfordert aber eine gründliche Schulung aller Beobachter, sowie Anweisungen, wie das Beobachtungsschema anzuwenden ist. Nur durch ein intensives Training im Gebrauch eines Schemas können die Verzerrungen vermieden werden, die durch falsche bzw. nicht gewollte Schlußfolgerungen der Beobachter entstehen können (vgl. Abschnitt 4.1.5.).

Viele der Vorschläge, die zu einer Lösung dieses Problems gemacht wurden, laufen darauf hinaus: 1. die Beobachter bereits in der Entwicklungsphase eines Schemas mitwirken zu lassen; 2. die ersten Beobachtungen unter ständiger Kontrolle durchführen zu lassen und 3. das Training nur schwerpunktmäßig auf schwierige Beobachtungseinheiten zu beschränken, deren Kategorisierung nicht unbedingt aus dem Schema hervorgeht.

Insgesamt scheint die Frage der Zuverlässigkeit standardisierter Beobachtungsverfahren relativ einfach beantwortet werden zu können; eine weitergehende Erörterung einiger Probleme wollen wir an dieser Stelle jedoch nicht vornehmen. Es handelt sich dabei um die Probleme der Entwicklung von Beobachtungsschemata und der Beobachterschulung (vgl. Abschnitte 4.2.2.

und 4.2.1.4.). Für nicht standardisierte Verfahren stellt sich die Frage der Datenzuverlässigkeit in geringerem Maße, dienen doch diese Verfahren häufig nur als Vorstufen (Pretests) standardisierter Erhebungsmethoden oder als selbständige Basis von Untersuchungen über ganz spezifische Problembereiche oder Gruppen (Fallstudien, vgl. Abschnitt 5.2.). In diesem Falle können solche Daten praktisch keine allgemeinen Aussagen erlauben (keine Hypothesentestung u.ä.), da wir keine Kontrolle über die Beobachtungsakte und über die Bedingungen während der Beobachtungen haben. So konnte etwa WHYTE aus seiner Untersuchung keine generellen Aussagen über das Verhalten von Jugendgruppen ableiten; seine Arbeit war aber der Anstoß zu einer Vielzahl von Untersuchungen zu diesem Problem, die die Kenntnisse über Gruppenprobleme erheblich erweiterten (vgl. Abschnitt 5). Es hat sich allerdings gezeigt, daß man besonders die Probleme einer Zuverlässigkeit von Beobachtungsdaten nicht so ohne weiteres nur aufgrund verbesserter Beobachterschulung bzw. durch den Einsatz technischer Hilfsmittel lösen kann. So weisen HEYNS und LIPPITT (1954, S. 397) mit Recht darauf hin, daß die mit einem Korrelationskoeffizienten gemessene interpersonelle Zuverlässigkeit eher Rückschlüsse auf die Qualität des Beobachtertrainings zulasse, als auf eine verstärkte Objektivierung des wissenschaftlichen Verfahrens.

Schwieriger aber werden nun die Aussagen über die <u>Gültigkeit</u> von Beobachtungsverfahren und -daten sein. So konnte zu Anfang der 5oer Jahre ZANDER (1968, S. 144) noch schreiben:

"Dem Verfasser sind keine Untersuchungen bekannt, die sich a drücklich mit der Bestimmung der Gültigkeit eines Beobachtun instrumentes befassen. Eine Reihe von Forschern hat kurze Hi weise auf die Gültigkeit ihrer Meßverfahren gegeben. Diese A sagen besagen im allgemeinen, daß das bei einer systematisch Beobachtung verwendete Instrument Anspruch auf Gültigkeit ha weil entweder seine Ergebnisse mit der theoretischen Formuli rung vereinbar sind, die zur Entwicklung dieses Instruments führt haben, oder weil diese Ergebnisse mit schon vorhandene Informationen übereinstimmen, die aufgrund anderer Messunger gesammelt worden sind".

Es hat nun in der Zwischenzeit nicht an Versuchen gefehlt, diese Lücke zu schließen bzw. die bei ZANDER erwähnten zwei Kriterien zu vertiefen. Bevor wir uns mit diesem Problem weiter beschäftigen, müssen wir aber noch die Frage nach der Bedeutung der Gültigkeit für Beobachtungsverfahren beantworten.

Mit dem Begriff der Gültigkeit (Validität) sind - wie bei der Zuverlässigkeit - mehrere Sachverhalte gemeint. Allgemein ist ein Verfahren oder ein Meßinstrument dann gültig, wenn es das tatsächlich mißt, was es zu messen beansprucht. Damit sind zwei Gültigkeitsaspekte angesprochen: die formale und die inhaltliche Gültigkeit. Die formale Gültigkeit sagt etwas über die Dimensionalität aus (Forderung nach Messung auf einer Dimension; vgl. dazu HOLM 197o, S. 694 ff.), während die inhaltliche (interne, logische) Gültigkeit feststellt, ob die intendierte Dimension getroffen wurde. Hier wäre z.B. zu prüfen, inwieweit theoretische Begriffe adäquat operationalisiert wurden, um Hypothesen testen zu können, oder ob alle unsere Hypothesen auch ihren Niederschlag in entsprechenden Operationalisierungen gefunden haben. Es muß also geprüft werden, inwieweit sich die drei Phasen des Forschungsprozesses: Hypothesenbildung - Operationalisierung - Datenerhebung (vgl. dazu ALEMANN, 1974) gegenseitig voll abdecken oder nicht. Tun sie es nicht, muß man entweder die Fragestellung einschränken und damit auch die Hypothesen ändern, oder aber die Operationalisierung und damit gleichzeitig einen Beobachtungsbogen oder ein Beobachtungsschema erweitern.

Im allgemeinen schreibt man eine hohe inhaltliche Gültigkeit besonders solchen Beobachtungskategorien und Items zu, die einem Beobachter keinen Spielraum für Schlußfolgerungen (Inferenzen) lassen. Dieser Gültigkeitsaspekt läßt sich allerdings nicht quantifizieren, er hat lediglich einen gewissen Grad an Plausibilität (face validity). Schemata und Items, die sich ausschließlich auf direkt beobachtbare, nicht aber auf inferierte Sachverhalte beziehen, können wir daher eine größere inhaltliche Gültigkeit zuschreiben als anderen.

Neben der inhaltlichen Gültigkeit muß noch eine andere Form der Gültigkeit genannt werden: die empirische (externe) Gültig - keit,[1] die als Voraussage- und als Übereinstimmungsgültigkeit (predictive and concurrent validity) auftritt. Mit der Voraussagegültigkeit soll geprüft werden, inwieweit ein bestimmtes Verhalten auch für die Zukunft annähernd richtig prognostiziert wird. Dies ist u.U. für die Beobachtung allgemein, besonders aber für eine teilnehmende Beobachtung schwierig, da wir nicht sicher sein können, in welcher Form infolge der Beobachtung Einflüsse auf das Verhalten in der Weise ausgeübt werden, sodaß gerade das prognostezierte Verhalten hervorgerufen wird ("self-fullfillung-prophecy": MERTON 1967, S.421 ff.)

Die Übereinstimmungsgültigkeit prüft die Beobachtungsdaten, inwieweit sie mit bereits bestehenden Ergebnissen (über das gleiche Problem bei vergleichbaren Populationen) übereinstimmen: die Ergebnisse werden also an unabhängigen Außenkriterien validiert (möglichst andere Methoden als Beobachtungsverfahren). Da man aber i.d.R. nur auf Beobachtungsverfahren zurückgreift, wenn andere empirische Vorgehensweisen nicht benutzt werden können (vgl. dazu Abschnitt 8), fällt es natürlich schwer, ein solches unabhängiges Außenkriterium zu finden. Dies hat häufig dazu geführt, daß man Beobachtungsergebnisse allgemein als selbstevident angesehen hat, zumal eine inhaltliche Gültigkeit fast immer als gesichert angesehen wird.

Eine weitere Möglichkeit der Prüfung kann mit Hilfe der Gültigkeit theoretischer Konstrukte (construct validity) erfolgen,

---

1) Die Bezeichnungen für die einzelnen Gültigkeitsaspekte sind im übrigen nicht konsistent: HOLM 197o nennt z.B. nur die formale und die inhaltliche Gültigkeit; zu letzterer zählt er dann die empirische Gültigkeit.

die man zwischen der inhaltlichen und der empirischen Gültigkeit ansiedeln könnte. Hierbei wird die Gültigkeit zwischen einem theoretischen Bezugsrahmen einerseits und den theoretischen Begriffen, Hypothesen und Operationalisierungen andererseits angesprochen. Nun verfügen wir aber in den Sozialwissenschaften allgemein nicht über sehr viele, gut ausformulierte und gleichzeitig empirisch überprüfbare Theorien und wir müssen zudem bei der Beobachtung zu oft unter Bedingungen arbeiten, in denen das beobachtete Feld vielen Störungen ausgesetzt ist, die wir zumeist nicht kontrollieren können. Außerdem muß bei der Überprüfung der Konstruktvalidität notgedrungen wieder auf Daten zurückgegriffen werden, da man ja überprüft, ob die aufgrund theoretischer Erwägungen zu erwartenden Daten mit dem theoretischen Bezugsrahmen in Einklang zu bringen sind. Es kann danach aber nicht entschieden werden, ob aufgetretene Unterschiede auf mangelnde Konstruktvalidität oder auf andere Formen der Gültigkeit zurückzuführen sind.

Wir sehen damit, wie schwierig die Bewertung von Beobachtungsverfahren und von Beobachtungsdaten hinsichtlich der "Qualitätskriterien" Zuverlässigkeit und Gültigkeit ist. Dabei sind die Kriterien für die Zuverlässigkeit einer Beobachtung einfacher zu gewinnen als für deren Gültigkeit. Außerdem treten diese Probleme mit wachsendem Partizipationsgrad eines Beobachters immer mehr in den Vordergrund und lassen sich nur lösen, wenn gleichzeitig versucht wird, einen steigenden Grad der Standardisierung zu erreichen. Damit ist dann auch die Gültigkeitskontrolle in der teilnehmenden-strukturierten Beobachtung kein Test an Individuen mehr, sondern an einer komplexen Feldsituation, wobei die Komplexität eine direkte Beurteilung der Gültigkeit verhindert, während die Teilnahme eines Beobachters eine indirekte Gültigkeitsbewertung erleichtert: auf der einen Seite stehen i.d.R. nur sehr selten Außenkriterien zur Validitätskontrolle zur Verfügung, auf der anderen Seite aber ist eine indirekte Bewertung durch die Teilnahme eines Beobachters insoweit möglich, als eine "reflektierte Aneignung des sich im beobachteten Verhalten manifestierten subjektiven Sinns und seiner objektiven sozialen Bedeutung" erfolgt (MAYNTZ, HOLM und HÜBNER 1969, S. 88; zu diesen Überlegungen vgl. auch FRIEDRICHS und LÜDTKE 1973, S. 153 f.).

Aufgrund ähnlicher Überlegungen entwickelte McCALL (1969a, S. 132 ff.) einen Katalog möglicher Datenverzerrungen, von denen er drei den Beobachtungsverfahren, die restlichen sechs dem Interview zuwies. Die drei auf Beobachtungsverfahren bezogenen Dimensionen sind: 1. Reaktive Effekte (Beinflussung des Beobachtungsfeldes durch den Beobachter); 2. Ethnozentrismus (Interpretation des Feldes aufgrund persönlicher Erfahrung und kulturell gebundenen Denkens); 3. "going native" (Überidentifikation des Beobachters mit den Teilnehmern des Beobachtungsfeldes). Alle drei Aspekte werden wieder bei der Behandlung der Rolle des Beobachters aufgegriffen (vgl. Abschnitt 4.2.1.3) in diesem Zusammenhang sind sie nur wichtig hinsichtlich ihrer Bedeutung für das Auffinden von Gültigkeitskriterien. McCALL prüft nun für alle Items (Merkmale, Beobachtungsdaten), ob sie einer Verzerrung auf den drei Dimensionen unterliegen oder nicht. Diese Prüfung kann natürlich nur in ausführlichen Voruntersuchungen, nicht aber während der eigentlichen Feldarbeit durchgeführt werden. In jeder der drei Verzerrungsdimensionen wird dann ausgezählt, wieviele Items einer solchen Verzerrung unterliegen und wieviele nicht. Die Prüfung, ob ein Item verzerrt ist oder nicht, erfolgt z.B. dadurch, daß man feststellt ob sich Unterschiede zwischen verschiedenen Beobachtern hinsichtlich der Zuordnung von Verhalten zu diesem Item gezeigt haben. Ist dies nicht der Fall, dann kann dieses Item für alle drei Dimensionen als unverzerrt gelten. Haben sich aber Unterschiede ergeben, dann ist zu entscheiden, auf welchen Dimensionen eine Verzerrung aufgetreten ist. Da es dafür keine objektiven Kriterien gibt, ist man wieder einmal auf notwendige Außenkriterien angewiesen: etwa Expertenbefragung oder komplementä

Interviewdaten. Danach kann dann jedes Item in die ihm zugeschriebene Verzerrungsdimension eingeordnet werden. Der Quotient aus der Gesamtzahl der Items und der Zahl der unverzerrten Items ergibt dann den Datenqualitätswert pro Dimension. Der gleiche Quotient über alle drei Dimensionen berechnet, ist dann der "observational quality index" (vgl. Abb. 3).

Abb. 3: Datenqualitätsprofil und Datenqualitätsindex für 13 Beobachtungsitems (nach McCALL 1969a, S. 137)

Kategorie möglicher Verzerrungen	Einfluß auf Items (Anzahl)		Datenqualitätswert
	ja	nein	
Reaktive Effekte (A)	4	9	.69
Ethnozentrismus (B)	3	lo	.77
"going native" (C)	4	9	.69
Qualitätsindex der Beobachtung			.72

Mit Hilfe statistischer Verfahren kann man dann zu einer Prüfung von Hypothesen übergehen. McCALL verwendet dabei für jede Hypothese und jede Felddimension eine Kontingenztabelle, in der die jeweilige Zahl der auf Fehler geprüften Items eingetragen werden (McCALL 1969b, S. 237 f.). Durch die Berechnung von Signifikanzmaßen läßt sich dann zeigen, ob die ermittelten Daten durch die Beobachter zu stark verzerrt worden sind, um die Hypothese als bestätigt ansehen zu können. Nur wenn man keine signifikanten Beziehungen feststellt, kann man sicher sein, daß die jeweilige Verzerrungsdimension keine Rolle gespielt hat - die Beobachtungsdaten können als gültig angesehen werden. Ist die Beziehung signifikant und eine zusätzliche Korrelation negativ, so sind nur die Daten wegen ihrer Verzerrung nicht zur Prüfung der Hypothese zu gebrauchen, die Hypothese selbst kann weiter verwendet werden. Bei einer signifikanten Beziehung mit positiver Korrelation sind die verzerrten Daten ebenfalls nicht zur Prüfung geeignet (McCALL 1969b, S. 238).

Sinnvolle Voraussetzung für die Durchführung von Signifikanztests ist aber die Existenz einer Zufallsstichprobe (vgl. Abschnitt 4.1.2.). Ein weiteres Problem - neben dem Auffinden eines objektiven Kriteriums für die Beurteilung, ob ein Item verzerrt ist oder nicht (vgl. S. 64) - liegt in der Zahl der Verzerrungsdimensionen bei McCALL, die sicher nicht das ganze Spektrum möglicher Verzerrungsdimensionen abdecken.

Anschließend wollen wir noch eine kurze Zusammenstellung möglicher Kriterien zur Prüfung der Zuverlässigkeit und Gültigkeit geben, wobei wir uns erinnern wollen, inwieweit sie in den einzelnen Beobachtungsverfahren anwendbar sind:

1. Prüfung, ob der Beobachter mit seinem Verhalten Veränderungen im Feld hervorgerufen hat, ob er sich entsprechend seinen Vorschriften verhalten hat und dadurch einen ausreichenden Einblick in die relevanten Verhaltensmuster gewonnen hat. Ist dies der Fall, dann können wir davon ausgehen, daß seine Protokolle das Verhalten der Akteure im Feld adäquat widerspiegeln;
2. durch Beobachtungsschemata, Beobachterschulung und Standardisierung der Auswertungsverfahren wirdeine Konsistenz zwischen den Beobachtungen mehrerer Beobachter hergestellt;
3. Prüfung der Zuverlässigkeit durch Simultan- oder Parallelbeobachtungen; Prüfung der Gültigkeit durch Korrelation mit Außenkriterien (Interviewdaten, Expertenrating, Statistiken) oder durch Korrelation von direkten mit indirekten Messungen innerhalb von Beobachtungen (Beispiel: direkte Messen der Variable "Aktivitätsdifferenzierung" korreliert mit indirekter Messung durch Indexbildung; vgl. FRIEDRICHS und LÜDTKE 1973, S. 14o und 169).

4.1.2. Das Problem der Bestimmung und der Auswahl von Beobachtungseinheiten

Dieses Problem stellt sich uns zunächst auf zweierlei Art und Weise: einmal als Frage der Beobachtbarkeit sozialer Tatbestände und zum anderen als technisches Problem einer möglichen Verwendung von Stichproben.

KÖNIG (1973, S. 38) weist darauf hin, "daß durchschnittliche soziologische Tatbestände nicht unmittelbar wahrnehmbar sind als wohlumrissene Einheit. Sie müssen vielmehr erst einzeln 'festgesetzt' werden durch Zusammenfügung vieler Einheiten, die jeweils wieder komplex und zusammengesetzt und überdies in Raum und Zeit verstreut sind, sodaß sie schwer erreichbar werden". Von diesem Ausgangspunkt her stellt sich dann die Frage, ob überhaupt soziologische Tatbestände immer zum Inhalt direkter Wahrnehmungen werden können. Die Problematik soziologischer Erkenntnis liegt ja gerade darin, daß nur die wenigsten Erscheinungen direkt "greifbar" sind. So läßt sich etwa die einem bestimmten Verhalten zugrunde liegende Norm nicht in unmittelbarer Wahrnehmung aus Beobachtungsmaterial erfassen. Es ist aber nun doch das eigentliche Ziel, auch von Beobachtungsverfahren, nach Untersuchungseinheiten zu forschen, die uns von wahrnehmbaren Attitüden zu den Motiven des Handelns und zu den das Verhalten steuernden Normen führen. KÖNIG spricht dabei von einer "nach hinten" verlängerten Analyse der äußeren Aspekte eines Verhaltens, um damit die unausgesprochenen Motivationsstrukturen sichtbar machen zu können. Er glaubt, daß die Aufdeckung der eigentlich beobachtbaren Aspekte eines besonderen Phänomens das Hauptproblem einer wissenschaftlichen Beobachtung darstellt (vgl. KÖNIG 1973, S.4o). Dieses aber allen Datensammlungsverfahren gemeinsame Problem soll in diesem Zusammenhang nicht weiter verfolgt werden. Für die Beobachtungsverfahren ergeben sich aber daraus Schwierigkeiten besonderer Art: einmal kann ein Beobachter nicht alles beobachten und registrieren, was in seinem Beobachtungsfeld geschieht. Er muß also wichtige von unwichtigen Merkmalen trennen. Diese Trennung kann aufgrund theoretischer Überlegungen erfolgt sein, nicht aber aufgrund pragmatischer Überlegungen. Durch die Auswahl und die Beschränkung auf theoretisch relevante Einheiten wird zudem die später nachfolgende Datenanalyse nicht unerheblich erleichtert. Das zweite Problem liegt in der Struktur des Beobachtungsobjekts selbst: Wir wenden Beobachtungsverfahren i.d.R. dann an, wenn andere Verfahren nicht zum Zuge kommen können, da ad hoc ablaufendes Verhalten untersucht werden soll. Da aber Verhaltensabläufe einen kontinuierlichen Ereignisfluß aufweisen und nicht diskontinuierlich verlaufen, müssen Beobachter mehr oder weniger willkürlich Trennschnitte machen, um Ereignisse gegeneinander abgrenzen zu können. Damit aber wird bereits in dieser Phase eine Vorentscheidung über den Informationsgehalt einer Beobachtung getroffen (vgl. CRANACH und FRENZ 1969, S. 286).

Neben diesen beiden Aspekten der Bedeutsamkeit von Beobachtungseinheiten und der Abgrenzung dieser Einheiten voneinander tritt als dritter Aspekt die Genauigkeit der Definition von Einheiten hinzu. Während der erste Aspekt theoretisch abgeleitet werden kann, sind die beiden übrigen pragmatische Aspekte, da man, ausgehend von den Zielvorstellungen in einer Untersuchung, Beobachtungseinheiten eng und präzise (zur Entdeckung von gesetzmäßigen Zusammenhängen) oder weit und weniger genau (in erster Linie zur Beschreibung) definieren kann. Bezieht sich eine Definition auf nur wenige, spezifische Verhaltensweisen, dann gewinnt man sicher zuverlässige Daten, hat aber auch gleichzeitig u.U. theoretisch wenig ergiebige Daten erhoben. In sehr komplexen Feldern erfordert ein Beobachtungssystem zudem eine Vielzahl solch enger Definitionen, um ein ganzes Verhaltensspektrum abdecken zu können. Die Möglichkeit einer zu weiten Definition übersieht die Gefahr, daß u.U. theoretisch wichtige Verhaltensweisen nicht wahrgenommen werden, weil eine solche Definition notwendig viele verschiedene Verhaltensaspekte einschließen muß. Während man zu spezifische Definitionen im Nachhinein zu globalen Definitionen zusammenfassen kann, ist der Fehler einer anfänglich zu globalen Definition nicht mehr auszuräumen.

Wie aber können wir nun Beobachtungseinheiten definieren? Die beiden Hauptmöglichkeiten haben wir bereits kurz angesprochen (vgl. S. 41): die <u>zeitliche</u> und <u>inhaltliche</u> Definition.

Die zeitliche Aufspaltung in Beobachtungseinheiten erfüllt zwei Funktionen: einmal soll damit ein relativ hoher Grad an Aufmerksamkeit während einer Beobachtung erreicht werden, damit ein Beobachter nicht zu beobachten aufhört, wenn er nach seiner Meinung "alles Wichtige gesehen hat", und zum anderen sollen die zeitlichen Relationen des beobachteten Verhaltens ermittelt werden. Diese Aufspaltung erfolgt i.d.R. als Aufteilung in Bruchteilen einer Stunde (2o Minuten, 1 Minute, 3o Sekunden u.ä.). Ist dieser Bruchteil besonders klein - will man also eine sehr genaue Berichterstattung erreichen - läßt man die Zeiteinheiten nicht pausenlos aufeinanderfolgen, sondern man beobachtet in festgelegten Abständen eine genau definierte Zeiteinheit lang (z.B. alle lo Minuten werden Zeiteinheiten von 1 Minute Länge beobachtet). Man hat damit der Beobachtung ein Sample von Zeiteinheiten zugrunde gelegt.

Die beiden wichtigsten Einwände gegen eine zeitliche Aufspaltung richten sich einmal auf die Gültigkeit der damit gewonnenen Ergebnisse und zum anderen auf die generelle Zulässigkeit eines solchen Vorgehens. Die zeitliche Definition erhöht zwar die Genauigkeit der Aufzeichnungen, berührt aber nicht den vom Grad der Genauigkeit unabhängigen Aspekt der Gültigkeit von Beobachtungen. Der zweite Einwand hängt nun sehr eng mit dem ersten zusammen: Durch die zeitliche Aufspaltung werden sinnvoll zueinander gehörende Verhaltensweisen willkürlich getrennt, da hier gedankenlos physikalische Zeiteinheiten zur Mesung sozialen Geschehens verwandt werden. Dieser Einwand gewinnt bei der Verwendung von Zeitstichproben noch an Bedeutung.

Die Probleme einer zeitlichen Aufspaltung von Beobachtungsein heiten führten dann zur Forderung nach einer inhaltlichen ode sachlichen Definition von Beobachtungseinheiten. Die Hauptfunktion einer solchen Aufspaltung liegt in der Standardiesie rung der Selektion von relevanten Beobachtungsgesichtspunkten In älteren Untersuchungen (z.B. THOMAS 1929, CHAPPLE 1939) wurde die sachliche Einheit häufig als motorischer Akt definiert, wobei komplizierte Akte in einzelne Komponente zerlegt werden konnten. Allerdings wird man hier die gleiche Kritik a bringen können, wie bei der zeitlichen Definition: sinnhaft zusammenhängende motorische Akte müssen auch als Einheiten er faßt werden können,um inhaltlich bedeutsame Ergebnisse zu erhalten.

Diese Kritik führte dann zur Erarbeitung wirklich inhaltliche und sachlicher Kriterien zur Definition von Beobachtungseinheit, die wir bei der Besprechung der einzelnen Verfahrenswe sen in den Abschnitten 5, 6 und 7 auch kennenlernen werden. FRIEDRICHS und LÜDTKE(1973, S. 53) bezeichnen sie als reduktionistische und funktionale Definitionen, wobei sich beide gegenseitig nicht unbedingt ausschließen, wie sich auch die zeitliche und die inhaltliche insofern nicht ausschließen,al sie sehr häufig nebeneinander in einer Untersuchung auftrete können.

Eine reduktionistische Definition finden wir in fast allen strukturierten nicht-teilnehmenden Beobachtungsverfahren, sc etwa wenn BALES (1968b,S. 158) "die kleinste Einheit des Ver haltens, die ihrem Sinn nach so vollständig ist, daß sie vom Beobachter gedeutet werden kann oder im Gesprächspartner eir Reaktion hervorruft" als Beobachtungseinheit definiert. Dies Definition ist aber nun ausschließlich in sehr homogenen und weniger komplexen Situationen zu gebrauchen. Wollen wir etwa in einem Freizeitzentrum komplexe Sachverhalte untersuchen, so muß auch die Definition der Beobachtungseinheit komplexer sein. Diese Forderung erfüllt nun die Erweiterung einer ursprünglich restriktiven funktionalen Definition wie sie etwa von FRIEDRICHS und LÜDTKE (1973, S. 54) vorgenommen wurde. Da wir in der teilnehmenden Beobachtung in der Regel Verhaltensabläufe von einer gewissen Regelmäßigkeit und mit wiederkehrenden Elementen beobachten, scheint es sinnvoll zu sein, unter dem Gesichtspunkt einer soziologischen Handlungstheorie, Situationen als Beobachtungseinheiten zu wählen.Funktional ist eine solche Definition insoweit, als Situationen aus Verhaltenselementen bestehen, die für die Ziele eines sozialen Systems (hier: Beobachtungsfeld "Freizeitzentrum") funktional sind, d.h. notwendig auf die Erhaltung seiner Ziele gerichtet sind und damit zur Erhaltung des sozialen Systems selbst beitragen (in ähnlicher From versuchten auch MAYNTZ, HOLM und HÜBNER (1969, S. 94) dieses Problem zu lösen).

Bereits mit dieser Definition ist dann der komplexere Rahmen gegeben, der für diese Art der Beobachtung kennzeichnend ist. Gleichzeitig bleibt eine Situation aber an einen bestimmten Raum und an eine bestimmte Zeit gebunden und bildet damit eine direkt wahrnehmbare Einheit. Komplexe Situationen können in Untersituationen zerlegt werden, wobei dieser Prozeß notwendigerweise nicht infinit ist. So läßt sich beispielsweise die Situation "Studentenheim" in die Untersituationen "Vorhalle", "Jazzkeller", "Diskussionsraum", "Bibliothek", "Trimm-Dich-Raum" etc. zerlegen; sodann läßt sich etwa die Situation "Diskussionsraum" noch weiter mit Hilfe der BALES'schen Kategorien unterteilen und analysieren. Der Grad der Unterteilung sollte aber nicht willkürlich sein, sondern sollte sich nach den Hypothesen richten, die zu überprüfen sind. Genügt dafür die Beobachtung relativ komplexer Situationen (Studentenheim), dann ist es sinnlos,noch Teilsituationen präzisieren zu wollen.

Die räumliche und zeitliche Gebundenheit von Situationen bedeutet aber nicht Gleichzeitigkeit und räumliche Identität.

Es sind Situationen beobachtbar, deren Unterteilung in Teilsituationen notwendig ist, die nicht räumlich und zeitlich zusammenfallen, deren Zugehörigkeit zur Gesamtsituation aber sowohl praktisch wie auch theoretisch nicht in Zweifel gezogen werden kann. Nehmen wir folgendes Beispiel: im Rahmen einer Studie über politische Partizipation beobachten wir die komplexe Situation "Demonstration". Diese Situation kann von mehreren Beobachtern in einzelnen Teilsituationen untersucht werden: Beobachter A nimmt am "Demonstrationszug" teil; Beobachter B an der "Kundgebung"; BeobachterC mischt sich unter die "Passanten"; Beobachter D beobachtet die "Offiziellen der Demonstration". Erst nach der Datensammlung werden diese verschiedenen Situationen zur komplexen Gesamtsituation "Demonstration" wieder zusammengefaßt und zu anderen Problemen der politischen Partizipation in Beziehung gesetzt.

In jeder Situation können nun bestimmte Elemente oder auch Dimensionen beobachtet und aufgezeichnet werden, die man etwa nach folgenden Gesichtspunkten ordnen kann, ohne daß wir eine Vollständigkeit der einzelnen Aspekte beanspruchen können:

1. Beschreibung der strukturellen Merkmale einer Situation:

   Dauer einer Situation; Zahl der teilnehmenden Personen; Stellung dieser Personen in der Situation; Handlungsort;

2. Beschreibung einer Situation aufgrund ihres dynamischen, prozessartigen Charakters:

   Darstellung der Ziele und der eingesetzten Mittel, um diese Ziele zu erreichen; Sanktionsmechanismen in den Situationen; Verhaltensweisen, die möglich waren, aber nicht aufgetreten sind; spezifische Abweichungen vom "normalen" Verhalten; Stellung einer bestimmten Situation im Kontext anderer Situationen;(Darstellung der vorausgegangenen und der nachfolgenden Situationen; damit ist dann auch die Möglichkeit gegeben, auslösende Faktoren für eine Situation zu erkennen und die Reaktionen in den nachfolgenden Situationen zu untersuchen; Darstellung der Häufigkeit von bestimmten Situationen); Regelmäßigkeiten und Wiederholungen von Verhaltensabläufen; benutzte Kommunikationsmittel;Aufdecken von Widersprüchen (vgl. dazu: FRIEDRICHS und LÜDTKE 1973, S. 56 und JAHODA u.a. 1968, S. 84 f.).

Aus dieser Aufstellung wird deutlich, wie eng man sich hier an eine theoretische Richtung in der Soziologie anlehnt, die man als "strukturell-funktionale Theorie" bezeichnet (vgl.z.B. PARSONS 1951 und MERTON 1957).

In sehr komplexen Feldern wird man also Situationen, die zu beobachten sind, sehr genau beschreiben müssen, um einem Beobachter Anhaltspunkte für seine Beobachtungen zu geben. Die Umsetzung einer Hypothese in operationale Definitionen erfolgt dann sehr häufig anhand empirischer Beispiele. So sollte in der Freizeitheimstudie im Rahmen der Situation "Interaktion des Heimleiters mit den Jugendlichen" die Dimension "Sanktion des Heimleiters" beobachtet werden. Zuerst einmal mußte der soziologische Begriff "Sanktion" definiert werden; da in dieser Definition ein weiterer soziologischer Begriff, nämlich "abweichendes Verhalten" auftrat, wurde dieser anhand empirischer Beispiele definiert; erst dann konnten die Autoren auch den ursprünglichen Begriff "Sanktion" durch empirische Beispiele beobachtbar machen. Die Anweisung sah dann wie folgt aus (FRIEDRICHS und LÜDTKE 1973, S. 62 f.):

"Dimension: Sanktion des Heimleiters
Sanktion:= Reaktion auf abweichendes Verhalten
Abweichendes Verhalten der Besucher = eine Handlung, die in irgendeiner Weise nicht mit den offiziellen oder inoffiziellen Vorschriften der Heimleitung und/oder der Trägerschaft übereinstimmt. Beispiele: unerlaubtes Rauchen am Nachmittag; Tischtennisspiel mit (verbotenen)

Straßenschuhen; Umgehen des Eintrittsgeldes beim Tanzabend; Einschmuggeln von (verbotenem) Alkohol; Benutzung des Fotolabors ohne Anmeldung im Büro; ...
Beispiele für Sanktionen: Erteilung eines Besuchsverbots für zwei Wochen; Ausschluß aus einer Interessengruppe; Benachrichtigung der Eltern; öffentliches Zur-Rede-Stellen; Verwarnung unter vier Augen; Aufsicht über eine bisher unkontrollierte Gruppe durch einen Mitarbeiter; ...
Gültigkeit der Sanktion: Reaktion der Betroffenen Personen/Gruppe nach Grad der Anerkennung der Sanktion. Beispiele: folgt kommentarlos ohne Zögern; meldet Widerspruch an; folgt aber dann; initiiert Diskussion zwischen anderen und Heimleiter; protestiert laut in der Öffentlichkeit; ... ".

Bei der Festlegung von Situationen als Beobachtungseinheiten müssen wir allerdings von einigen Voraussetzungen ausgehen: 1. wir müssen die Relevanz von Situationen nicht nur sachlich, sondern auch theoretisch begründen können; daraus folgt 2.wir müssen minimale Kenntnisse über die Bedeutung einer Situation für das Beobachtungsfeld haben (dies kann durch intensive Voruntersuchungen geschehen: Auswertung von Literaturberichten, unstrukturierten Beobachtungen, Expertenurteilen etc.); 3.wir müssen die Anzahl der Situationen und deren Komplexitätsgrad festlegen (dies kann ebenfalls nur durch Voruntersuchungen geschehen).

Wir haben gesehen, daß sich eine reduktionistische Definition auf relativ homogene Beobachtungsfelder bezieht, während für komplexe Felder eine funktionale Definition vorgeschlagen wurde. Beide Definitionen sind aber weitgehend noch auf das Verhalten der Beobachteten bezogen und damit auf Ereignisse (acts). Allerdings läuft die reduktionistische Definition häufig parallel mit einer Definition in Zeiteinheiten (time-units), d.h. es wird angegeben, wielange beobachtet und in welchen Abständen registriert werden soll. Inwieweit man bei der Festlegung der Beobachtungszeitdauer von einer Definition von Beobachtungseinheiten sprechen kann oder ob man damit bereits direkt ein Problem der Stichprobentechnik ("time-sampling"; vgl. ARRINGTON 1937) in Beobachtungsverfahren angesprochen hat, ist in der Literatur umstritten und sicher ist diese Zweiteilung etwas künstlich (vgl. dazu CRANACH und FRENZ 1969, S. 29o).

Fast alle reduktionistischen Definitionen sind in irgendeiner Form an Zeiteinheiten gekoppelt. Eine Definition von Einheiten ohne gleichzeitige Zeitangabe, ist nur dann sinnvoll,wenn ein Feld über einen längeren Zeitraum hinweg kontinuierlich beobachtet werden kann. Dann aber können und werden i.d.R. keine Beobachtungseinheiten mehr festgelegt, sondern man greift auf Verfahren der ausführlichen Verhaltensprotokollierung zurück: "event sampling" und "specimen records".

Das event sampling verlangt die genaue Beschreibung des Ablaufs eines ausgewählten Ereignisses (z.B. Streit in einem Heim) unter Berücksichtigung des Anlasses und des Ausgangs. Besonders aber der Anlaß wird kaum festzuhalten sein, da ja erst durch ihn ein Ereignis zum "Ereignis" wurde und der Beobachter deshalb verspätet mit der Protokollierung beginnt. Specimen records verlangen eine noch genauere Beschreibung von ganzen Verhaltensabläufen, sodaß ein Beobachter mit Sicherheit überfordert ist, alle Einzelheiten zu registrieren, da hier gerade eine nicht selektive Wahrnehmung gefordert wird.

Es bleibt also festzuhalten: eine weite und unpräzise Definition einer Beobachtungseinheit wird zwangsweise eine hohe Beobachtervarianz zur Folge haben. Deshalb werden solche Festlegungen auch i.d.R. nur in Voruntersuchungen, d.h. in der Explorationsphase einer Untersuchung von Nutzen sein können, da in diesem Stadium noch Konzeptveränderungen möglich und notwendig sein werden.

Die häufig in der Literatur anzutreffende Identifizierung der Beobachtungseinheiten mit den Beobachtungskategorien eines

Schemas halten wir nicht für sinnvoll (vgl. CRANACH und FRENZ 1969, S. 292): die inhaltlichen Unterschiede in den einzelnen Kategorien (z.B.emotionales vs. problemlösendes Verhalten in den Kategorien von BALES; vgl. Abschnitt 7.2.3.) können doch nicht darüber hinwegtäuschen, daß die Beobachtungseinheit immer die gleiche ist: nämlich ein Satz, der sich durch Bedeutungswandel von den vorherigen und den nachfolgenden Sätzen abtrennen läßt.

Haben wir nun festgelggt, wie wir eine Beobachtungseinheit definieren wollen - je nachdem wie strukturiert unsere Beobachtung werden soll und wie komplex unser Beobachtungsobjekt ist - dann bleibt noch immer die Frage zu beantworten, wann und wo zu beobachten ist. Die Festsetzung der Beobachtungseinheit ist "zugleich ein Problem der Auswahl im Raum und in der Zeit" (KÖNIG 1973, S. 41).

Sehen wir das gesamte Verhaltensspektrum in einem Beobachtungsfeld, das durch seine Komplexität nicht vollständig beobachtbar ist, als eine Grundgesamtheit an, so können wir unsere Beobachtungen immer als eine zweistufige Stichprobe betrachten: Aus allen beobachtbaren Verhaltensaspekten werden einmal nur die theoretisch relevanten ausgewählt; wir haben damit eine gezielte Auswahl, nicht aber eine der Wahrscheinlichkeitstheorie angemessene Auswahl getroffen (vgl. dazu BÖLTKEN 1974). Erst im zweiten Schritt kann dann eine Zufallsauswahl erfolgen, wenn sich die verbleibenden Aspekte als noch immer zu zahlreich herausstellen sollten. Wir nehmen also auf beiden Stufen eine bewußte Auswahl vor. Drei Möglichkeiten, eine Stichprobe auszuwählen, stehen uns dabei offen, die bereits im letzten Zitat von KÖNIG angesprochen wurden: eine Zeitstichprobe und eine Raumstichprobe bzw. eine Kombination von beiden.

Diese Stichproben sind für strukturierte nicht-teilnehmende Beobachtungen relativ unproblematisch, da einmal der Raum mit dem Laboratorium bereits vorgegeben ist, und zum anderen die zeitliche Dimension keine Rolle spielt, da wir sehr leicht mit mechanischen Hilfsmitteln (Chronographen) und Aufnahmegeräten die Wahrnehmungsfähigkeit und -leistung der Beobachter entscheidend verbessern bzw. den Beobachter ganz ausschalten können. Zudem sind bei diesen Verfahren relativ eng begrenzte Situationen und Verhaltensaspekte zu beobachten (z.B. problemlösende Gruppen), in denen der gesamte Handlungsablauf beobachtet werden soll und in denen durch eine Stichprobe wichtige Informationen über Interaktionen verloren gehen würden. Problematisch ist damit die Verwendung von Stichproben nur bei teilnehmenden Feldbeobachtungen, zumal sich nur diese auf Situationen als Beobachtungseinheiten beziehen.

Für eine Zufallsstichprobe ist es wichtig zu wissen, ob sich in einem bestimmten Beoachtungsfeld die Interaktionen im Zeitablauf ändern. So ist beispielsweise in einem Jugendfreizeitheim zu prüfen, ob die Aktivitäten des Wochenendes sich grundsätzlich von denen anderer Wochentage unterscheiden. Findet man solche Unterschiede, dann kann man nicht unter allen Wochentagen eine Zufallsstichprobe machen, sondern muß aus Sonntagen und Samstagen auf der einen Seite und den anderen Tagen auf der anderen Seite jeweils eine Stichprobe ziehen. Es ist also zuerst zu prüfen, ob sich im Zeitablauf spezifische Veränderungen im Beobachtungsfeld ergeben, deren Aufdeckung mit einer einfachen Zufallsstichprobe nicht gewährleistet ist, deren Kenntnis aber unerläßlich für das Verständnis der Aktivitäten im Beobachtungsfeld ist. ARRINGTON weist auf diese Problematik hin, wenn sie von systematischen Stichproben des gleichen Verhaltens in gleichen Situationen spricht (vgl. ARRINGTON 1937, S. 285). Haben wir Sicherheit über den Ablauf von Aktivitäten im Beobachtungsfeld gewonnen, dann können wir daran gehen, Stichproben zu ziehen, deren Zeitdauer dem einzelnen Forscher überlassen bleibt bzw. sich nach den Gegebenheiten des Feldes richtet.

Allgemein läßt sich sagen, daß sich in einem längeren Beobachtungszeitraum Stichproben von kürzeren Beobachtungen besser bewährt haben als kontinuierliche Beobachtungen (vgl. HASEMANN 1964, S. 812 f.). Innerhalb der dann festgelegten Zeitspannen lassen sich einmal alle nur auftretenden Situationen beobachten (in diesem Fall ist dann die Zeitspanne gleich der Beobachtungseinheit), zum anderen können wir besonders bei relativ komplexen Situationen wieder genauere Angaben machen über das, was zu beobachten ist (dies richtet sich wieder nach dem Forschungsziel).

Die Zeitstichprobe wird nun bei der teilnehmenden Beobachtung oft ergänzt durch eine Raumstichprobe, sofern man das Beobachtungsfeld danach aufteilen kann. Dabei sind wieder ähnliche Überlegungen notwendig wie die, die wir bereits bei der Zeitstichprobe angestellt haben. Unterscheiden sich die Aktivitäten im Beobachtungsfeld hinsichtlich der Orte und Räume, dann ist eine Zufallsstichprobe nicht angebracht, da man zu irgendeinem Zeitpunkt jeden Ort und jeden Raum beobachtet haben muß, um diese unterschiedlichen Aktionen auch analysieren zu können. Nur wenn man keine solche theoretisch und strukturell relevanten Unterschiede feststellt, sollte man zusätzlich noch eine Raumstichprobe ziehen.

Eine nicht zu unterschätzende Einengung der Möglichkeiten, Stichproben zu ziehen, liegt aber in der Rolle des teilnehmenden Beobachters. Besonders zu Beginn einer Untersuchung wird es für einen Beobachter schwierig sein, sich nur kurzfristig im Feld aufzuhalten und gleichzeitig seine Rolle zufriedenstellend definieren zu können. Daher entschließt man sich in der Mehrzahl der Untersuchungen für eine kontinuierliche Beobachtung ohne eine zeitliche Stichprobe, wobei man aber die Beobachtungseinheiten äußerst präzise definieren muß.

Eine weitere, wichtige Einschränkung müssen wir hinsichtlich der Repräsentativität der Stichproben machen. Die Nützlichkeit von Stichproben erweist sich ja gerade dadurch, daß man Messungen an einer Teilpopulation vornehmen kann, um Aussagen über die Grundgesamtheit ableiten zu können. Dies kann nun in den meisten unserer Beobachtungsfeldern nicht geschehen, da wir i.d.R. keine Kenntnisse über die Größe unserer Grundgesamtheit haben, und damit keine Möglichkeiten, einen Stichprobenfehler abzuschätzen und Rückschlüsse aus den Beobachtungsstichproben zu ziehen. Daher werden in Beobachtungsverfahren häufig relativ mehr Daten erhoben, als wir es z.B. von der Umfrageforschung her gewohnt sind. Wir können also nicht mehr an der Repräsentativität unserer Ergebnisse interessiert sein, sondern "nur" an deren Verallgemeinerungsfähigkeit.

4.1.3. Das Problem der Aufzeichnung von Beobachtungen

Die Frage, was beobachtet werden soll bzw. besser, was beobachtet werden kann, wurde bereits im vorigen Abschnitt beantwortet, als wir die Möglichkeiten besprachen, Beobachtungseinheiten zu präzisieren. Jetzt geht es um die Problematik, wie aufgezeichnet werden soll und zu welchem Zeitpunkt eine Aufzeichnung zu geschehen hat. Die erste Frage bezieht sich im wesentlichen auf die Technik der Aufzeichnung, die zweite auf die Beobachtungs- und Erinnerungsfähigkeiten eines Beobachters.

Zur Technik der Aufzeichnung von Beobachtungen gibt es ein breit gefächertes Programm an Möglichkeiten, das von detaillierten Beobachtungskategorien (etwa bei BALES und BORGATTA) bis hin zur Anwendung technischer Hilfsmittel (mechanische Verhaltensschreiber, Sprachaufnahmegeräte, Filmkameras) reicht.

Die strukturierten Beobachtungsverfahren kann man abgesehen von unterschiedlichen theoretischen Implikationen und Zielsetzungen unter anderem als Versuche ansehen, die Aufzeichnung so in den Griff zu bekommen, daß sie relativ unabhängig von der jeweiligen Person des Beobachters wird. Damit aber kann man die Konstruktion eines Beobachtungsschemas nicht nur unter dem Blickwinkel eines methodischen und theoretischen Ansatzes sehen (vgl. Abschnitt 4.2.2.), sondern auch unter dem Aspekt einer technischen Hilfestellung für die Beobachter. Weit verbreitet, besonders in der psychologischen Forschung, ist der Einsatz technischer Geräte in einzelnen Beobachtungsverfahren, wie etwa der Chronograph von CHAPPLE und der Interaktions-Rekorder von BALES. Ein anderes sehr gebräuchliches Gerät ist die Film- bzw. Fernsehkamera, deren Einsatzmöglichkeiten aber in der Regel auf strukturierte Verfahren beschränkt bleiben, da sich ihr Einsatz nur in räumlich und zeitlich begrenzten Beobachtungsfeldern bezahlt macht (z. B. in Schulklassenuntersuchungen).

Welche Vorteile bieten solche Geräte nun im einzelnen? Der erste, offensichtliche Vorteil liegt in der "vollständigen" Wiedergabe der Aktivitäten im Beobachtungsfeld. Man kann relativ sicher sein, bereits bei der Aufzeichnung keine möglicherweise relevanten Handlungen übersehen zu haben. Weiterhin können wir mit Hilfe mehrerer Verkoder (nicht mehr Beobachter!) diese Aufzeichnung in die eigentlichen Beobachtungsdaten umsetzen, wobei die Filmtechnik uns die Möglichkeit bietet, Ereignisse beliebig oft wiederholen zu lassen - eine Tatsache, die zum Verständnis mancher Situationen sehr nützlich sein kann. Weiterhin können durch Zeitraffer und Zeitlupe Situationen und Aktivitäten verdeutlicht werden. Dies alles sind Möglichkeiten, die die Fähigkeiten des menschlichen Auges weit überschreiten.

Die meisten Schwierigkeiten beim Einsatz dieser Geräte dürften von der Seite der Beobachteten ausgehen. Wir finden einmal eine allgemeine Hemmung und Zurückhaltung, sich ungezwungen in dieser relativ anonymen Studioatmosphäre vor einer

Kamera zu bewegen; zum anderen sind die Beobachteten zusätzlichen Einflüssen ausgesetzt, die notwendigerweise durch den Einsatz von Kameras auftreten: Scheinwerfer für eine gute Ausleuchtung der Räume sowie die übrige technische Apparatur (Kameras, Kabel, Mikrofone etc.). Einige der Versuchsanordnungen und die spezifische Problematik des Einsatzes von Aufnahmegeräten werden sehr ausführlich von WEICK (1968, S. 412-416) dargestellt.

Neben der sehr strengen Verfahrensweise mit Hilfe der Beobachtungsschemata, hat sich besonders in der Psychologie ein Verfahren erhalten, das ähnlich der Kameraaufzeichnung bemüht ist, alle Ereignisse zu protokollieren. Diese, im vorigen Abschnitt bereits erwähnten "exemplarischen Protokolle" (specimen records) versuchen, ein Totalinventar der Aktivitäten über eine vorgegebene Zeitdauer zu erreichen. Dabei soll nichts von vornherein als unwichtig angesehen werden; es ist alles zu beobachten und festzuhalten. Was man durch den Einsatz von Kameras sehr leicht erreichen kann, muß hier durch den Einsatz mehrerer Beobachter zu erreichen versucht werden.

Im Gegensatz zu den specimen records steht das "event-sampling", bei dem ganz bestimmte Verhaltensereignisse möglichst oft beobachtet und protokolliert werden sollen. Hinsichtlich dieses Verfahrens wird dann die Kontrolle der Bedingungen von besonderer Bedeutung sein und die Problematik der Aufzeichnung verlagert sich auf die Bestimmung der Beobachtungsdauer (vgl. Abschnitt 4.1.2.).

Abschließend zur Behandlung unserer ersten Frage wollen wir noch einmal ausdrücklich daraufhinweisen, daß die methodischen und theoretischen Probleme, die in diesem Kapitel behandelt werden, nicht durch die Vervollkommnung der Aufzeichnungsmethoden aus dem Wege geräumt werden können. Die Probleme, die wir besonders in der Person des Beobachters lokalisieren können, werden einfach eine Stufe im Forschungsprozeß weiter auf die Verkoder einer mechanischen Aufzeichnung übertragen. Die Forderung nach einer systematischen Kontrolle von Beobachtungsaufzeichnungen und nach einer gründlichen vorgängigen Analyse des Beobachtungsfeldes wird durch den Einsatz von technischen Hilfsmitteln in keiner Weise hinfällig.

Die zweite Frage, die wir uns in diesem Abschnitt gestellt hatten, war die Frage nach dem Zeitpunkt der Aufzeichnung. Wir hatten bereits kurz daraufhingewiesen, daß diese Frage eng mit der Person des Beobachters verbunden ist. Einmal verringert sich die Erinnerungsfähigkeit von Beobachtern im Laufe der Zeit und zum anderen erhöht die Vertrautheit mit den zu erinnernden Beobachtungsinhalten diese Erinnerungsfähigkeit. Da wir jedoch - zumindest in einer teilnehmenden Beobachtung - relativ komplexe Vorgänge in einem Beobachtungsfeld vorfinden, wird die Erinnerungsfähigkeit zusätzlich noch von häufig auftretenden Aktivitäten oder von solchen Ereignissen abhängen, die mit den Wert- und Bedürfnisstrukturen eines Beobachters besonders gut übereinstimmen.

Aus diesen Überlegungen heraus lassen sich dann zwei Forderungen entwickeln, mit denen sich unsere zweite Frage beantworten läßt:

1. Mit steigendem Grad der Komplexität eines Beobachtungsfeldes und steigender Zahl der zu beobachtenden Dimensionen, sollte sich die Zeitspanne zwischen Geschehen und Aufzeichnung verringern;
2. die Vergessensrate ist in der Zeit (etwa lo Std.) nach der Beobachtung am größten und in der darauf folgenden Zeit quantitativ relativ geringer. (Würde man in einem Koordinatensystem auf der y-Achse die Vergessensrate und auf der x-Achse die Zeit abtragen, so erhielten wir eine Kurve, die zuerst stark fällt, um sich

dann asymptotisch der x-Achse zu nähern).
Daher sollte man möglichst direkt nach einer Beobachtung seine Aufzeichnungen machen, wenn sie während der Beobachtung selbst nicht möglich sind. In strukturierten nicht-teilnehmenden Beobachtungen kann man i.d.R. aufgrund des Strukturierungsgrades des Verfahrens immer gleichzeitig beobachten und aufzeichnen.

Beide Forderungen hängen sehr eng mit der Ausgestaltung eines Beobachtungsschemas zusammen. Je ausführlicher ein Schema ausgearbeitet wird, umso eher sollte gleichzeitig beobachtet und protokolliert werden, da eine spätere präzise Zuordnung der Aktivitäten zu einzelnen Kategorien nicht gewährleistet werden kann.

4.1.4. Möglichkeiten der Auswertung von Beobachtungsdaten

In diesem Abschnitt sollen die Möglichkeiten und die Probleme bei der Auswertung von Beobachtungsdaten diskutiert werden. Zusätzlich wollen wir auf verschiedene Hilfsmittel verweisen, die im allgemeinen in anderen Zusammenhängen benutzt werden, aber auch in Beobachtungsverfahren nützlich sein können.

Für die Diskussion dieses Problems ist die Unterscheidung zwischen strukturierter und unstrukturierter Beobachtung wichtiger als die zwischen teilnehmender und nicht-teilnehmender Beobachtung. Durch die Versuche einer Standardisierung der Beobachtung mittels Beobachtungsschemata und Beobachtungskategorien soll eine Untersuchung von Merkmalszusammenhängen und eine Überprüfung von Theorien ermöglicht werden. Damit dient die Standardisierung nicht nur der Forderung nach Intersubjektivität in der Beobachtung selbst, sondern auch nach Intersubjektivität in der Auswertung. Für die Beurteilung dieser beiden Kriterien kann daher nur die Unterscheidung nach dem Strukturiertheitsgrad einer Beobachtung wichtig sein, nicht jedoch eine Unterscheidung nach dem Partizipationsgrad. Dieser kann höchstens die Auswertungsmöglichkeiten im Rahmen einer strukturierten Beobachtung beeinflussen, nicht aber grundsätzlich einschränken. So können wir einerseits zwar nicht alle Einflüsse eines teilnehmenden Beobachters ausschalten, andererseits kann dieser aber in stärkerem Maße als ein nicht-teilnehmender Beobachter auf zusätzliche Hilfsmittel zur Datenerhebung und damit auch zur Auswertung zurückgreifen.

Die Forderung nach Intersubjektivität für Erhebung und Auswertung impliziert die Anweisung, alles Beobachtungsmaterial kodierbar zu machen. Dies führt uns wieder zu den bereits erwähnten Anforderungen an ein Kategoriensystem (S. 43): 1. Eindimensionalität; 2. Ausschließlichkeit und 3. Vollständigkeit. Im Idealfall einer strukturierten Beobachtung ist eine Beobachtungskategorie mit der kodierten Kategorie identisch (vgl. die Kategorien im BALES'schen Schema; Abschnitt 7.2.3.).

Dieser Idealfall kann aber nur in strukturierten Beobachtungsverfahren erreicht werden, in denen wir relativ einfache und homogene Felder beobachten. In komplexeren Feldern läßt sich eine solche Konstellation praktisch nicht erreichen und das Ziel einer Analyse von Merkmalszusammenhängen läßt sich nur noch mit einem ziemlich großen Arbeitsaufwand verfolgen. Verringern wir außerdem noch den Strukturiertheitsgrad einer Beobachtung, dann können wir allenfalls eine gute und ausführliche Verhaltensbeschreibung erzielen, die man unter günstigen Umständen noch zu einer "zählenden Beschreibung" (KUNZ) ausbauen kann.

Bei der Beobachtung komplexer Sachverhalte tritt eine weitere Schwierigkeit hinzu: ein Auswerter wird immer wieder feststellen können, daß die Beobachter mehr oder weniger stark vom Beobachtungsschema abgewichen sind. Diese Abweichungen vermehren sich i.d.R. noch mit steigender Zahl der Beobachter. In einem solchen Fall ist ein Auswerter in der Aufgabe überfordert, ein bestimmtes Merkmal verkoden zu müssen. Diesem Auftrag kann er nur dann nachkommen, wenn die folgenden Forderungen in einem Beobachtungsplan erfüllt werden: 1. das relevante Merkmal muß im Kontext der Untersuchung klar definiert sein; z.B. die Definition des Merkmals "kindliche Aggressivität" als jede feindselige Haltung eines Kindes, die eine andere feindselige oder eine unterwürfige Handlung zur Folge hat; 2. die beobachtbaren Dimensionen eines Merkmals müssen angegeben sein: eindeutige Trennung der empirischen Dimensionen eines Merkmals; z.B. Aggressivität gegenüber anderen Kindern, gegenüber Aufsichtspersonen, gegenüber anderen Erwachsenen; 3. exakte Definitionen der Beobachtungseinheiten und Kennzeichnung von Einheiten, in denen bestimmte Dimensionen nicht auftreten können bzw. nicht relevant sind: nicht relevant wären im Beispiel etwa ein offensichtlich feindseliges kindliches Verhalten, das aber ohne feindselige oder unterwürfige Erwiderung bleibt; und 4. die operationalen Indikatoren für ein bestimmtes Merkmal müssen angegeben sein: z.B. verbale und motorische Aggressivität; letztere ließe sich u.U. noch weiter unterteilen (z. B. Treten, Schlagen etc.).

Werden diese methodischen Voraussetzungen in einer Beobachtung in komplexen Feldern erfüllt, so läßt sich praktisch auch dieses Verfahren hinsichtlich der Aussagequalität mit anderen sozialwissenschaftlichen Verfahren vergleichen. Betrachten wir zudem die in einem Beobachtungsverfahren analytisch unabhängigen Dimensionen "Zeit", "Beobachtungseinheit" und "Merkmal", so stellen wir fest, daß wir eine Reihe von Auswertungsmöglichkeiten und Interpretationsrichtungen haben, die wir z.B. beim Interview nur in der Paneluntersuchung (vgl. ERBSLÖH 1972, S. 35 ff.) nutzen können. Nehmen wir das obige Beispiel der Untersuchung kindlicher Aggressivität: wir halten eine Dimension konstant, während wir die Interdependenz der beiden anderen untersuchen. Also z.B.: Variation des Merkmals Aggressivität in verschiedenen Situationen (=Einheiten) bei konstant gehaltener Zeit, oder Variation von Aggressivität zu verschiedenen Zeitpunkten bei konstant gehaltenen Situationen, oder Veränderungen in einer Situation zu verschiedenen Zeitpunkten unter Konstanthaltung einer bestimmten Ausprägung des Merkmals Aggressivität.

Welche speziellen Techniken der Auswertung gelten nun für Beobachtungsverfahren? Grundsätzlich läßt sich sicherlich sagen, daß es keine unterschiedlichen Prinzipien der Datenaufbereitung und Datenanalyse zwischen Beobachtungsverfahren und anderen Verfahren der Datensammlung gibt. FRIEDRICHS und LÜDTKE (1973, S. 83 ff.) geben eine Reihe von Hinweisen auf Techniken, die in ihrer Studie benutzt wurden: Die einfachste Form der Auswertung ist das Kategorienprofil, mit dem Ziel einer den gesamten Beobachtungszeitraum umfassenden einmaligen Beschreibung von Merkmalen. Dabei enthält das Beobachtungsschema alternative Vorgaben von Kategorien, die vom Beobachter nur angekreuzt werden sollen und leicht zu verschlüsseln sind. Es handelt sich dabei also um eine Beschreibung der Häufigkeit des Auftretens bestimmter Aktivitäten. Anspruchsvollere Techniken (Bildung von Indizes etc.) werden notwendig, wenn eine komplexe Feldvariable nach einzelnen Dimensionen (Eigenschaften) beobachtet werden muß (z.B. verbale und motorische Aggression für die Variable "kindliche Aggressivität"). Für weitere Auswertungsmöglichkeiten in strukturierten Verfahren verweisen wir auf die Darstellung im Abschnitt 7.2.6.

Hat man keine standardisierten Protokolle, sondern nur diffuse Ereignisse - (event sampling) und Situationsprotokolle (specimen records) -, so ist eine exakte Auswertung natürlich ungleich schwieriger. Diese Schwierigkeit wird noch erhöht, wenn wir uns beispielsweise für die Analyse von Führungsstilen bei Vorgesetzten auf heterogene Protokolle beziehen müssen, die diesen Untersuchungsgegenstand in verschiedenen Objekten aus unterschiedlichen Blickwinkeln heraus berschreiben (Gespräche von Mitarbeitern über Vorgesetzte, Interviews mit Vorgesetzten, Protokolle von Interaktionen zwischen Vorgesetzten und Mitarbeitern). Es ist nun Aufgabe des Auswerters, aus allen Protokollen die Einheiten zu spezifizieren, die sich mit dem Führungsstil von Vorgesetzten beschäftigen. Die erste Analysemöglichkeit besteht dann in der Erstellung der Häufigkeitsverteilung des Auftretens bestimmter Merkmale in gegebenen Kontexten. Zusätzlich aber sollte dem Auswerter ein aus der systematischen Erarbeitung der Literatur hervorgegangenes theoretisches Klassifikationsschema über Führungsstile zur Verfügung stehen, das mit dem empirisch ermittelten Verfahren verglichen werden kann. Durch eine unabhängige Beurteilung durch mehrere Experten kann man die Objektivität eines solchen Vorgehens sicher zu stellen versuchen. Grundsätzlich gibt in diesen Fällen das Verfahren den subjektiven Bewertungen durch den Auswerter mehr Spielraum als ein strukturiertes Verfahren.

Eine kompliziertere Analyse komplexer Feldmerkmale ist durch eine Matrixauswertung zu erreichen, sowie durch die Konstruktion von Eigenschaftsprofilen, wenn die empirische Gewichtung der Eigenschaftsdimensionen komplexer Variablen unklar ist. Dabei läßt sich das zu untersuchende Merkmal als ein Syndrom von Eigenschaften auffassen, wobei die Beziehungen der Eigenschaften untereinander von größerer Bedeutung sind als die Werte bestimmter Eigenschaften für sich. Damit lassen sich dann auch qualitative und quantitative Eigenschaften gemeinsam auswerten (vgl. die beiden sehr anschaulichen Beispiele bei FRIEDRICHS und LÜDTKE 1973, S. 87 und 88).

Die Autoren sind sich sicher bewußt, daß ihr Vorgehen nur unter der Voraussetzung akzeptiert werden kann, daß die Gewichtung einzelner Eigenschaften unberücksichtigt bleibt und daß die Eigenschaften überhaupt miteinander in Beziehung stehen. Aufgrund welcher Kriterien aber kann eine solche Beziehung überhaupt postuliert werden? Es zeigt sich hier, welche Probleme besonders in dem Versuch stecken, Materialien aus einer weniger strukturierten Beobachtung einer weitergehenden Auswertung zuzuführen. Auch der Versuch, die Mehrebenenanalyse (vgl. HUMMELL 1972) für die Auswertung von Beobachtungsdaten nutzbar zu machen, kann nicht uneingeschränkt bleiben: sehr häufig haben die auf verschiedenen Ebenen erhobenen Daten so unterschiedliche Qualität (z.B.: auf Individualebene - Interviewdaten; auf Gruppenebene - Daten aus teilnehmender Beobachtung; auf Gemeindeebene - Daten aus Primärstatistiken und Elitebefragung), daß eine Analyse, die mehrere Ebenen gleichzeitig berührt, zusätzliche Probleme aufwerfen muß.

Als zusätzliche und sehr oft nützliche Hilfsmittel einer Auswertung von Beobachtungsdaten aus relativ komplexen Feldern, lassen sich außerdem noch die folgenden Verfahren ansehen:

1. Eine Analyse der hierarchischen und räumlichen Gruppierung von Personen (vgl. das "positional map making" bei WHYTE zur Entdeckung der Gruppenhierarchie, S.156 ; WEBB u.a. 1966, S. 123-127 geben einige Beispiele für räumliche Gruppierungen);
2. Eine Analyse bestimmter Kennzeichen von Personen und Gruppen (Statussymbole, Kommunikationsstile etc.);
3. Eine Anwendung von Beurteilungsskalen (rating scales) über Personen bzw. Objekte;
4. Eine zusätzliche Anwendung soziometrischer Tests;
5. Eine Analyse von physischen Spuren als Indikatoren für das Verhalten von Menschen und die Attraktivität von Objekten (z.B. im Fußboden eines Museums eingelassene elektrische Kontakte, Zur Messung der Attraktivität einzelner Ausstellungsobjekte).

Abschließend wollen wir noch einmal betonen, daß mit steigendem Strukturiertheitsgrad einer Beobachtung eine immer interpretationsfreiere Beobachtung möglich wird und wir uns einem reinen "Meßansatz" in der Beobachtung zu nähern beginnen (vgl. McCALL 1969b). Diese Tatsache kann in homogenen Feldern einem Auswerter von Beobachtungsdaten seine Arbeit erleichtern, in komplexen Feldern ist er aber zu einem nicht immer leichten Kompromiß zwischen dem Meßansatz und dem Interpretationsansatz gezwungen, wodurch die Schwierigkeiten bei der Auswertung von Daten aus teilnehmenden Beobachtungen verdeutlicht werden. Denn die Rekonstruktion einer komplexen Variablen aus relativ uneinheitlichen Beobachtungsprotokollen mehrerer Beobachter ist sicher beim augenblicklichen Stand der Methode problematisch. Der einmal gemachte Fehler der nicht konsistenten Anwendung eines noch so einfachen Beobachtungsschemas durch mehrere Beobachter kann auch nicht durch ein Auswertungsverfahren wieder rückgängig gemacht werden. Der Vorschlag von FRIEDRICHS und LÜDTKE (1973, S. 84), die Beobachter zu veranlassen, neben ihrer Protokollierungstätigkeit noch die Wahl einer Kategorie näher zu begründen, bedeutet zwar eine zusätzliche Kontrollmöglichkeit für den Auswerter, belastet aber doch wohl die Beobachter in einem nicht mehr zumutbaren Maße. Das auch dann noch zweifelhafte Ergebnis einer Rekonstruktion von Variablen steht in keinem Verhältnis mehr zum Aufwand in der Erhebungsphase.

4.1.5. Das Inferenzproblem

Die Beurteilung von nicht beobachtbaren oder nicht beobachteten Sachverhalten (z.B. psychische Zustände und Dispositionen) und deren Zusammenhänge untereinander durch Schließen aus wahrnehmbaren Sachverhalten wird in der Literatur unter dem Begriff "Inferenz" thematisiert. I.d.R. werden solche Schlußfolgerungen mit der Entscheidung verbunden, einen Sachverhalt einer bestimmten Kategorie zuzuordnen.

Zum weiteren Verständnis müssen wir nun einen kleinen Vorgriff auf den Abschnitt 4.2.2. vornehmen: Beobachter arbeiten nach Handlungsanweisungen, die in einem Beobachtungsplan vorliegen; handelt es sich nun um einen ausgearbeiteten, detaillierten Plan, dann spricht man von einem Beobachtungsschema oder einem Beobachtungssystem. In einem solchen System können unterschiedliche Anforderungen an einen Beobachter gestellt werden. Je nach Anforderung unterscheiden wir zwischen einem Zeichensystem, einem Kategoriensystem und einem Ratingsystem. In einem Zeichensystem soll ein Beobachter nur entscheiden, ob ein Merkmal vorkommt oder nicht; in einem Kategoriensystem soll ein solches Merkmal hinsichtlich vorher festgelegter Kategorien eingeordnet werden; im Ratingsystem erfolgt die Beurteilung des Ausprägungsgrades bestimmter Eigenschaften oder eines Merkmals.

Bezogen auf das Inferenzproblem bedeutet dies: Schlußfolgerungen sind nicht nur in Kategorien- und Ratingsystemen möglich und können zu Verzerrungen führen, sondern auch in Zeichensystemen. Die Inferenz wird bei letzterem nur nicht so deutlich: So kann die Blickrichtung in manchen Fällen nur durch die Kopfhaltung und durch den Kontext der Situation ermittelt werden, wobei vorausgesetzt wird, daß die Blickrichtung immer von der Kopfhaltung abhängt (vgl. CRANACH und FREN[illegible] 1969, S. 283). Selbst die Aussage, daß eine Person "A" zu einer Person "B" spricht, kann häufig nur daraus abgeleitet werden, daß "B" antwortet, ohne aber u.U. angesprochen zu sein. Diese Probleme sind allerdings für Zeichensysteme weniger typisch als für die beiden anderen Systeme. Wir müssen also bei Schlußfolgerungen zwei Aspekte beachten:

1. die Stellung einer Handlung im sozialen Kontext und
2. die Absicht des Handelnden (vgl. WEICK 1968, S. 425 ff.).

Die Analyse der Stellung einer Handlung im sozialen Kontext bezieht sich auf die Wahrnehmung von Wirkungszusammenhängen, die besonders von räumlicher und zeitlicher Nähe von Ereignissen beeinflußt werden. So weisen CRANACH und FRENZ (1969, S. 284) auf die Tendenz hin, den Menschen als letzte Ursache für Ereignisse anzusehen und nicht-menschliche Ursachen unterzubewerten. Allein dadurch können nicht unerhebliche Verzerrungen hervorgerufen werden.

In einem Handlungsablauf kann nur die einzelne Handlung und deren Wirkung (Reaktion) beobachtet werden. Die Absicht des Handelnden bzw. seine dispositionalen Eigenschaften können dann nur auf zweifache Weise ermittelt werden: a) die Reaktion auf eine Handlung wird als Kriterium für die Intention benutzt, d.h., der Beobachter faßt sie so auf, wie sie vom Reagierenden verstanden wurde, sofern dessen Reaktion beobachtet werden konnte; er übernimmt damit das Sinnverständnis des beobachteten Interaktionspartners; b) aufgrund seiner eigenen Kenntnis über den Ablauf von Interaktionen und aufgrund seiner Interpretationsfähigkeit unterlegt der Beobachter einer Handlung sein eigenes Sinnverständnis.

Grundsätzlich wird in den meisten Beobachtungsverfahren das Inferenzproblem positiv beantwortet: Schlußfolgerungen sind möglich und erwünscht. Dabei werden nur Unterschiede dahingehend gemacht, daß man sich auf das Sinnverständnis eines Beobachters verläßt oder aber auf dasjenige eines beobachteten Interaktionspartners.

Inferenzen sind praktisch nicht auszuschließen, da sie ein integraler Bestandteil der Alltagssprache und der habituellen Wahrnehmung sind; sie können aber in entscheidendem Maße die Zuverlässigkeit und Gültigkeit von Beobachtungen beeinflussen. Deshalb halten viele Forscher ihre Beobachter an, ihre Schlußfolgerungen explizit zu machen und darzustellen, aus welchen Gründen sie zu bestimmten Schlüssen gekommen sind. Diese Forderung ist umso begründeter, je mehr sich ein Beobachter auf die Intentionen eines Akteurs konzentrieren soll und dabei gezwungenermaßen den Auswirkungen eines Verhaltens weniger Aufmerksamkeit schenken kann. Da die Absichten nicht direkt inferiert werden können, begnügen sich die meisten Autoren mit der Analyse der Auswirkungen dieser Absichten. Dabei tritt das bereits geschilderte Problem wieder auf, daß wir nicht immer den Menschen als einzigen "Verursacher" ansehen können. Allerdings werden viele Beobachtungssysteme auf dieser Voraussetzung aufgebaut, wie etwa das "Behavior Scores System" von BORGATTA (vgl. Abschnitt 7.3.2.), das aus Forschungen über die Einschätzungen durch Gleichaltrige (peer assessment) abgeleitet wurde.

Während das Hauptproblem hinsichtlich der Ermittlung von Intentionen in der Basis möglicher Schlußfolgerungen liegt,sind Wirkungsaufzeichnungen in starkem Maße auf vorgelagerte und nachfolgende Situationen gerichtet und steuern damit die Aufmerksamkeit in Richtung auf eine größere Situationsfolge. Unberücksichtigt bleibt bei Wirkungsaufzeichnungen auch ein häufig zu beobachtender Tatbestand, daß auf den Versuch der Beeinflussung eines Akteurs von diesem keine entsprechende Reaktion erfolgt; in diesem Fall würde die Reaktion der Intention direkt widersprechen.

Aber auch "Umwelteffekte" bedingen oft Schlußfolgerungen und führen zu ähnlichen Fehlinterpretationen: wir beobachten z.B. wie ein kleines Kind ein anderes, größeres Kind schlägt. Die Intention scheint eindeutig aggressiv zu sein, nicht aber die Wirkung (Reaktion): das geschlagene Kind schlägt nicht zurück, sondern lacht. Mit welchem Recht können wir nun trotz gegenteiliger Reaktion das Verhalten des kleineren Kindes als aggre siv bezeichnen? Wir müssen nicht nur mit den beobachteten Kindern, sondern generell mit den Ausdrucksformen von Personen dieses Alters in verschiedenen Situationen vertraut sein. Eine einfache Beschreibung von beobachteten Sachverhalten führt uns nicht weiter; wir müssen gleichzeitg mit diesen Sachverhalten vertraut sein, um sie verstehen und einordnen zu können. Diese Vertrautheit sollte sowohl eine praktische (begründet aus der Alltagserfahrung) als auch eine theoretische Basis haben.

4.2. Spezielle Probleme einer wissenschaftlichen Beobachtung

In diesem Abschnitt wollen wir uns mit den beiden Problemen befassen, die den Hauptanteil der Diskussion über die Probleme einer wissenschaftlichen Beobachtung ausmachen. Das erste ist mit der Person des teilnehmenden Beobachters verbunden und wird daher auch im Rahmen der teilnehmenden Beobachtung behandelt, während sich das zweite mit der Konstruktion eines Beobachtungsschemas befaßt und deshalb in erster Linie unter dem Gesichtspunkt einer strukturierten Beobachtung gesehen werden muß.

.2.1. Probleme einer teilnehmenden Beobachtung

n den nun folgenden Abschnitten wollen wir uns mit den wichigsten Problemen einer teilnehmenden Beobachtung beschäftien, wobei der jeweilig mögliche, unterschiedliche Struktuiertheitsgrad unberücksichtigt bleiben wird; sind wir doch er Ansicht, daß sich die spezifischen Probleme einer teilehmenden Beobachtung nicht wesentlich durch die Benutzung ines Beobachtungsschemas ändern.

er Wert einer Beobachtung zeigt sich immer in den Ergebnissen, eren Abhängigkeit von den Qualitäten eines Beobachters hier och einmal betont werden soll. Diese Qualitäten beziehen sich uf die Richtigkeit einer Selektion in der Wahrnehmung, auf e Präzision der Schlußfolgerungen und auf die Erfassung von cht direkt wahrnehmbaren Sachverhalten. Diese Probleme spielen zwar auch bei strukturierten Verfahren eine Rolle, lassen sich aber hier viel leichter lösen. Das eigentliche Problem der teilnehmenden Beobachtung liegt aber in den zwischenmenschlichen Beziehungen zwischen Beobachtern und Beobachteten. Dazu gehört dann auch die Entscheidung über die Art und Weise der Einführung eines teilnehmenden Beobachters in das jeweilige Untersuchungsfeld. Je nach Einführung eines teilnehmenden Beobachters kann das Verhalten der zu Beobachtenden mehr oder weniger stark beeinflußt werden, wodurch besonders zu Beginn einer Untersuchung Verzerrungen auftreten können.

Im Zusammenhang mit der Einführung muß auch das Problem gesehen werden, inwieweit sich ein Beobachter den zu Beobachtenden angleicht. Dies kann zunächst eine "äußere Angleichung" (Anpassung in Kleidung, Sprache und Gewohnheiten) sein und sich weiter erstrecken auf eine "innere Angleichung" (Anpassung an Normen und Werte eines Feldes). Beide Bereiche werden wir als "Rollenproblem" thematisieren und diskutieren. Mit de Problem der "Angleichung" ist die Frage verbunden, wie stark ein Beobachter am Leben im Feld teilnehmen soll (Partizipationsgrad). Von der Beantwortung dieser Frage hängt dann wiederum ab, in welchem Ausmaß eine andere wichtige Frage akut wird: die Frage nach dem Einfluß eines Beobachters auf das Verhalten der Beobachtungsobjekte.

Ein weiteres Problem wird mit der Beobachterkontrolle und de Beobachterschulung angesprochen. Wenn dieses Problem auch grundsätzlich für alle Beobachtungsverfahren besteht, so wir es doch besonders für eine teilnehmende Beobachtung akut, da hier die gegenseitigen Beeinflussungsmöglichkeiten zwischen den Beobachtern und den Akteuren eines Feldes durch konkrete Verhaltensanweisungen an erstere kontrolliert werden können.

Die Problembereiche, die wir im folgenden besprechen wollen, ergeben sich also grundsätzlich aus den Bedingungen, die dur

Beobachter selbst verursacht werden. Es wird deshalb auch deutlich werden, daß die Entscheidung, ein angesprochenes Problem in einer bestimmten Weise zu lösen, die Entscheidung über andere Fragen weitgehend präjudiziert (vgl. SCHEUCH 1954, S. 24).

4.2.1.1. Die selektive Perzeption

Es ist bereits mehrfach daraufhingewiesen worden, daß jede Wahrnehmung subjektiv und damit zugleich selektiv ist. Aus einem Spektrum möglicher Wahrnehmungen werden immer nur Teile und diese je nach Beobachter unterschiedlich wahrgenommen. Damit ist aber dann die Forderung, daß Beobachtungen vom einzelnen Beobachter unabhängig werden sollen, praktisch kaum zu verwirklichen. Wollen wir ihr gerecht werden, müssen wir nach der Menge der übereinstimmenden Aussagen von mehreren Beobachtern suchen, die viel geringer ist als die Menge aller möglichen richtigen Aussagen. FRIEDRICHS und LÜDTKE (1973, S. 37 f.) verdeutlichen dies am Beispiel eines Verkehrsunfalles, der von mehreren Zeugen beobachtet wurde, deren Aussagen über den Vorfall aber nicht übereinstimmen. Der Unfall sei von drei Zeugen beobachtet worden,deren Aussagemenge sich wie folgt darstellen läßt:

Abb. 4: Beobachtungen eines Unfalls von drei Zeugen

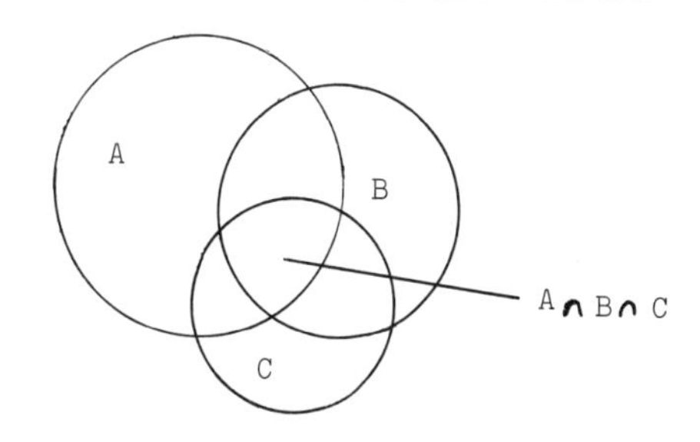

Die Menge der übereinstimmenden Aussagen $A \cap B \cap C$ ist geringer als die Menge aller Aussagen A, B und C. Nehmen wir an, die Gesamtmenge aller richtigen Aussagen (verbal formulierte Beobachtungen) sei 100% und Person A mache 60%, Person B 50% und Person C 20% richtige Aussagen; dann ist der Anteil richtiger Aussagen, in denen mindestens zwei Beobachter übereinstimmen:

$$p\ (A \cap B \vee A \cap C \vee B \cap C \wedge 2(A\ B\ C))$$
$$= A \cdot B + A \cdot C + B \cdot C - 2\ ABC$$
$$= 0{,}6 \cdot 0{,}5 + 0{,}6 \cdot 0{,}2 + 0{,}5 \cdot 0{,}2 - 2(0{,}6 \cdot 0{,}5 \cdot 0{,}2)$$
$$= 0{,}30 + 0{,}12 + 0{,}10 - 2(0{,}06)$$
$$= 0{,}40$$

Der Anteil, in dem also mindestens zwei Zeugen übereinstimmen, wäre in diesem Beispiel 40%. Der Anteil, in dem alle drei übereinstimmen ist noch erheblich geringer:

$$p\ (A \cap B \cap C)$$
$$= A \cdot B \cdot C$$
$$= 0{,}6 \cdot 0{,}5 \cdot 0{,}2$$
$$= 0{,}06$$

Die Übereinstimmung aller Zeugen beträgt also nur 6% aller Aussagen. Dies wäre dann der Prozentsatz, auf den sich etwa eine Versicherung bei der finanziellen Abwicklung eines Unfalles stützen könnte. Sehr oft wird dann aber auch einigen Personen (z.B. Polizisten) mehr Objektivität in der Schilderung von Verkehrsunfällen zugebilligt. Das bedeutet aber eine unterschiedliche Gewichtung von Aussagen bestimmter Personen, wobei die Gewichtungskriterien meistens im Unklaren bleiben bzw. nicht explizit gemacht werden.

Damit kann sich nun ein Wissenschaftler nicht zufrieden geben. Gewichtungskriterien müssen offengelegt und präzisiert werden. Es muß daher das Ziel einer wissenschaftlichen Beobachtung sein:

1. die Menge der übereinstimmenden Aussagen möglichst groß werden zu lassen, bis sie im Idealfall mit der Menge aller Aussagen übereinstimmen;
2. eine Explikation der Gewichtungskriterien vorzunehmen und u.U. eine Reduktion auf möglichst ein Kriterium zu versuchen.

Das zweite Ziel ist nun das schwierigere von beiden und liegt analytisch vor dem ersten Ziel: erst wenn man die Fehlerquellen, die dem zweiten Ziel im Wege stehen, ausgeschaltet hat, kann man das erste Ziel zu verwirklichen suchen (etwa durch genaue Beobachtungsanweisungen, und durch die Entwicklung eines Beobachtungsschemas).

Die selektive Perzeption stört nun die Explikation von Gewichtungskriterien (Ziel 2) am stärksten. Wir müssen uns fragen, worin eine verzerrte und selektive Wahrnehmung begründet sein kann. Es lassen sich dabei die folgenden Gesichtspunkte herausarbeiten (vgl. dazu auch SECORD und BACKMANN 1964, S. 14):

1, Zu den wohl wichtigsten Ursachen behören die <u>Vorstellungsinhalte</u> der Beobachter. Bestimmte Ereignisse werden bevorzugt registriert, andere dadurch nicht beachtet bzw. unterdrückt. ATTESLANDER umschreibt diesen Tatbestand treffend: "Wir glauben nur, was wir sehen - leider sehen wir nur, was wir glauben wollen" (1971, S. 123). Kulturelle und soziale Gebundenheit des Beobachters bestimmen also in starkem Maße seine Bereitschaft und seine Fähigkeit, Ereignisse wahrzunehmen. Außerdem kann die Kenntnis bestimmter Eigenschaften eines Feldes die Wahrnehmung noch unbekannter Eigenschaften beeinflussen ("halo-effect") SECORD und BACKMANN: a) Spätere Wahrnehmungen werden durch frühere Erfahrungen beeinflußt

b) Erfahrungen mit Reizen und Reaktionen, die positiv oder negativ bestärkt wurden, beeinflussen die Wahrnehmung

2. In vielen Beobachtungsstudien stellte sich heraus, daß ein begrenzter Zugang zum jeweiligen Beobachtungsfeld Ursache dafür war, bestimmte Gruppen im Feld überhaupt nicht oder nur in ungenügendem Maße in die Untersuchung einbezogen zu haben. Die Gründe dafür sind z.T. sozialkulturellen Ursprungs oder sind durch die mangelnde Aufmerksamkeit bzw. die mangelnde Vertrautheit mit dem Untersuchungsobjekt verursacht worden. So übersah etwa das Ehepaar LYNDT in seiner ersten Middletown-Studie den bedeutenden Einfluß einer Millionärsfamilie (vgl. LYNDT und LYNDT 1937, S. 75).
3. Eine nicht unbedeutende Ursache für die selektive Perzeption ist das Übersehen von Selbstverständlichkeiten. Bestimmte Ereignisse sind Beobachtern bereits so vertraut und selbstverständlich, daß sie diesem Geschehen keine Aufmerksamkeit mehr schenken. So wird beispielsweise in Gruppenzusammenkünften protokolliert, wieviele und welche Personen in einzelnen Sitzungen nicht erscheinen oder zu spät kommen. Es wird aber nicht darüber berichtet, daß alle Personen pünktlich kamen oder anwesend waren, obgleich dies z.B. Aussagen über die Kooperationsbereitschaft ermöglicht hätte.
4. Auf einer sprachlichen Ebene stellt sich die selektive Perzeption als die Vermischung von Protokollsprache und theoretischer Sprache dar. Da ein grosser Teil unserer Sprache Wertungen beinhaltet, sind auch viele Beschreibungen alltäglichen Geschehens nicht eigentlich deskriptiv, sondern vielmehr evaluativ. Diesen Wertungen sollte sich aber ein Beob-

achter möglichst enthalten und sie gegebenenfalls dem Forscher bzw. dem Auswerter überlassen, die allein aufgrund ihrer theoretischen Konzepte und der darauf beruhenden operational definierten Kriterien in der Lage sind, aus den Beobachtungen auch Verhaltensinterpretationen zu geben.
Zwei weitere Faktoren werden von SECORD und BACKMANN genannt, deren Entdeckung aber nur unter experimentellen Bedingungen möglich ist.

5. Zum Zeitpunkt einer Wahrnehmung vorherrschende Faktoren (Hunger, Müdigkeit, Angst) können die Wahrnehmung beeinflussen
6. Die Wahrnehmung anderer Personen kann nicht direkt erfahren werden. Deshalb sind Schlüsse über diese Wahrnehmung z.T. eine Funktion der zur Untersuchung verwendeten indirekten Mittel.

Die Verzerrungen infolge einer selektiven Perzeption eines teilnehmenden Beobachters sind nachträglich nicht mehr zu korrigieren. Sie können sogar nicht einmal mehr entdeckt werden, da sie im Zusammenhang mit anderen Beobachtung desselben Beobachters immer als sinnvolle Wiedergaben von Ereignissen erscheinen. Denn schon bei der Wahrnehmung wird jeder Beobachter die Ereignisse zu seiner Ansicht nach sinnvollen und logischen Einheiten zusammenfassen und andere, nicht verständliche, konträre, nicht interpretierbare Ereignisse fortlassen bzw. seinem Verständnis nach umändern. Allein durch eine synchron mit der Beobachtung laufende Filmkamera wären Verzerrungen auch noch später zu entdecken. Diese Möglichkeit bietet sich aber nicht in allen Feldern und der Aufwand scheint uns zu groß zu sein. Denn lassen sich bestimmte Felder durch nicht-teilnehmende Beobachtung untersuchen, dann kann man auf einen teilnehmenden Beobachter von Anfang an verzichten.Die Möglichkeiten, diese Fehler auszuschalten bzw. zu reduzieren, können nur in der sorgfältigen Auswahl der Beobachter, in einer gründlichen Schulung (vgl. Abschnitt 4.2.1.4.) und in starkem Maße in der Entwicklung eines Beobachtungsschemas liegen, das dem Entfaltungsspielraum der Beobachter enge Grenzen setzt(vgl. Abschnitt 4.2.2.).

Wahrnehmungsverzerrungen aufgrund selektiver Perzeption sind nun nicht nur für einen teilnehmenden Beobachter typisch, sondern auch für den Beobachter, der im Rahmen einer strukturierten Beobachtung mit einem Beobachtungsschema arbeiten soll. In der Wahrnehmungsforschung und in der Psychophysik wird über eine Vielzahl von Verzerrungsmöglichkeiten berichtet, deren eingehende Erörterung in diesem Skriptum sicher zu weit gehen dürfte, werden damit doch keine zentralen Interessenfelder der Soziologie angesprochen. CRANACH und FRENZ (1969, S. 279 ff.) bringen im übrigen einen ausführlichen Überblick über die häufigsten Urteilsfehler und verweisen gleichzeitig auf die entsprechende Literatur.

Die Vermeidung bzw. die Kontrolle dieser Fehler wird in den meisten Beobachtungssituationen nicht möglich sein, da wir ja von der Forderung ausgehen, daß in Beobachtungsverfahren das Beobachtungsobjekt nicht manipuliert werden darf. Aber allein durch eine Variation der Beobachtungsbedingungen sind viele dieser Fehler erst zu identifizieren, um anschließend Strategien zu ihrer Kontrolle entwickeln zu können. Unter "gewöhnlichen" Beobachtungsvoraussetzungen (keine experimentellen Bedingungen) müssen wir also mit diesen Fehlern weitgehend zu leben versuchen, d.h. wir müssen uns bewußt werden, in welche Richtungen bestimmte Wahrnehmungsverzerrungen gehen, um von daher die "Güte" der Beobachtungsdaten besser beurteilen zu können.

4.2.1.2. Das Problem der Einführung eines teilnehmenden Beobachters

Das Problem der Einführung eines teilnehmenden Beobachters wird in der Literatur häufig mit der Diskussion eines anderen Problems von Beobachtungsverfahren verbunden, nämlich mit der Frage, ob ein Beobachter seine Tätigkeit zu erkennen geben soll oder nicht. Wir haben es also mit dem Problem der "offenen" und "verdeckten" Beobachtung zu tun, von dem wir bereits festgestellt haben (S.31f.), daß es sich dabei um ein strategisches Problem der Feldarbeit handelt.

Die Schwierigkeiten, die mit der Wahl der richtigen Einführung in ein Beobachtungsfeld verbunden sein können, lassen sich verdeutlichen, wenn wir unsere Überlegungen auf zwei Beispiele zurückführen, die sich stark in den Bedingungen unterscheiden, unter denen der teilnehmende Beobachter zu arbeiten hat.

Die Untersuchung von WHYTE in "Cornerville" zeigt deutlich die einzelnen Phasen im Einführungsprozeß (vgl. Abschnitt 5.1.). "Cornerville" und seine Einwohner führten ein von den anderen Stadtteilen Bostons völlig abgekapseltes Leben. Diese bewußte Absonderung wurde im wesentlichen durch die folgenden Faktoren hervorgerufen: gemeinsame Herkunft; gemeinsame, von der Umwelt verschiedene Sprache; gemeinsame schlechte wirtschaftliche Lage; gemeinsamer Lebensstil und gemeinsame kulturelle Normen und Wertvorstellung. Ein großer Teil des Lebens spielte sich, wie in Italien, auf der Straße ab; besonders die Jugendlichen und unverheirateten jungen Männer lungerten fast den ganzen Tag auf der Straße und in den Restaurants herum. Diesen und ganz allgemein dem Leben in "Cornerville" galt WHYTE's besonderes Interesse.

Durch die bewußte Abkapselung von der Umwelt und die relativ große Übersichtlichkeit von "Cornerville" mußte jeder Neuankömmling besonders, wenn es sich um einen "angelsächsischen, mittelständischen Amerikaner" handelte, Mißtrauen hervorrufen. Dieses Mißtrauen galt es nicht nur zu überwinden, sondern gleichzeitg die Bewohner zur Mitarbeit zu bewegen und ihnen das Untersuchungsvorhaben zu erklären.

Die erste Einführung gelang WHYTE durch einige Sozialarbeiter und später durch seine Bekanntschaft mit einer Familie, bei der er ein Zimmer bekam. Durch den Kontakt zu einer "Schlüsselperson" erlangte er schließlich Zugang zu allen wichtigen Gruppen in "Cornerville". (Schlüsselpersonen nennt man die Inhaber zentraler Rollen in bestimmten Gruppen oder Situationen. Durch sie kann der Zugang zu einem Feld erleichtert, aber auch verhindert werden). Als Erklärung für seine Anwesenheit in "Cornerville" brachte WHYTE vor, daß er ein Buch über diesen Stadtteil schreiben wolle. Diese Erklärung genügte vollauf, so daß er über die Bekanntschaft mit einigen zentralen Personen, die Mitarbeit und sogar die Unterstützung der anderen Bewohner gewann.

Unser zweites Beispiel einer Einführung ist hypothetisch (vgl. SCHEUCH 1954, S. 25 f.): Wir wollen einen Industriebetrieb in einer Kleinstadt untersuchen, in dem ein offener Konflikt zwischen gewerkschaftlich organisierten und nicht organisierten Arbeitern besteht, wobei letztere von der Betriebsleitung unterstützt werden. Der Konflikt hat sich zudem aus dem Betrieb heraus auf die Stadt übertragen (Frauen der einen Arbeitergruppe "schneiden" die Frauen der anderen; in den Streitigkeiten zwischen den Kindern wird die gleiche Kluft deutlich).

Hier wird nun die Einführung als teilnehmender Beobachter sehr problematisch. Entscheidet man sich hier - wie WHYTE - für eine offene Einführung, dann wäre zunächst einmal die Einwilligung der Betriebsleitung einzuholen. Hat man diese bekommen, so werden sicherlich Konflikte mit den organisierten Arbeitern unvermeidlich sein, da diese im Beobachter einen "Handlanger" der Betriebsleitung sehen würden. Würde man die Einführung dagegen von gewerkschaftlicher Seite vorbereiten lassen, dann gäbe es u.U. Schwierigkeiten mit der Betriebsleitung, überhaupt in den Betrieb zu kommen, zumindest aber hätte man die nicht organisierten Arbeiter gegen sich.

Aber auch eine verdeckte Einführung würde in diesem Fall nicht so einfach sein. Da ein Beobachter dann eine Rolle im Feld übernehmen muß, um nicht erkannt zu werden (hier: sich z.B. als Arbeiter einstellen lassen), so würde er durch den offenen Konflikt gezwungen, Stellung zu beziehen, wenn er es nicht mit den beiden Seiten gleichzeitig verderben will. Die Parteinahme für die eine oder andere Seite schränkt aber wieder die Art und das Ausmaß der Kontakte ein: ein Beobachter hat nicht mehr überall den gleichen Zugang.

Die besonderen Schwierigkeiten in unserem zweiten Beispiel sind entscheidend durch die offene Konfliktsituation in einem relativ kleinen, überschaubaren Bereich (der Kleinstadt) hervorgerufen worden. Inwieweit man mit mehreren, verdeckt teilnehmenden Beobachtern einige Probleme ausschalten könnte, müßte im konkreten Fall erkundet werden.

Aus unseren Beispielen läßt sich aber lernen, daß man zur Lösung des Einführungsproblems keine feste Regeln aufstellen kann, sondern daß man für jeden Fall neue Überlegungen dazu anstellen muß. Unsere Aussage, daß diese Überlegungen strategischer Natur sein würden, hat sich damit als richtig erwiesen.

Wenn wir auch analytisch zwischen Einführung und eigentlicher Beobachtung unterscheiden müssen, so erscheint uns doch obige Diskussion, in der beide Probleme nicht getrennt behandelt wurden, gerechtfertigt. Eine offene Einführung wird immer von einer offenen Beobachtung gefolgt sein, während eine verdeckte

Beobachtung der verdeckten Einführung folgt. Zwar wäre auch denkbar, daß man nach einer verdeckten Einführung zu einer offenen Beobachtung übergeht, da man festgestellt hat, daß man durch eine offene Beobachtung mehr Informationen bekommt. Da aber bereits in einer Vorphase der Untersuchung diese Probleme behandelt werden sollten, wird sich i.d.R. eine Änderung in der Strategie zwischen Einführung und Beobachtung nicht ergeben müssen.

Welche Probleme bestehen aber nun bei den verschiedenen Formen der Einführung?

a) Probleme der offenen Einführung

Das erste Problem, das hier zu lösen ist, ist die Erlaubnis, in einem bestimmten Feld als Sozialforscher beobachtend tätig zu werden. Wie viele Untersuchungen gezeigt haben, ist dies bei einigem diplomatischen Geschick durchaus lösbar. Wo Diplomatie nicht mehr ausreicht, kann in seltenen Fällen auch durch Mithilfe übergeordneter Instanzen Druck ausgeübt werden; inwieweit dies aber sinnvoll ist, muß von Fall zu Fall entschieden werden, können sich daraus doch zu leicht "Grabenkämpfe" zwischen Sozialforscher und Beobachteten entwickeln, die dem Untersuchungsziel nicht dienlich sein können.

Das zweite Problem beschäftigt sich mit der Frage, ob man bei offener Einführung auch das Untersuchungsziel völlig offen legen sollte. Dies scheint nach den Erfahrungen aus den verschiedensten Untersuchungen nicht opportun zu sein. Einmal können sich Teilgruppen aus dem Untersuchungsfeld durch eine bestimmte Fragestellung beeinträchtigt fühlen (in diesem Fall wäre u.U. eine verdeckte Einführung angebracht) und zum anderen hat sich gezeigt, daß die meisten Menschen an Einzelproblemen nicht sehr interessiert zu sein scheinen. Eine einfache Erklärung über die Forschung wird also i.d.R. vollauf genügen (vgl. dazu auch die Art und Weise,in der BAIN (1968) seine Forschungstätigkeit offen legte).

b) Probleme der verdeckten Einführung

Die Probleme der verdeckten Einführung spiegeln fast die gleichen Probleme wider, die bei der Behandlung der Beobachterrolle auftreten (vgl. Abschnitt 4.2.1.3.). Darüberhinaus bleiben aber auch relativ eigenständige Probleme erhalten, die hier kurz angesprochen werden sollen.

Um verdeckt beobachten zu können, muß ein Beobachter eine Rolle im Feld übernehmen, d.h., es muß eine Rolle frei sein, die er übernehmen kann, ohne daß die übrigen Mitglieder des Feldes sofort seine Identität erkennen würden. Es muß also zuerst eine äußere Angleichung (vgl. S. 94) an das Feld erfolgen. Wenn man bedenkt, wie relativ geschlossen Untersuchungsfelder häufig sind, dann wird man zu dem Schluß kommen, daß diese äußere Angleichung in vielen Fällen nicht gelingen wird und damit auch nicht die Übernahme einer entsprechenden Rolle. Wir können diesen Tatbestand vielleicht folgendermaßen beschreiben: je größer der Abstand zwischen den Kulturkreisen des Forschers und eines Untersuchungsfeldes ist, desto geringer sind die Chancen für eine verdeckte Beobachtung (vgl. SCHEUCH 1954, S. 28).

Das große Problem einer verdeckten Beobachtung besteht in der Gefahr, daß der Sozialforscher schließlich doch entdeckt wird. Eine solche Entdeckung kann durch die trivialsten Dinge geschehen und ist besonders bei lang andauernden Untersuchungen fast nicht zu vermeiden. Die Folge ist meistens ein frühzeitig erzwungener Abbruch der Untersuchung, da die Beobachteten sich häufig hintergangen fühlen und sich gegenüber dem Forscher verschließen.

Weiterhin sollte unbedingt geprüft werden, ob man durch die Verheimlichung seiner Identität als Sozialforscher zu einem u.U. moralisch fragwürdigen Verhalten gezwungen sein kann. Dies kann je nach Persönlichkeit eines Beobachters zu erheblichen Schwierigkeiten in den einzelnen Beobachtungssituationen führen. "Spion" zu sein oder auch nur zu spielen ist nicht jedermanns Sache (vgl. dazu etwa POLSKY 1973).

Neben diese beiden ethischen Aspekte (vgl. dazu auch FRIEDRICHS und LÜDTKE 1973, S. 27 f.) tritt aber auch noch ein methodologisches Problem: inwieweit wird ein Beobachter durch die Tatsache, daß er bei verdeckter Beobachtung unbedingt eine Rolle eines "normalen" Mitglieds des Feldes spielen muß, in seinem Bewegungsspielraum zur Durchführung seines Forschungsauftrages eingeschränkt? In unserem hypothetischen Beispiel (S. 1o2) wurde deutlich, wie sehr ein Beobachter in diesem Spielraum eingeengt sein kann. Grundsätzlich können wir aber sicher sagen, daß mit der Übernahme einer bestimmten Rolle immer auch eine gewisse Einschränkung verbunden ist, einen Teil der sozialen Vorgänge in einem Feld nicht mehr untersuchen zu können.

Einer der seltenen Fälle, in denen die völlige, verdeckte Einführung und Beobachtung gelungen ist, finden wir in der Untersuchung "Die Arbeitslosen von Marienthal" (1932) von JAHODA und ZEISEL. Unter dem Vorwand, im Auftrag einer Wohlfahrtsorganisation eine Kleidersammlung durchgeführt zu haben und die Kleider nun je nach Bedürftigkeit zu verteilen, erhielten die Forscher dieses Teams die Möglichkeit, die Haushaltsführung der arbeitslosen Familien zu untersuchen. Wenn der Erfolg hier auch unbestritten ist, so gehen doch auch heute noch die Meinungen über die Ethik eines solchen Vorgehens auseinander.

Aus den in diesem Abschnitt geschilderten Problemen können wir abschließend als Faustregel festhalten, daß eine offene Einführung und Beobachtung der verdeckten in den meisten Fällen vorzuziehen ist, wobei die eigentliche wissenschaftliche Aufgabe des Beobachters, nämlich die Organisation seiner Beobachtungen unter einheitlichen Gesichtspunkten und die nachfolgende Auswertung verdeckt erfolgen. FRIEDRICHS und LÜDTKE (1973, S. 177) beschreiben diese Regel wie folgt: "Der Beobachter begründet und realisiert seine Teilnahme so, daß in keiner Situation die Akteure einen Anlaß für den Verdacht finden, sie würden als Objekte eines gegen sie gerichteten zweifelhaften Interesses oder einer fremden Kontrollinstanz benutzt".

4.2.1.3. Die Rolle des Beobachters

Die Verzerrungen einer selektiven Perzeption versucht man durch sorgfältige Auswahl der Beobachter, des Beobachtertrainings und durch die Verwendung eines Beobachtungsschemas weitgehend auszuschalten. Dabei gehen wir in der Hauptsache von wahrnehmungs- und denkpsychologischen Ursachen aus. Demgegenüber beruht das Problem des teilnehmenden Beobachters darauf, daß soziale Systeme integrierend auf ihre Mitglieder einwirken und ihnen bestimmte Rollen zuweisen.

Während bei der nicht-teilnehmenden Beobachtung der Beobachter nur die Rolle des Beobachters hat und häufig noch von den Beobachteten getrennt ist, besteht das Charakteristikum einer teilnehmenden Beobachtung darin, daß der Beobachter nicht allein nur beobachtet, sondern zusätzlich mit denen, die er beobachten soll, über eine längere Zeit hinweg interagiert und damit eine Interdependenz zwischen seinem und dem Verhalten der Beobachteten aufbaut. Diese Interdependenz bezeichnen wir auch als "feed-back". Der Beobachter nimmt im Feld selbst eine oder mehrere Rollen ein, mit denen bestimmte Verhaltenserwartungen verbunden sind und die zu anderen sozialen Rollen des

Feldes in einer ganz bestimmten Beziehung stehen. Dabei sind dann Veränderungen im Verhalten beider Interaktionspartner zu beobachten, die eigentlich vermieden werden sollten: Der Beobachter verändert sein Verhalten zu sehr in Richtung auf die Gruppe hin und wird damit seiner Rolle als Beobachter nicht mehr gerecht, während sich durch ihn Veränderungen im Verhalten der Gruppenmitglieder ergeben und eine Gruppe gleichsam eine andere wird als sie es ohne Beobachter gewesen wäre. Der Beobachter soll also ermitteln, "was z.B. in einer Gruppe gewöhnlich geschieht, nicht, was erst durch seine Anwesenheit entsteht und mit seinem Fortgang aufhört zu bestehen" (FRIEDRICHS und LÜDTKE 1973, S. 42).

Diese möglichen Veränderungen und Fehlerquellen können wir sowohl auf der intersubjektiven Ebene (Verhältnis vom Beobachter zu den Beobachteten) als auch auf einer intrasubjektiven Ebene (Bewußtsein des Beobachters) analysieren. Es lassen sich diese Fehler etwa wie folgt systematisieren (vgl. FRIEDRICHS und LÜDTKE 1973, S. 42):

"1. Intersubjektive Fehlerquellen
   a) Rollendefinition des Beobachters
   b) Auswahl der Schlüsselpersonen
   c) Intensität der Interaktionen

2. Intrasubjektive Fehlerquellen
   a) "going-native"
   b) Intra-Rollenkonflikte"

1 a) Rollendefinition des Beobachters

Da der teilnehmende Beobachter gezwungen ist, im Beobachtungsfeld eine dem Feld selbst zugehörende Rolle zu spielen oder aber eine Rolle, die sich leicht in das Rollensystem eines Feldes einordnen läßt, ist es für ihn unbedingt notwendig, jene Rolle herauszufinden, die ihn einerseits in seiner Beobachtertätigkeit nicht einschränkt, und die andererseits von möglichst vielen Beobachteten akzeptiert wird. Diese Selektion möglicher Rollen wird i.d.R. aufgrund theoretischer Überlegungen erfolgen oder aber in einem Pretest zu geschehen haben.

Wir müssen nun eine Unterscheidung zwischen allgemeinen und spezifischen Rollen vornehmen (in der Rollentheorie als funktional diffus und funktional spezifisch bezeichnet; vgl.SCHEUCH und KUTSCH 1972, S. 87 ff.). An beide Rollenarten werden spezifische Rollenerwartungen herangetragen, die in periphere und zentrale Rollenelemente unterteilt werden. Während die Erfüllung beider Rollenerwartungen für die Übernahme spezifischer Rollen wichtig sind, wird der allgemeinen Rolle eine relativ große Variation in der Erfüllung peripherer Erwartungen zugestanden. Man wird also in der Feldbeobachtung kaum spezifische Rollen in Betracht ziehen können, da mit ihnen eine zu große Zahl von unterschiedlichsten Erwartungen verbunden ist und diese Rollen häufig nicht für einen Beobachter zugänglich sind. Beispiele dafür wären etwa: ein teilnehmender Beobachter soll in einem Krankenhaus die Rolle des Arztes oder in einem Gefängnis die Rolle eines Aufsehers übernehmen. Wir können also allgemein formulieren: Je spezifischer und differenzierter in einem Beobachtungsfeld die Erwartungen hinsichtlich der Ausfüllung konkreter Rollen sind, umso zugänglicher ist die entsprechende Rolle für einen teilnehmenden Beobachter.

Nehmen wir in unsere Überlegungen noch die positionelle Differenzierung auf, dann können wir etwa folgendes Muster zur Rollenübernahme formulieren:

1. In hierarchisch strukturierten Feldern sollte die Übernahme von mittleren Positionen vermieden werden, da sie zu häufig im Brennpunkt von Konflikten zwischen "oben" und "unten" stehen. Je nach Art des Feldes empfiehlt sich deshalb die Übernahme einer oberen bzw. unteren Position;
2. Den leichtesten Zugang bieten solche Positionen, deren Inhaber häufiger wechseln, wobei zusätzliche

> Schwierigkeiten auftreten können, wenn man es mit Feldern zu tun hat, deren Rollenstruktur instabil und flexibel ist, weil dann der teilnehmende Beobachter gezwungen sein wird, seine Rolle mehrfach zu wechseln, um wieder anderen Erwartungen gerecht werden zu können.

Zu Beginn einer Untersuchung ist der Beobachter in einem Feld immer ein "Fremder", der das Vertrauen der zu Beobachtenden erwerben muß. Dies kann er einmal tun, indem er eine bestimmte Rolle im Feld übernimmt und damit in die Interaktionen und Aktivitäten des Feldes direkt eingeschaltet ist; zum anderen muß er aber auch versuchen, wenn die eingenommene Rolle ihn nicht hinreichend in die Gruppe eingeführt hat, den Akteuren des Feldes eine befriedigende Erklärung für sein Tun geben, sofern er sich für eine offene Beobachtung entschlossen hat. Besonders wichtig wird dies in Feldern, in denen Fremden grundsätzlich keine Positionen offen stehen (anthropologische Beobachtungen). Aber gerade auch in der Tatsache, ein Fremder zu sein, liegt die Chance des teilnehmenden Beobachters, Fragen über Sachverhalte zu stellen, die Gruppenmitgliedern selbstverständlich sind und die sie deshalb nicht für erwähnenswert halten; in einer ganz anderen Richtung liegen die Sachverhalte, über die man nur mit Fremden redet und die man sonst keinem anderen anvertrauen würde. Teilnehmende Beobachtung ist also ein kontinuierliches Schwanken zwischen den Polen Fremdheit und Vertrautheit, worauf schon KLUCKHOHN (1968, S. lo4 f.) und HOLLANDER (1965, S. 213) hingewiesen haben.

In der Ausgestaltung der übernommenen Rolle bleibt der teilnehmende Beobachter aber immer an die Verhaltenserwartungen der Beobachteten gebunden.So sind besonders mit den Variablen Alter und Geschlecht sehr oft spezifische Erwartungen der Akteure hinsichtlich der Übernahme bestimmter Rollen verbunden (vgl. KLUCKHOHN 1968, S. loo f. und BAIN 1968, S. 116), sodaß es nicht gleichgültig sein kann, wie alt ein Beobachter ist oder ob er ein Mann oder eine Frau ist. Dieser sehr einfache Sachverhalt wird häufig nicht genug beachtet: Beobachter sollten nicht zu stark in wichtigen Attributen (Alter, Geschlecht, soziale Herkunft, Aussehen, Kleidung, Sprache etc.) von den Beobachteten abweichen. Da dies in vielen Feldern nicht immer gewährleistet werden kann, wird man auf sehr allgemeine Rollen verwiesen, die aber trotzdem den Akteuren im Feld i.d.R. hinreichend plausibel und akzeptabel erscheinen. Dies wären dann etwa die Rollen des Besuchers, des Gastes, des Praktikanten, des Lernenden u.ä. (vgl. FRIEDRICHS und LÜDTKE 1973,S. 175).

1 b) Die Auswahl von Schlüsselpersonen

Die ersten Versuche eines teilnehmenden Beobachters,das Vertrauen der Akteure des Beobachtungsfeldes zu gewinnen, laufen häufig über Schlüsselpersonen, d.h. über Personen, die sowohl den Beobachter akzeptieren als auch über genügend Einfluß bei anderen Gruppenmitgliedern verfügen. Eine solche Person hat nicht nur für den teilnehmenden Beobachter eine Schlüsselstellung für den Zugang zum Beobachtungsfeld, sondern ist auch meistens eine Zentralfigur im Feld selbst. Der Beobachter lernt praktisch exemplarisch an den Verhaltensweisen seiner Schlüsselperson die Verhaltensweisen der ganzen Gruppe, während diese Person wiederum die Absichten und Ziele des Beobachters kennenlernt, ggf. akzeptiert und gegenüber der Gruppe vertritt, womit in der Gruppe relativ feste Verhaltenserwartungen gegenüber dem Beobachter entwickelt werden.

Die Schlüsselpersonen werden in hierarchisch strukturierten Gruppen meistens die oder der Führer sein, d.h. die Personen, die auch im alltäglichen Leben der Gruppe über dem Zugang zur Gruppe wachen (vgl. die Wahl von "Doc" als Schlüsselperson bei WHYTE, Abschnitt 5.1.).

Es besteht nun die Gefahr - besonders in Sozialsystemen, die nicht hierarchisch aufgebaut sind -, sich einen falschen Informanten als Schlüsselperson auszusuchen und deshalb nur einseitige, aus begrenzter Kenntnis gewonnene Informationen zu bekommen (vgl. den HOLLANDER 1965, S. 215 f.). Es ist aus diesem Grunde für einen Beobachter unerläßlich, die Qualität und die Zuverlässigkeit der Informationen systematisch zu überprüfen. Dies geschieht i.d.R. dadurch, daß man sich nicht nur auf eine Schlüsselperson verläßt, sondern versucht, auch noch andere Personen als Informanten zu bekommen. DEAN (1954, S. 235f.) versucht, eine Klassifikation möglicher Informanten aufzustellen. Er unterteilt sie in problemvertraute und besonders gutwillige Informanten. Zu den ersteren gehören etwa: Außenseiter ("outsiders"; Nicht-Mitglieder des Feldes), Neulinge (beobachten besonders scharf), Besitzer eines neuen Status (müssen sich noch "zur-Wehr-setzen"); zur zweiten Gruppe rechnet er u.a.: Außenseiter ("outs"; Mitglieder des Feldes, die von der Gruppe vernachlässigt werden), Frustrierte, Spezialisten und Routiniers (haben zwar keinen Einfluß, aber gute Kenntnisse über Gruppeninterna), Unterdrückte und Anlehnungsbedürftige.

1 c) Intensität der Interaktion

In der Diskussion um diesen Punkt geht es in der Hauptsache um das Problem der Teilnahme auf der einen und der nicht-Teilnahme auf der anderen Seite. Es ist das bereits angesprochene Problem ob Teilnahme und Nicht-Teilnahme als diskrete Merkmale anzusehen sind oder aber als Merkmale, die auf einem Kontinuum abgetragen werden können, dessen äußerste Pole Teilnahme bzw.Nicht-Teilnahme bilden (vgl. ATTESLANDER 1971, S. 135 f. und GOLD 1969, S. 33 f.).

Wenn man auch von dem Gegensatzpaar teilnehmende vs. nicht-teilnehmende Beobachtung ausgeht, so sind wir doch mit vielen Autoren der Ansicht, daß eine graduelle Unterscheidung von Beobachtungsverfahren hinsichtlich der Teilnahme sehr nützlich sein kann, ja sogar notwendig ist. So unterscheidet GOLD vier Typen einer Teilnahme, die zugleich unterschiedliche Rollen und ein entsprechendes Verhalten implizieren: 1. vollständige Teilnahme; 2. Teilnehmer als Beobachter; 3. Beobachter als Teilnehmer; 4. Reiner Beobachter ohne Feldinteraktionen. Auch von FINK werden vier Typen unterschieden, die ebenso wie die Typen von GOLD gleichzeitig innerhalb eines Forschungsprozesses auftauchen können:

1. "Genuine Teilnahme: völlige Integration des Beobachters;
2. Pseudo-Teilnahme (KLUCKHOHN): Teilnahme wird begrenzt durch die Rolle und Aufgabe des Beobachters;
3. Unvollständige Teilnahme (MALINOWSKI): geringe Interaktion bei starker Betonung der Beobachtung, der der Beobachter erkennbar nachgeht;
4. Techniken der nicht-teilnehmenden Beobachtung: der Beobachter arbeitet indirekt mittels Informanten oder Interviews" (zitiert nach FRIEDRICHS und LÜDTKE 1973, S.47)

FRIEDRICHS und LÜDTKE (ebenda) stellen nun die Frage, ob es sich tatsächlich um ein Kontinuum handelt, bei dem sich die Beobachtungschancen mit steigender Teilnahme verringern würden. Sie machen den Vorschlag eines zweidimensionalen Modells, "bei dem der Grad der Schulung, Präzision des Beobachtungsschemas und Supervision die Unabhängigkeit der beiden Dimensionen Teilnahme und Beobachtung bestimmen würden". Es wird zwar in fast allen diesen Klassifikationsversuchen die Existenz eines Kontinuums unterstellt, womit aber keineswegs bereits etwas über steigende bzw. fallende Beobachtungschancen gesagt ist. Vielmehr bringt eine verstärkte Teilnahme zusätzliche, neue Probleme für die Beobachtung mit sich, die gerade für diese Art der Beobachtung typisch sind. Diese Probleme können dann u.a. mit Hilfe der Vorschläge von FRIEDRICHS und LÜDTKE einer Lösung näher gebracht werden, ohne daß man bereits von einem zweidimensionalen Modell sprechen muß.

Das Ausmaß der Teilnahme bzw. Nicht-Teilnahme kann auf keinen Fall vom Beobachter selbst festgelegt werden. Es ist Aufgabe des Forschers, im Pretest und anderen Voruntersuchungen das

Beobachtungsfeld soweit abzuklären, daß er den jeweiligen Beobachtern genaue Anweisungen geben kann, wie intensiv ihre Partizipation an den Aktivitäten des Feldes sein soll, ohne damit die Möglichkeiten der Standardisierung und Kontrolle der Beobachtungen zu verringern.

Kriterien, nach denen sich das Ausmaß einer Teilnahme bestimmen ließe, wären etwa die folgenden:

1. Grad der Arbeitsteilung in einem Feld: je höher der Spezialisierungsgrad umso passiver wird eine Teilnahme sein müssen;
2. Grad der Expressivität der Interaktionen in einem Feld: je stärker die Interaktionen emotional - expressiv bestimmt werden, umso aktiver wird eine Teilnahme sein müssen, um nicht als Außenseiter zu gelten;
3. Ziele und Machtstrukturen eines Feldes bestimmen grundsätzlich die Möglichkeit einer teilnehmenden Beobachtung (Beobachtung von Verbrecherbanden oder von politischen Entscheidungsgremien).

JAHODA, DEUTSCH und COOK (1968, S. 89) plädieren für eine intensive Teilnahme in zwei Fällen: a) bei völliger Fremdheit des Untersuchungsfeldes, bei der ein Beobachter nicht mehr auf seine Lebenserfahrung zurückgreifen kann und b) bei völliger Vertrautheit mit dem Untersuchungsfeld.

Die Intensität der Teilnahme ist also nur begrenzt zu manipulieren. Ein Beobachter sollte aber noch auf zwei weitere Aspekte achten, die ebenfalls mit seiner Teilnahme zusammenhängen: Aufgrund der Übernahme einer bestimmten Rolle im Feld können Verzerrungen auftreten, die den unterschiedlichen Zugang zu bestimmten Gruppen und Situationen betreffen. Bestimmte Rollen sind nur in spezifischen Situationen bedeutsam, die dann u.U. verstärkt in den Beobachtungen wiederkehren. Zur Vermeidung dieses Ungleichgewichts in seinen sozialen Beziehungen sollte sich ein Beobachter dann verstärkt den übrigen Situationen bzw. Gruppen zuwenden. Weiterhin sollte er darauf achten, nicht so sehr als initiierender Partner im Feld aufzutreten, sondern mehr als reagierender Partner, d.h., er sollte Zurückhaltung in den Interaktionen im Feld üben, um nicht in Gefahr zu geraten, zur dominierenden Person zu werden.

2 a) "Going native"

Besonders bei den Typen Nr. 2 (GOLD und FINK) tritt das Problem des "going native" auf, das von anderen Autoren auch als "over-identification" oder als "over-rapport" (MILLER 1969, S. 87 ff.) bezeichnet wird. Was ist damit gemeint?

Der teilnehmende Beobachter übernimmt die Urteilsmaßstäbe und Verhaltensmuster der Akteure im Feld und beginnt sich mit ihnen zu identifizieren. Er droht damit die Fähigkeit zu verlieren, sich auf seine Beobachtungsaufgaben zu konzentrieren, Gruppenbesonderheiten herauszufinden und sich z.B. ganz den Beobachtungskategorien zu widmen, die ihm ein Beobachtungsschema vorschreibt. Damit sind aber dann seine Aufzeichnungen für die Untersuchung selbst wertlos geworden, da die notwendige Vergleichbarkeit mit den Beobachtungen anderer Beobachter nicht mehr gewährleistet ist. Ein solcher Beobachter hat die erforderliche Distanz zu seinem Beobachtungsobjekt verloren, seine Beobachtungen werden ungenau und seine Aufzeichnungen verzerrt.

2 b) Intra-Rollenkonflikt

Bei dem Versuch das Problem des "going native" zu vermeiden, können neue Fehler und Probleme auftauchen, die man als Intra-Rollenkonflikte bezeichnen kann. Vom Forschungsauftrag her ist der teilnehmende Beobachter gehalten, Distanz zu wahren, sich affektiv neutral in den Dienst der Forschung zu stellen, d.h., seine Teilnahme nur auf das für den Auftrag notwendige Maß zu beschränken, darüberhinaus aber sich möglichst jeder Interaktion zu enthalten; von seiner Beobachterrolle her muß er sich gleichzeitig entgegengesetzt verhalten: um überhaupt Beobachtungen machen zu können und Informationen zu erhalten, muß er sich den Akteuren gegenüber nicht affektiv neutral verhalten, sondern gerade affektiv. Dies bedeutet dann oft eine Überforderung einzelner Beobachter, eine Tatsache, auf die auch FRIEDRICHS und LÜDTKE (1973, S.48, lo8 f.) in ihrer Studie gestoßen sind. Je länger der teilnehmende Beobachter zu einer solchen Haltung vom Untersuchungsziel her gezwungen ist, umso größer ist die Wahrscheinlichkeit eines Auftretens von Intra-Rollenkonflikten.

Ähnliche Schwierigkeiten können aber auch beim Gebrauch von standardisierten Verfahren nicht ganz vermieden werden. Denn dann kann ein Beobachter u.U. gezwungen sein, Aktionen so zu sehen, wie es das Schema verlangt, nicht aber so, wie es seiner eigenen Interpretation entsprechen würde, d.h., seine persönliche, individuelle Klassifikation des Ereignisses stimmt nicht mit der tatsächlich durchgeführten überein. Ein Beobachter, dem dies wiederholt widerfährt, beginnt an seiner Beobachtungsfähigkeit zu zweifeln, zumal er darauf vertrauen sollte, daß bei der Konstruktion des Schemas keine Fehler begangen wurden.

Verzerrungen, die auf "going native" oder auf Intra-Rollenkonflikten beruhen, lassen sich nur durch intensive Schulung, kontinuierliche Kontrolle der Beobachter und durch das Besprechen der aufgetretenen Schwierigkeiten beheben, nicht aber durch eine intensive Teilnahme (ohne Beobachtertätigkeit), die von einzelnen Beobachtungsperioden unterbrochen wird. Hier wird die Integrationskraft eines sozialen Systems so groß, daß sich ein Beobachter dieser Kraft nicht mehr entziehen kann. Ein auch nur temporäres "sich-Absetzen" aus einem System zum Zwecke der Beobachtung wird nicht mehr möglich sein.

Eine Veränderung im Rollenverständnis und den Rollenerwartungen ist zu beobachten, wenn wir einzelne Phasen der Feldforschung untersuchen. WEINBERG und WILLIAMS (1973) unterscheiden folgende fünf Phasen: 1. Annäherung; 2. Orientierung; 3. Initiation; 4. Assimilation; 5. Abschluß. Betrachten wir jetzt nicht den Beobachter isoliert, sondern sehen ihn in einem Dreiecksverhältnis "Beobachter-Beobachtete-Außenstehende" eingebettet, dann sehen wir, daß die unterschiedlichsten Rollenerwartungen an ihn herantreten. Zu Beginn der Untersuchung sind diese Erwartungen noch relativ einheitlich; mit fortschreitender Dauer aber zeigt sich eine Diskrepanz in diesen Erwartungen: die Distanz zu den Erwartungen der Außenstehenden wird größer, die zu den Beobachteten kleiner; in der Abschlußphase fallen dann die Erwartungen des Feldforschers an sich selbst und die der Beobachteten wieder auseinander. Diese Beziehungen stellen WEINBERG und WILLIAMS (1973, S. 86) in folgender Zusammenfassung dar:

Abb.5: Der Feldforscher in der Perzeption durch Beobachtungspersonen, Außenstehende und sich selbst, bezogen auf die Phasen der Forschung

Phase	von Bpn betrachtet als	von Außenst. betrachtet als	von sich selbst betrachtet als
Annäherung	Eindringling	Voyeur	Verkäufer
Orientierung	Neuling	privater Lieferant vertraulicher Informationen	Fremder
Initiation	Prüfling	Pseudo-Akademiker	Anfänger
Assimilation	gewöhnliches Mitglied	öffentlicher Verteidiger	wahrhaft Gläubiger
Abschluß	Deserteur	Experte	jemand, der seine Arbeit beendet hat

4.2.1.4. Das Beobachtertraining und die Beobachterkontrolle

Eine besondere Schulung der Beobachter ist bei allen Verfahren notwendig, bei denen wir eine Trennung von Forscher und Beobachter vornehmen müssen. Dabei ist dieses Problem bei einer strukturierten nicht-teilnehmenden Beobachtung nicht so schwerwiegend wie bei allen teilnehmenden strukturierten Verfahren, da in ersteren ja "nur" eine Einübung im Gebrauch der Beobachtungskategorien zu erfolgen hat, während in letzteren durch die Beobachtung komplexer Felder an die Beobachtungsfähigkeiten der Beobachter besonders große Anforderungen gestellt werden. Allerdings sollte man sich als Forscher nicht nur auf die Instruktionen während einer Schulung beschränken, sondern auch eine kontinuierliche Kontrolle und Überwachung der Beobachter vornehmen.

Es gibt wohl keine Methode der Datensammlung, bei der die "Güte" der Daten so sehr vom Verhalten der Forschungspersonen abhängig ist wie bei der teilnehmenden Beobachtung. Dies führt dann zu der Notwendigkeit, die Beobachter intensiv zu schulen und sie während des Beobachtungsprozesses zu kontrollieren und zu betreuen. Sowohl die Schulung als auch die Überwachung sind in sich abgeschlossene Prozesse einer Verhaltenssteuerung und Verhaltensbeeinflussung.

Im Training soll zuerst einmal das Wahrnehmungsvermögen getestet und sensibilisiert werden: die Beobachter sollen lernen, welche Fehler in der Perzeption möglich sind und wie man sie vermeidet; neben dieser Minimierung der "natürlichen" Selektion sollen sie aber auch gleichzeitig in die methodisch beabsichtigte Selektion (mittels Beobachtungskategorien) eingewiesen werden. Dies alles erfordert einen sowohl zeitlich wie auch methodisch erheblichen Aufwand, der noch dadurch vergrössert wird, daß neben den Wahrnehmungsproblemen noch andere Probleme in einem Training zu lösen sind: Auswahl der Beobachter mit Hilfe von Pretests und Schulung der Beobachter in verschiedenen Rollen, die es im Feld zu übernehmen gilt. Letzteres ist für eine teilnehmende Beobachtung das wohl wichtigste Problem und kann nur in einzelnen Stadien vermittelt werden. Zur Diskussion dieser Problematik greifen wir auf das entsprechende Kapitel bei FRIEDRICHS und LÜDTKE (1973, S.200 ff.) zurück, die der Schulung ihrer Beobachter für ihre Studie große Aufmerksamkeit schenkten.

Im ersten Pretest "werden die gegebenen Feldbebedingungen für die Definition allgemeiner Rollen (Bedeutung von Alter, Geschlecht, Status, Qualifikation, Muster der vorherrschenden Aktivitäten, Autoritätsstruktur) sowie der Teilnahme eines Beobachters (Intensität der Interaktion, offene vs. verdeckte Beobachtung, spezifische vs. allgemeine Rollen) untersucht" (FRIEDRICHS und LÜDTKE 1973, S. 211). Dies erfolgt in der Regel durch explorative Beobachtungen seitens der Forscher oder auch durch Auswertung von Literaturberichten. Die Ergebnisse eines solchen Pretests gelten als Grundlage einer ersten Schulungsphase und sollen den einzelnen Beobachter mit den Gegebenheiten des Beobachtungsfeldes vertraut machen. Es folgt dann eine Einweisung in besondere Beobachtungsmethoden bzw. in die Benutzung von Beobachtungsschemata, sowie eine Diskussion über Ziele und Methoden der Untersuchung und über die Rollenstrukturen im Feld; letzteres ist dann verbunden mit einer Schulung für die Übernahme spezifischer Rollen.

Im zweiten Pretest sollen dann die ersten Probebeobachtungen der Beobachter erfolgen und gleichzeitig das erarbeitete Instrumentarium überprüft werden. Im Anschluß daran beginnt die nächste Schulungsphase mit dem systematischen Rollentraining (endgültige Festlegung der allgemeinen Rollen und des Spielraums in der Übernahme; Analyse der Rollenkonflikte bei Übernahme spezifischer Rollen; Ausarbeitung eines allgemeinen Orientierungsschemas für die Übernahme spezifischer Rollen und des entsprechenden Verhaltens; Simulation von Situationen und Abläufen (Gruppendiskussionen und Rollenspiele), die vom Forscherteam ausgewertet werden; vgl. FRIEDRICHS und LÜDTKE 1973, S. 211 f.).

Ist zwischen den ausgewählten Beobachtern und den Forschern über diese Rollenprobleme Einigkeit erzielt worden (Einigkeit in Bezug auf die Definition und Interpretation allgemeiner und spezifischer Rollen und über das zugrunde liegende Verhalten), dann kann man allgemeinere Verhaltensregeln formulieren, die im Feld als Routinestütze dienen können. FRIEDRICHS und LÜDTKE (1973, S. 213 f.) stellen in ihrer Freizeitstudie einen solchen Katalog vor, der folgenden Inhalt hat:

"1. Werde mit allen bekannt und erkläre jedem den Grund deiner Anwesenheit klar und kurz. Gib detaillierte Auskunft jedem, der daran interessiert ist. Die Erklärungen sollen so allgemein sein, daß deine späteren Aktivitäten auch ohne neue Erklärung sinnvoll erscheinen.

2. Begrüße jeden

3. Bitte um Informationen und Mitarbeit diejenigen,mit denen Du einen persönlichen Kontakt angebahnt hast. Wende Dich zuerst an anerkannte Schlüsselpersonen; von ihnen wirst Du am meisten erfahren und ihnen folgen viele andere. Suche die Mitarbeit von Teilnehmern, die selber scharfe Beobachter sind und in strategischen Positionen der Beobachtung sind. Versuche sie für deine Arbeit zu interessieren und bitte sie um Kritik deiner eigenen Ergebnisse.

4. Vermeide Diskussionen über strittige Fragen

5. Versprich, keinen Klatsch oder vertrauliche Mitteilungen zu verbreiten

6. Interagiere täglich gleichmäßig mit vielen Besuchern und dem Personal

7. Vermeide unbedingt, in die Rolle eines Günstlings gegenüber einer Gruppe oder einer Person zu geraten. Trage keine unkontrollierten Spannungen in das Heimgeschehen hinein

8. Stelle deine eigene Rolle durch Mitarbeit in den Gruppen als Gleichberechtigten dar. In vielen Situationen wünschen die Teilnehmer keine allzu große Konformität. Die Rolle des praktizierenden Studenten ist dafür besonders gut geeignet

9. Nimm so sehr wie möglich an den Aktivitäten des Heims teil, ohne dein Beobachtungsinteresse zu vergessen
10. Es darf sich um den Beobachter weder ein Gerücht noch ein Geheimnis bilden
11. Ziehe dich aus Situationen zurück, in denen Du Dich persönlich engagieren möchtest (Vermeidung der Wirkungen von Aggressionen, Frustrationen und Einfluß)
12. Sei unparteiisch und neutral wie möglich, auch wenn Du Dich bestimmten Gruppen mehr als anderen zugehörig fühlst
13. Vermeide intime Kontakte außerhalb des Heims
14. Nimm Dir Zeit und sei nicht zu eifrig, bevor Du den ganzen Betrieb in Ruhe kennengelernt hast
15. Gib in Deinen Tagebuchaufzeichnungen und Protokollen zu erkennen, ob Dir die beobachtete Situation derart vertraut ist, daß Du bei ihrer Beschreibung auf Deine Lebenserfahrung zurückgreifen kannst oder ob sie Dir im Gegenteil sehr fremd ist
16. Beim Protokollieren von Gesprächen, Äußerungen, Antworten, Reaktionen und anderen verständlichen Verhaltens versetze Dich _entweder_ in die Rolle eines _durchschnittlichen Gruppenmitglieds_ _oder_ in die des _Handelnden_ selbst. Gib an, welchen Bezug Du bei der Beschreibung gewählt hast."

Diese Verhaltensregeln sind zwar an der spezifischen Situation eines Jugendfreizeitheimes ausgerichtet und nur für eine "offene" Beobachtung gedacht, stellen aber dennoch einen Katalog dar, der durch die Abwandlung einiger Punkte eine allgemeinere Bedeutung erhalten könnte. Wir können damit diese Regeln auf eine unbegrenzt große Vielfalt von komplexen Beobachtungsfeldern beziehen.

Ein weiterer Aspekt einer Beobachterschulung kann sich auf die Auswahl der Schlüsselpersonen im Feld, sowie auf die Befragung sogenannter Experten richten. Beides sollte man nicht der Entscheidung der Beobachter überlassen, sondern versuchen, die Auswahl solcher Personen an den Gegebenheiten des Feldes auszurichten. Die Schwierigkeit für jeden Beobachter liegt ja gerade darin, zu entscheiden: 1. Wer ist ein geeigneter Informant auf bestimmten Sektoren oder für das gesamte Feld bzw. wer kann als Schlüsselperson angesehen werden? 2. Sind die Angaben der Schlüsselpersonen und Informanten zuverlässig? und 3. Sind diese Angaben repräsentativ oder einseitig? Diese Probleme lassen sich kaum generell lösen; es bedarf dabei vielmehr der genauesten Beobachtung der Struktur und der Größe eines Beobachtungsfeldes. Die entsprechenden Voruntersuchungen sollten aber bereits vor der ersten Schulungsphase erfolgt sein. FRIEDRICHS und LÜDTKE (1973, S. 214 ff.) geben unter dem Gesichtspunkt ihrer Studie eine genaue und sehr ausführliche Darstellung von Lösungsversuchen.

Die Überwachung der Beobachter während der Feldarbeit soll sich nicht nur auf eine Kontrolle der Beobachter beschränken, sondern zusätzlich eine Beratung und Unterstützung durch das Forscherteam gewährleisten, um auftretende Probleme und Schwierigkeiten aus dem Wege zu räumen und eventuell noch notwendige Änderungen oder Modifikationen im Forschungsdesign zu ermöglichen. Neben der Schulung ist also die Überwachung ein weiterer Beitrag zu Fehlerminderung von Beobachtungsdaten.

Die Kontrolle richtet sich dabei auf den Gebrauch der Beobachtungsinstrumente durch den Beobachter und auf den Einsatz der Beobachter. Mit Recht stellen FRIEDRICHS und LÜDTKE (1973, S. 218 ff.) die zusätzliche Bedeutung der Überwachung heraus, um durch Tätigkeitsberichte der Beobachter, Probleme und Schwierigkeiten zu identifizieren. Diese werden dann in gemeinsamen Sitzungen besprochen und in erneuten Schulungsstunden gelöst. Dabei lassen sich zwei Hauptprobleme herausstellen:
1. die instrumentellen Beobachterprobleme
2. die Probleme der Rollenkonflikte.

Die instrumentellen Beobachterprobleme beinhalten im wesentlichen die Probleme, die durch den Gebrauch eines Beobachterschemas hervorgerufen werden (vgl. Abschnitt 4.2.2.) sowie technische Probleme (Hilfsmittel zu einer Beobachtung können nicht benutzt werden; ein Beobachter hat zu bestimmten Situationen keinen Zutritt); ebenfalls in diesen Bereich gehören die Veränderungen im Beobachtungsfeld, die nicht zu prognostizieren sind (strukturelle Veränderungen, Konflikte u.ä.). Wie bereits im Abschnitt 4.2.1.3. gezeigt wurde, sind Rollenkonflkite für jeden Beobachter fast unvermeidbar, sieht er sich doch in dem Zwiespalt, sowohl Beobachter als auch Teilnehmer zu sein. "Es kann daher nicht vorrangige Aufgabe der Supervision sein, diese Konflikte prinzipiell auszuschließen oder die Wahrscheinlichkeit ihres Auftretens zu verringern, sondern vielmehr ihre unerwünschten Folgen für den Beobachter und methodische Konsequenzen für die Zuverlässigkeit der Untersuchung zu minimieren" (FRIEDRICHS und LÜDTKE 1973, S.223).

Die besondere Problematik der Rollenkonflikte wird deutlich, wenn wir uns an die analytische Unterscheidung zwischen Intra- und Inter-Rollenkonflikte erinnern (vgl. Abschnitt 4.2.1.3.) und gleichzeitig die Komplexität von Beobachtungsrollen beachten, die sich aus mindestens drei Bezugsebenen ergibt, auf denen der Beobachter agiert:

a) verschiedene Bezugssysteme der Methode (Beobachter vs. Teilnehmer)
b) verschiedene Bezugsgruppen im Feld (Akteur A vs. Akteur B)
c) verschiedene Rollen im Feld (Funktion x vs. Funktion y)

Aus dieser Klassifikation entwickeln FRIEDRICHS und LÜDTKE (1973, S. 224 f.) eine Typologie möglicher Rollenkonflikte des teilnehmenden Beobachters, die einem Supervisor ein gezielteres Einschreiten erlauben:

Abb. 6: Typen von Rollenkonflikten des teilnehmenden Beobachters

Konfliktebene	Rollenebene	Gegensätzliche Erwartungs- und Bezugsysteme
Intra-Rollenkonflikte	1.1. Rolle des Forschers	Beobachtung vs. Teilnahme
	1.2. Allgemeine Rolle im Feld	Akteur A vs. Akteur B
Inter-Rollenkonflikte	2.1. Teilnehmender Beobachter	Akteure vs. Untersuchungsleiter
	2.2. Feldrollen	Allgemeine vs. spezifische Rolle
	2.3. Feldrollen	Spezifische Rolle A vs. spezifische Rolle B

Die Zeitpunkte, an denen bestimmte Typen von Rollenkonflikten auftreten und mit welcher Intensität und bei welchem Beobachter sie auftreten, sind prinzipiell nicht prognostizierbar; ebenfalls nicht, ob sich einzelne Typen kumulieren oder gegenseitig aufheben. Das bedeutet für das Überwachungsteam: die Beratung und die Hilfe zur Lösung dieser Konflikte muß sofort dann einsetzen, wenn von ihrem Auftreten berichtet wird bzw. wenn das Team solche Konflikte selbst feststellt.

Grundsätzlich lassen sich wenigstens die Typen 1.1. bis 2.1. durch intensive Schulung, Pretests und Rollentraining annähernd vermeiden, während man die anderen beiden Typen auch durch einen noch so hohen Aufwand an Untersuchungsvorbereitungen nicht ausschalten kann.

Zu den einzelnen Typen von Rollenkonflikten geben FRIEDRICHS und LÜDTKE (S. 225-227) einige systematische Hinweise allgemeinerer Art:

ad 1.1. und 2.1.:

Es muß versucht werden, das kognitive Distanzierungs- und Differenzierungsvermögen der Beobachter zu verstärken (Beobachtung in Intervallen, Einschränkung der Teilnahme);

ad 1.2.:

Es sollte immer nur das Forschungsziel dafür maßgebend sein, ob man sich nach den gemeinsamen Verhaltenserwartungen verschiedener Akteure eines Beobachtungsfeldes richtet oder nur nach den Erwartungen eines einzelnen Akteurs bzw., sich den Erwartungen eines Akteurs mehr anzupassen als denen eines anderen;

ad 2.2.:

Ursache dieses Konfliktes ist die Unvereinbarkeit einer offiziellen Beobachterrolle mit den aus formellen Kontakten resultierenden Erwartungen einzelner Akteure. Lösungen wären etwa: a) eine Reduktion der Interaktion mit bestimmten Akteuren auf das mit dessen allgemeiner Rolle verbundene Verhalten und b) gegenüber bestimmten Akteuren diejenigen Rollen abzubauen, die als Störfaktor für Beziehungen in Frage kommen;

ad 2.3.:

Hier wird dem Beobachter in der Regel eine ähnliche Strategie vorgeschlagen, wie unter "b" im vorigen Absatz.

Außerdem hat eine der Überwachungspersonen immer die Möglichkeit, durch Intervention im Feld selbst (Befragung von Schlüsselpersonen und Experten) die Position eines Beobachters genauer zu definieren und die an ihn gestellten Erwartungen zu bestimmen.

Als letzte Möglichkeit sind schließlich das Auswechseln von einzelnen Beobachtern anzusehen bzw. die zeitweilige Entbindung eines Beobachters von seiner Beobachtertätigkeit.

4.2.2. Probleme einer strukturierten Beobachtung - Das Beobachtungsschema -

4.2.2.1. Allgemeine Kennzeichnung der Problematik

Über den Begriff der strukturierten Beobachtung gibt es eigentlich keine kontroversen Auffassungen in der soziologischen Literatur. I.d.R. versteht man darunter, daß durch die Standardisierung der Beobachtungen mittels eines Beobachtungsplans oder eines Beobachtungsschemas der einzelne Beobachter einer besonderen Kontrolle unterworfen ist. Damit wird dann auch die Möglichkeit eingeschlossen, entsprechende Beobachtungen beliebig oft wiederholen zu können (unter der Voraussetzung, daß sich in der Zwischenzeit keine Veränderungen im Feld ergeben haben, ist damit die Vergleichbarkeit gesichert) und von mehreren Beobachtern vornehmen zu lassen. Kontrollen,die sich auf das Beobachtungsobjekt selbst richten, werden wir dagegen nicht mehr als zur hier zu behandelnden Problematik gehörig betrachten, da wir ja die bewußte Manipulation der Beobachtungsobjekte in Beobachtungsverfahren ausschließen wollten.

Wir beschränken damit das Problem strukturierter Beobachtungen auf die Kontrolle des Forschungspersonals durch ein Beobachtungsschema, in dem die Selektion von Beobachtungsgesichtspunkten nicht dem einzelnen Beobachter freigestellt ist, sondern verbindlich vorgeschrieben ist. Dieser Zwang zur Ausrichtung der Beobachtungsakte hat sowohl Vor- als auch Nachteile: durch die vorherige Bestimmung dessen, was beobachtet werden soll, können die Fehler, die bei der Festlegung gemacht worden sind, nicht mehr in der Beobachtung selbst korrigiert werden: strukturierte Beobachtungen sind weniger flexibel als unstrukturierte Beobachtungen. Eine vorherige Bestimmung von Beobachtungsgesichtspunkten bringt dagegen eine Reihe von Vorteilen mit sich: Einsatz mehrerer Beobachter; Wiederholung der Beobachtungen; Erleichterung der Auswertung; besserer Zugang für Außenstehende zur Bewertung der Ergebnisse (vgl. dazu auch unsere Überlegungen aus Abschnitt 3.1.).

Welche Aufgaben hat nun das Beobachtungsschema und welche Probleme lassen sich bei der Behandlung dieser Aufgaben aufzeigen? Befassen wir uns zuerst mit den Aufgaben und leiten dann daraus die einzelnen Probleme ab.

Das Beobachtungsschema ist ganz allgemein der Plan, "der angibt, was und wie zu beobachten ist" (FRIEDRICHS und LÜDTKE 1973, S. 6o). Es dient sowohl der Standardisierung der Beobachtung als auch der Konzentration der Beobachter auf die für eine Untersuchung relevanten Dimensionen eines Beobachtungsfeldes. In ihm sollen die Beobachtungseinheiten definiert sein, die relevanten Dimensionen angesprochen werden und Beispiele der Beobachtungssprache gegeben werden, in der beobachtet werden soll. FRIEDRICHS und LÜDTKE (ebenda) sehen in ihm die Zusammenfassung der operationalisierten Hypothesen, die vom Forscherteam aufgestellt wurden und aus soziologischen Theorien abgeleitet sein sollten. In einer ähnlichen Weise sieht auch WEICK (1968, S. 421 f.) das Beobachtungsschema (Kategoriensystem):

> "Categories are exhaustive of the type of behavior that is recorded, they are derived from theory, they are recorded rapidly with little observer strain (the observer records an act and then forget it) and they focus on selected behaviors".

Damit haben wir die beiden Hauptaufgaben eines Beobachtungsschemas identifiziert: ein Mittel zur Kontrolle und zur Lenkung der Beobachtung zu sein.

Zwar haben wir auch eine Reihe von technischen Hilfsmitteln (Tonbändern, Filmkameras etc.) zur Verfügung, mit denen eine Kontrolle der Beobachtung möglich ist, aber ihre Einsatzmöglichkeiten sind doch begrenzt (sie können nicht in allen Feldern Verwendung finden; nur verbales Verhalten kann aufgezeichnet werden). (Vgl. dazu auch die Probleme des Einsatzes von Geräten bei WEICK 1968, S. 412 ff.). In besonders ausgearbeiteten Beobachtungsschemata, so etwa bei BALES und CHAPPLE (vgl. Abschnitt 7.2. und 7.4.1.) haben sich dagegen solche Hilfsmittel (hier als Verhaltensschreiber bezeichnet) ausgezeichnet bewährt, dienen sie doch nicht allein zur Kontrolle der Beobachtungen, sondern auch als Mittel zur Erleichterung der Aufzeichnung.

Gegenüber den Problemen eines Beobachtungsschemas können wir für die strukturierte Beobachtung das Beobachterproblem sicher vernachlässigen. In den meisten Verfahren wurde in einem Laboratorium gearbeitet, in dem die Beobachter von den zu Beobachtenden räumlich durch einen Ein-Weg-Spiegel getrennt waren. In einer systematischen Variation von Beobachtungsbedingungen (Anwesenheit des Beobachters im Feld selbst; versteckter Beobachter hinter dem Spiegel mit und ohne Kenntnis der Versuchspersonen) konnte BALES (195ob) keine Verhaltensunterschiede feststellen. Inwieweit bei diesen Ergebnissen die Laboratoriumssituation eine "verhaltensangleichende" Rolle gespielt hat, ist umstritten, da in einigen anderen Untersuchungen die Abhängigkeit des Verhaltens von unterschiedlichen Bedingungen ermittelt werden konnte (vgl. die Diskussion des sog. "experimenter effects" bei ZIMMERMANN 1972, S. 25o ff.).

Wenn wir die Ausstrahlungen, die selbst von einem verborgenen Beobachter ausgehen können, nicht verharmlosen dürfen, so wird in der Literatur, die sich mit Problemen einer strukturierten Beobachtung beschäftigt, doch angenommen, daß diese Effekte nur kurzfristig, im Anfang einer Untersuchung auftreten.Grundsätzlich sollten wir vielleicht festhalten, daß die bloße Anwesenheit eines Beobachters - ohne gleichzeitige Teilnahme und Übernahme einer Rolle - mit Sicherheit Auswirkungen auf das Verhalten von Versuchspersonen haben wird, da wir "keine verbindlichen Beziehungsmuster oder Rollen für ein Nicht-Mitglied haben, das ständig anwesend ist, aber nicht teilnimmt" (GOOD und HATT 1952, S. 122). Daher werden wir auch in Untersuchungen, die mit Beobachtungen arbeiten, i.d.R. den Versuch finden, einen Beobachter als teilnehmenden Akteur im Feld selbst auftreten zu lassen oder ihn aber völlig abzutrennen.

Die Beschäftigung mit dem Beobachtungsschema als dem Hauptmittel zur Kontrolle von Beobachtungen muß die Beantwortung etwa folgender Fragen zum Ziel haben: Wie kann ein Beobachtungsschema erarbeitet werden? Auf welchen Systemen ist es aufgebaut? Welchen Kriterien müssen die in einem Schema vorkommenden Kategorien genügen? In welcher Form muß ein Schema inhaltlich und sprachlich geordnet sein?

4.2.2.2. Die Konstruktion eines Beobachtungsinstruments

Unter Beobachtungsinstrument wollen wir in diesem Zusammenhang die Gesamtheit aller zur Kontrolle von Beobachtungen geeigneten Beobachtungsleitfäden verstehen, ohne uns dabei zunächst auf den unterschiedlichen Grad an Präzision in einem Leitfaden zu beziehen oder dessen unterschiedlichen Aufbau anzusprechen. Beobachtungsinstrument ist damit jeder Leitfaden, der die Gerichtetheit von einzelnen Beobachtungsakten verfolgt, aber auch jede Verfeinerung eines Leitfadens durch die Ausarbeitung verschiedenartiger Systeme zur Lenkung und Kontrolle der Beobachtungen (in diesem Fall wollen wir von einem Beobachtungsschema sprechen).

Wir wollen in diesem Abschnitt versuchen, die weiter oben aufgeworfenen Fragen zu beantworten.

a) Konstruktion eines Beobachtungsleitfadens
In der Literatur werden zwei Ansätze diskutiert, um zu einem Leitfaden zu gelangen: ein rationaler und ein empirischer An-

satz (vgl. dazu WEICK 1968, S. 4o2 und CRANACH und FRENZ 1969, S. 289). Im rationalen (deduktiven) Ansatz versucht man, aus einer Theorie oder aus einer Verbindung mehrerer Theoriestücke Hypothesen abzuleiten. Aus diesen werden dann mittels Operationalisierungen bestimmte Verhaltenselemente bestimmt, deren Beobachtung mit Blickrichtung auf das gestellte Forschungsproblem sinnvoll ist. Das Problem besteht hier in der Umsetzung theoretischer Konstrukte in erhebbare, d.h. beobachtbare Sachverhalte. Es ist also schwierig zu beurteilen, ob aufgetretene Fehler auf die Beobachtung oder auf die Operationalisierungen zurückzuführen sind.

Im empirischen (induktiven) Ansatz geht man von bereits beobachteten Verhaltenselementen aus, die man in einem System zusammenfaßt, ohne von Anfang an einen übergreifenden theoretischen Bezugsrahmen zu besitzen. Erst danach versucht man einem solchen System einen Bezugsrahmen und damit ein theoretisches Konzept zu geben. Diese Methode ist ziemlich zeitraubend, da man ein ganzes Spektrum von Verhaltensweisen beobachtet und zusammengetragen haben muß, ehe man eine übergreifende Theorie bilden kann. Der mangelnde Bestand brauchbarer Theorien in den Sozialwissenschaften wird einem Forscher aber manchmal keinen anderen Weg offen lassen, als diesen.

In der Praxis ist die Unterscheidung zwischen beiden Ansätzen etwas künstlich, da sich, wie auch WEICK (1968, S. 4o2) betont, beide Ansätze während der Anfangsphase einer Beobachtung miteinander verbinden. Gleichgültig mit welchem Verfahren man beginnt, so wird sich doch schließlich eine fruchtbare Wechselbeziehung zwischen beiden Ansätzen einstellen. Dieser Prozeß wird sich immer in einem Pretest vollziehen müssen, in dem sich ein fortwährend abgeändertes Schema solange an der Wirklichkeit überprüfen lassen muß, bis es diese zu spiegeln in der Lage ist.

b) Aufbau eines Beobachtungsschemas

Wie wir bereits einmal kurz angesprochen hatten (S. 9o) stellt ein Beobachtungsschema an seine Benutzer je nach Aufbau unterschiedliche Anforderungen. Es werden i.d.R. drei Arten von Systemen unterschieden, auf denen ein Beobachtungsschema aufgebaut ist: ein Zeichensystem, ein Kategoriensystem und Schätzskalen (vgl. CRANACH und FRENZ 1969, S. 271 ff.), wobei vielleicht die Unterscheidung zwischen den ersten beiden und Schätzskalen nicht immer zutreffend ist, da sie sich gegenseitig nicht ganz ausschließen (Schätzskalen gehen häufig in Zeichen- und Kategoriensystemen ein). Eine andere Unterscheidung ist dagegen in der deutschsprachigen Literatur recht geläufig, die nach einem Merkmalssystem und einem Kategoriensystem trennt. (Vgl. dazu die deutsche Bearbeitung des Aufsatzes von MEDLEY und MITZEL 1963 durch SCHULZ, TESCHNER und VOGT 197o, S. 77o ff.). Diese Unterscheidung trifft sich im wesentlichen mit der Trennung nach Zeichen- und Kategoriensystemen.

Zeichensysteme verlangen nur das Erkennen, ob bestimmte Verhaltensweisen auftauchen oder nicht. Dabei stehen diese Zeichen von Anfang an fest und beanspruchen keine vollständige Erfassung von Verhaltensweisen. Der größte Teil eines Verhaltensspektrums ist im Rahmen eines Zeichensystems irrelevant; aufzuzeichnen ist nur das Auftreten eines bestimmten, vorher festgelegten Verhaltens, das damit eine Zeichen- oder Signalfunktion für den Beobachter hat, dieses Verhalten aufzuzeichnen.

Kategoriensysteme unterscheiden nicht zwischen relevanten und irrelevanten Verhaltensweisen. Hier soll jedes Verhalten in vorherfestgelegte Kategorien eingeordnet werden, die zudem eine vollständige Erfassung eines Verhaltensspektrums ermöglichen sollen. Während ein Beobachter in einem Zeichensystem mit einer Vielzahl von Zeichen arbeiten kann, ist die Zahl der Kategorien dadurch begrenzt, daß ein Beobachter ständig Urteile über Verhaltensweisen abgeben muß. Damit wird besonders wichtig, die Kategorien so zu definieren, daß die Verhaltensbeurteilung praktisch mit dem tatsächlichen Ablauf von Verhaltensweisen parallel laufen kann. Das bekannteste Kategoriensystem stammt von BALES und wird im Abschnitt 7.2.noch näher besprochen werden. Da die meisten Beobachtungssysteme auf Kategorien aufgebaut sind, werden wir uns mit den besonderen Problemen eines solchen Systems auch noch intensiver befassen müssen (vgl. im folgenden die Punkte c - e).

Schätzskalen (rating scales) bestimmen den Grad der Ausprägung einer zu beobachtenden Eigenschaft eines Objektes. Bei der Verwendung dieses Systems muß ein Beobachter zwei Leistungen erbringen: die Feststellung, daß ein bestimmtes, relevantes Merkmal aufgetreten ist und die gleichzeitige Beurteilung seines Ausprägungsgrades, die i.d.R. durch eine Zahl oder eine verbale Beschreibung mit Skalencharakter (stark-mittel-schwach) erfolgt. Es wird damit klar, daß man mit Schätzskalen sowohl in Zeichen- als auch in Kategoriensystemen arbeiten kann. Infolge der besonders starken Belastung eines Beobachters wird dieses Verfahren nicht sehr häufig benutzt, oder man beschränkt sich auf die Bewertung weniger, wichtiger Verhaltensweisen, während alle anderen nicht nach ihrem Ausprägungsgrad beurteilt werden.

Mit diesen kurzen Kennzeichnungen werden auch schon die unterschiedlichen Anforderungen deutlich, die die einzelnen Systeme an einen Beobachter stellen. Aufzeichnungen können immer nur einen Ausschnitt aus den sich abspielenden Gesamtvorgängen wiedergeben. In jedem der geschilderten Beobachtungssysteme wird nun eine Aufeinanderfolge von Ereignissen mehr oder weniger künstlich aufgespalten und verkodet. Dies erfordert bei allen Systemen eine gerichtete Aufmerksamkeit während der gesamten Beobachtungszeit.

Im Zeichensystem wird vom Beobachter nur eine Entdeckungsaufgabe wahrgenommen: er hat das Auftauchen eines Zeichens (Merkmals) zu registrieren; ein Verarbeitungsprozeß findet dabei nicht statt, d.h., es werden i.d.R. keine Urteile und Schlußfolgerungen abgegeben. In Kategoriensystemen sollen soziale Vorgänge in adäquate Einheiten zerlegt werden, worauf die sofortige Klassifizierung erfolgt. Die Entscheidung ist hier besonders schwierig, da die Zuordnung zu einer Kategorie bei jeder Reizänderung erfolgen soll. Damit liegt das Schwergewicht in diesem Fall in der Verarbeitungsphase. Im Ratingverfahren liegt ebenfalls der Schwerpunkt in der Verarbeitungsphase. Im Gegensatz zu den beiden anderen Systemen muß ein Beobachter aber mehr Informationen aufnehmen und verarbeiten; zur Anforderung an sein Urteilsvermögen tritt also noch die an seine Gedächtnisleistung, da die Informationen bis zur endgültigen Beurteilung gespeichert werden müssen.

c) Problem bei der Konstruktion von Beobachtungskategorien

Besonders im Abschnitt 3.1. haben wir immer von einem Beobachtungsschema gesprochen, das auf einem Kategoriensystem aufgebaut ist. Wir haben nun gesehen, daß es auch noch andere Möglichkeiten für ein Beobachtungssystem gibt; wir müssen aber gleichzeitig festhalten, daß unsere obige Unterstellung, als ob es nur ein Beobachtungssystem gebe, sich damit rechtfertigen läßt, daß die überwiegende Mehrzahl der Systeme Kategoriensysteme sind. Wir wollen uns deshalb im folgenden mit den Problemen befassen, die durch die Arbeit mit einem Kategoriensystem hervorgerufen werden, uns zunächst aber mit den konkreten Anforderungen an seine Beschaffenheit auseinandersetzen.

Kategoriensysteme in Beobachtungsverfahren sind nichts anderes als eine besondere Art von Klassifikationssystemen und müssen sich deshalb den gleichen Kriterien unterordnen wie diese (vgl. dazu auch unsere Erörterungen auf S. 43). Lassen wir das schwierige Problem der Dimensionalität eines Systems außer Betracht (es ist häufig umstritten, ob ein Kategoriensystem wirklich nur auf einer Dimension mißt oder nicht bzw. ob eine solche Forderung überhaupt berechtigt ist; vgl. dazu HOLM 197o, S. 694 ff.), dann verbleiben als wichtigste Forderungen:

1. Die Konkretion (Bestimmtheit) von Kategorien,d.h., für jede Kategorie sollte genau angebbar sein: das zu beobachtende Verhalten, die entsprechende Situation sowie die vorhergehende und die nachfolgende Situation; außerdem sollte die Beobachtungssprache präzisiert werden. Ein gutes Beispiel für eine, diesen Kriterien genügende Kategorie ist die Kategorie Nr. 16 im IPS System (vgl. BORGATTA und CROWTHER 1965, S. 3o):

> "In this category are scored the periods of tenseness that grow largely out of impasses or bankruptcy of conversation. Most of the scores that fall into this category are awkward pauses that occur for a group as a whole. These should be scored in terms of the apparent cycles of these pauses, which are usually punctuated by clearing of throats, looking around by one person or another, etc. For the whole group, however, it is sometimes noted that the level of participation grows more tense because of the general personal involvement of the group. When this is noticed for the group as a whole, a group score should be given also. In general, category 16 is a score that is applied to the group as a whole only".

2.Ausschließlichkeit von Kategorien: Eine bestimmte Verhaltensweise kann nur einer Kategorie, nicht aber mehreren Kategorien zugeordnet werden. Jede Kategorie muß also ein genau von anderen Kategorien abgrenzbares und abgegrenztes Verhalten beschreiben;

3. Kategorien müssen vollständig sein: wie wir bereits gesehen hatten, ist dies das wichtigste Unterscheidungskriterium zwischen einem Kategorien - und einem Zeichen - oder Merkmalssystem (vgl. S. 131). Alle beobachtbaren und tatsächlich beobachteten Verhaltensweisen müssen in entsprechenden Kategorien eingeordnet werden können, ohne daß ein Verhalten unkodiert bleibt. Kategoriensysteme sprechen deshalb häufig eine recht

abstrakte Sprache, d.h., die Kategorien sind nicht auf direkt beobachtbare Sachverhalte bezogen, sondern fassen verschiedene Manifestationen des gleichen oder eines ähnlichen Verhaltens unter einem übergeordneten Begriff zusammen. Es muß dann vor einer Beobachtungsserie geklärt werden, was man z.B. unter dem Begriff "Solidarität" verstehen will;

4. Die Forderung nach einer Begrenzung der Zahl der verwendeten Kategorien in einem System hat allein eine praktische Bedeutung und bezieht sich auf die begrenzte Unterscheidungsfähigkeit bei Beobachtern;

5. Die Forderung, daß Kategoriensysteme aus theoretischen Überlegungen abgeleitet sein sollten, ist nun sicherlich nicht leicht einzusehen, haben wir doch zwei mögliche Ansätze kennengelernt (vgl. S. 13o), von denen der empirische Ansatz gerade nicht diesen Weg beschreitet. Man sollte vielleicht diese Forderung dahingehend abändern, daß sich jedes Kategoriensystem zumindest in ein theoretisches Konzept einordnen lassen muß.

Viele Probleme in der praktischen Beobachtung entstehen dadurch, daß ein Kategoriensystem nicht vollständig ist, oder daß die Kategorien Probleme des Beobachtungsfeldes nicht treffen. Typische Fehler, deren Ursache in einer zu oberflächlichen Konstruktion der Kategorien liegen sind etwa folgende (vgl. FRIEDRICHS und LÜDTKE 1973, S. 221f.):

a) mangelnde Diskriminierung der Einheiten in der Wahrnehmung (das Beobachtungsfeld ist anders, als es im Schema angenommen wurde; Änderungen, die sich in der Zwischenzeit ergeben haben, können nicht erfaßt werden);
b) die beobachteten Einheiten sind umfassender als sie in den einzelnen Kategorien dargestellt wurden (die Kategorien differenzieren zu stark);

c) einzelne Kategorien lassen sich überhaupt nicht beobachten oder anwenden (das Beobachtungsfeld besteht aus anderen empirischen Dimensionen als denen, aus denen das Kategoriensystem nesteht);

d) die beobachteten Einheiten finden keine Entsprechung im Kategoriensystem (dies ist die eigentliche Unvollständigkeit eines Schemas).

Im folgenden wollen wir noch weitere Probleme ansprechen, die bei der Konstruktion von Kategoriensystemen beachtet werden müssen.

Kontextinformationen in einem Schema können für den Beobachter wichtig sein für die Zuweisung eines Verhaltens zu einer bestimmten Kategorie. Im allgemeinen sollte sich ein Beobachter nur selten auf den Kontext einer Situation (vorhergehende und nachfolgende Situation, Atmosphäre in einer Situation etc.) beziehen können. Ein zu starker Bezug auf Kontextinformationen beeinträchtigt auf jeden Fall die Zuverlässigkeit und Gültigkeit der Beobachtungsdaten, da verschiedene Beobachter unterschiedliche Informationen für wichtig bzw. unwichtig halten können, womit das gleiche Verhalten u.U. in verschiedenen Kategorien verkodet wird. Ein System sollte deshalb unmittelbare Entscheidungen darüber erlauben, in welchen Kategorien ein bestimmtes Verhalten einzuordnen ist, ohne dabei den Zusammenhang zu anderen Verhaltensweisen beachten zu müssen. Die Eindeutigkeit einer Zuordnung kann durch Zeitstichproben erleichtert werden, in denen die Beobachtungszeit von der Protokollierungszeit getrennt wird. In einem solchen System wird ein Beobachter angewiesen, jede einzelne Beobachtung als unabhängige Einheit zu betrachten.

Die Zeitspannen, in denen verschiedene Forscher mit Beobachtungskategorien arbeiten, variieren sehr stark. Generell läßt sich aber sagen, daß mit wachsenden Intervallen zwischen Beobachtung und Verkodung die Variabilität in den Aufzeichnungen der Beobachter ebenfalls ansteigt. Zur Aufrechterhaltung der

Zuverlässigkeit der Daten scheint es also notwendig zu sein, diese Zeitintervalle möglichst klein zu halten. Dabei bleibt aber noch weiter zu beachten, daß manche Kategorien in einem Schema mehr Zeit und mehr Aufmerksamkeit beanspruchen als andere. Es ist dann notwendig, durch zusätzliche Beispiele und genaue Anweisungen den Beobachtenden auch das schnelle Erfassen dieser Kategorien zu ermöglichen.

Die Verkodung eines Verhaltens in eine Kategorie unterstellt implizit, daß dieses Verhalten <u>äquivalent</u> zu allen anderen beobachteten Verhaltensweisen ist, die in der gleichen Kategorie verkodet wurden. Dies ist beispielsweise der wichtigste Einwand von BORGATTA gegenüber einigen Kategorien im System von BALES. Hinsichtlich der Kategorie "zeigt Solidarität" stellt er fest:

> "... the cumulation of responses in an interaction category may have consequences in the perception of both objective and participatory observers that are quite different in meaning or much broader in meaning than the category that is being scored. The person who is rated as high in showing solidarity may be the one who is responsive primarily at the strategic and important moment for the group rather than most often" (BORGATTA und CROWTHER 1965, S. 24; vgl. auch in Abschnitt 7.3.1.).

Eine Möglichkeit, dieses Problem zu lösen, liegt in der grösseren Differenzierung zwischen einzelnen und innerhalb einzelner Kategorien (BORGATTA); eine zweite Möglichkeit in der Zuweisung eines Verhaltens zu verschiedenen Kategorien (Doppelverkodung z.B. bei MANN 1967); eine dritte Möglichkeit stellen PURCELL und BRADY (1965) zur Diskussion: sie beobachten in Zwei-Minuten-Intervallen und beurteilen dann das Geschehen mit Hilfe einer 11-Punkte-Skala, deren Punktwerte auf maximal drei Kategorien verteilt werden, sodaß man einerseits das Verhalten mehreren Kategorien zuordnen kann, andererseits aber auch Gewichtungen hinsichtlich der Haupt- und Nebeneigenschaften eines Verhaltens vornimmt. Während nun die beiden zuletzt genannten Versuche ziemlich impressionistische

Vorgehensweisen - sowohl methodisch als auch theoretisch - zu sein scheinen, ist der Versuch von BORGATTA einer der wenigen, die man als "methodisch und systematisch" bezeichnen kann.

d) Inhalte von Beobachtungsschemata

Bei der Behandlung dieses Problems sind zwei Aspekte wichtig; die wir bereits erörtert haben: einmal das Problem der Definition von Beobachtungseinheiten und zum anderen die Inferenzproblematik. Da wir beide Aspekte bereits ausführlich besprochen haben (vgl. Abschnitte 4.1.2. und 4.1.5.), werden wir sie hier nicht mehr behandeln müssen. Wir wollen an dieser Stelle aber darauf verweisen, daß neben der fast ausschließlichen Ausrichtung auf verbales Verhalten, außersprachliche Verhaltensweisen in der Soziologie weitgehend vernachlässigt wurden. Die Tatsache, daß Interaktionen - wie jede Art von Kommunikation - auf mehreren Kanälen gleichzeitig erfolgen können, ist erst durch entsprechende Forschungen der Psychologie erkannt worden. Die Beobachtung nicht-verbalen Verhaltens entlastet zudem einen Beobachter in seiner Tätigkeit, da Probleme der Inferenz in den Hintergrund treten, ja sogar ganz verschwinden, wenn sich ein entsprechendes Beobachtungssystem als Zeichensystem darstellt. Wir sprechen dann von Notationssystemen, von denen die bekanntesten von HALL (1963) für die Beobachtung des Distanzverhaltens von Personen ("proxemic behavior"), von LEVENTHAL und SHARP (1965) zur Beobachtung des Gesichtsausdrucks, von BIRDWHISTELL (1968) zur Beobachtung von Körperbewegungen entwickelt wurden. Auch die Beobachtung sogenannter "paralinguistischer" Aspekte (Tonfall, Wortschatz, Rede-Schweige-Rate etc.) gehört in diesen Bereich von Beobachtungssystemen (vgl. auch WEICK 1968, S. 381 ff.).

Ebenfalls zum Inhalt von Beobachtungsschemata können gegebenenfalls die Angaben werden, die eine Zeit-, Orts- oder Situationsstichprobe betreffen und in denen die Kriterien gekennzeichnet werden, nach denen eine Stichprobe zu erfolgen hat (vgl. Abschnitt 4.1.2.).

e) Die Sprache des Beobachtungsschemas

Die Genauigkeit der Beobachtungskategorien hängt hauptsächlich von der Zahl der heterogenen Beobachtungseinheiten im Feld ab. Je homogener Situationen sind, umso präziser können Beobachtungskategorien definiert werden. Daher gibt es bis heute noch kein allgemein gültiges Schema mit exakten Kategorien für komplexe Felder mit heterogenen Einheiten. Einige Autoren geben nur gewisse Anregungen durch Auflistung verschiedener relevant erscheinender Dimensionen und Hinweise zur Konstruktion von Kategorien.

Die Sprache der Kategorien wird dann von besonderer Bedeutung, wenn die Unschärfe des Schemas die Beobachter dazu führt, real gleiche Situationen unterschiedlich wahrzunehmen. Die Beobachtungssprache ist nun zu trennen von der Sprache des Forschers bzw. der Sprache soziologischer Theorien oder der Auswertungssprache. Wir leiten aus soziologischen Theorien Hypothesen ab, deren Begriffe wir durch Operationalisierung in eine Beobachtungssprache verwandeln. In Beobachtungskategorien sollten demnach nur solche Worte vorkommen, die wahrnehmbaren Ereignissen korrespondieren, ohne daß ihnen besondere Interpretationen zugrunde liegen müßten (möglichst Vermeidung von Substantiven wie Ängstlichkeit, Feindlichkeit und von direkten soziologischen Begriffen), ohne dabei in einen "naiven Empirismus" wie FRIEDRICHS und LÜDTKE (1973, S. 68) zu verfallen, die als Testfrage für die Umsetzung der Begriffe und Hypothesen in Indikatoren (Operationalisierungen) vorschlagen: "Kann man das sehen oder hören?" Ist man sich einig über die Vorgabe der Wörter (die Bedeutung eines Wortes wird bestimmt durch seinen Gebrauch), dann muß man zusätzlich auch noch ihren Gebrauch standardisieren, um die Zuverlässigkeit der Beobachtungsdaten von mehreren Beobachtern zu gewährleisten. Dies kann dann wieder nur durch Schulung der Beobachter und durch ausführliche Pretests geschehen, in denen sowohl die Kategorien als auch die Beobachter einer eingehenden Prüfung unterzogen wurden.

B BESONDERER TEIL

- Darstellung einiger empirischer Vorgehensweisen -

In diesem Teil des Skriptums wollen wir einige der Probleme, die in den vorigen Abschnitten vielleicht etwas zu abstrakt abgehandelt wurden, auf einzelne empirische Untersuchungen übertragen und sehen, wie diese Probleme in diesen Untersuchungen gelöst wurden. Im Rahmen der Behandlung der teilnehmenden Beobachtung betrachten wir zwei Untersuchungen: "Street Corner Society" als Beispiel für eine unstrukturierte Beobachtung und die "Jugendfreizeitheimstudie" als Beispiel für den Versuch einer Strukturierung teilnehmender Beobachtung. Im Rahmen der strukturierten nicht-teilnehmenden Beobachtung befassen wir uns mit dem wohl bekanntesten Beobachtungsschema, der "Interaction Process Analysis" von BALES, sowie mit zwei anderen Versuchen zur Verbesserung dieses Systems, die von BORGATTA entwickelt wurden. Stellvertretend für einige ältere Versuche aus dem Bereich der Sozialpsychologie stehen die Systeme von CHAPPLE und CARTER; sodann werden wir noch das "Interaktiogramm" von ATTESLANDER vorstellen, als einen Versuch, ganze Handlungsabläufe mittels einer Kurzschrift zu beobachten und aufzuzeichnen. Im abschließenden Kapitel werden wir die beiden häufigsten Datenerhebungsverfahren der empirischen Sozialforschung miteinander vergleichen: das Interview und die Beobachtung.

5. Die teilnehmende unstrukturierte Beobachtung

- "Street Corner Society" von William F. WHYTE -

5.1. Die Beschreibung der "natural history"

In den nun folgenden Kapiteln wollen wir weniger die Ergebnisse der als Beispiele behandelten Untersuchungen betrachten, als uns vielmehr auf die speziellen Probleme beschränken, die mit den jeweiligen Vorgehensweisen in einer Beobachtung verbunden sind. Unser Ziel ist es also, die Forschungsmethode der einzelnen Untersuchungen und die damit verbundenen Probleme noch einmal zu verdeutlichen.

Für die Untersuchung von WHYTE können wir uns auf die vorzügliche Beschreibung der "natural history" seiner Studie stützen, in der er den Leser seines Buches in eingehender Weise nicht nur mit der Problematik teilnehmender Beobachtung vertraut macht, sondern ihn auch gleichzeitig an der ganzen Entwicklung des Projekts selbst teilnehmen läßt (vgl. WHYTE 1955, S. 279-358). Ihre Darstellung bringt eine Fülle von zusätzlichen, wertvollen Informationen für den Leser. Er wird in die Lage versetzt, nicht nur den Gang der Untersuchung zu verfolgen, sondern auch die Probleme im Verlauf der Untersuchung und die Ergebnisse besser verstehen zu können. Es erscheint uns ein nicht geringer Nachteil vieler Monographien und anderer ähnlicher Untersuchungen zu sein, daß sie dieser Verständnisproblematik beim zukünftigen Leser zu wenig Beachtung schenken.

Das Buch von WHYTE wurde schon bald nach seinem Erscheinen (1943) zu einem "Bestseller" soziologischer Literatur und gilt heute für die Bereiche der Methodik empirischer Sozialforschung und der Erforschung von Gruppenproblemen als Klassiker. Besonders lesenswert ist es aber unseres Erachtens durch die nachträgliche Aufnahme des Appendix (in der 2. Auflage von 1955) mit der Beschreibung der Entwicklung seiner Studie.

WHYTE's Hauptanliegen war exploratorischer Art. Im Vorwort zur ersten Auflage seines Buches stellt er seinen Ausgangspunkt wie folgt dar: "My aim was to gain an intimate view of Cornerville" und an einer anderen Stelle schreibt er: "I was not immediately interested in broad generalizations upon the nature of Cornerville. It seemed to me that any sound generalizations must be based upon detailed knowledge of social relations" (WHYTE 1943, S. V bzw. S. VIII).

In dieser Untersuchung finden wir treffende Beispiele für eine teilnehmende nicht strukturierte Beobachtung. Dies läßt sich anhand von zwei Tatsachen zeigen: 1. WHYTE war von seiner Ausbildung her Wirtschaftswissenschaftler und an ökonomischen und sozialen Problemen einer Stadt interessiert. Sein ursprüngliches Ziel war die Untersuchung ökonomischer Probleme eines Slumbezirks von Boston. Im Verlauf seiner Vorüberlegungen zu einer solchen Studie merkte er aber, daß alle ökonomischen Probleme unlösbar mit sozialen Problemen verbunden waren. Damit änderte sich sein Untersuchungsrahmen immer mehr in Richtung auf eine soziologische Untersuchung der Gruppenaktivitäten und der Beziehung bestimmter Gruppen zur Sozialstruktur des Bezirks. 2. Aufgrund des sehr komplexen Untersuchungsfeldes und der Tatsache, daß WHYTE zu Anfang nur sehr unvollkommen in sozialwissenschaftlichen Erhebungstechniken ausgebildet war, konnte diese Untersuchung theoretisch nicht stark abgesichert sein. Im Gegensatz zur damals gängigen Erwartung, daß Slumbezirke von sozialer Desorganisation gekennzeichnet seien, glaubte WHYTE, in solchen Bezirken eine eigene, gut organisierte Struktur erwarten zu können, die er durch kontinuierliche Beobachtungen der Interaktionen von Individuen in ihren Gruppen zu entdecken hoffte. Dieses Konzept diente ihm dann als Skelett für sein Vorgehen im Untersuchungsfeld, ohne ihn aber daran zu hindern, auch andere, unter Umständen wichtige Geschehnisse auszulassen oder ihnen keine Beachtung zu schenken:

> "I was concerned not only with the important events, because at the outset I had no basis for determining what was important except my own preconceived notions. I tried to keep my eyes and ears open to everything that went on between people in my presence" (WHYTE 1943, S. VIII).

WHYTE legte sich also nicht a priori auf Beobachtungseinheiten fest; er konnte dies auch nicht tun, da er nicht die hierfür erforderlichen Kenntnisse über die Struktur und die Verhaltens weisen seiner Gruppen und deren Mitgliedern hatte, um die wichtigen von den unwichtigen oder den weniger bedeutsamen Ereignissen trennen zu können.

Diese Vorgehensweise und der Kenntnisstand des Forschers vor der Untersuchung sind nun typische Merkmale einer teilnehmenden nicht strukturierten Beobachtung, wie wir sie etwa auch in der Ethnologie und Anthropologie finden. Dabei läßt sich dieses Verfahren meistens methodisch sowohl unter dem Aspekt der Beobachtungsverfahren als auch unter dem Aspekt deskriptiver Fallstudien behandeln. Im Rahmen dieses Skriptums wollen wir die Untersuchung von WHYTE als Paradigma einer teilnehmenden nicht strukturierten Beobachtung behandeln.

Nun beschränkte sich WHYTE in seiner Untersuchung nicht nur auf seine Rolle als teilnehmender Beobachter; zusätzlich zu den Materialien aus seinen Beobachtungen verwendete er auch noch die Ergebnisse anderer Techniken: so etwa Ergebnisse der Befragungstechnik oder der Auswertung von Primärstatistiken. WHYTE's Verfahren im ganzen als nicht-strukturiert zu bezeichnen ist insoweit gerechtfertigt, als nicht nur seine Beobachtungen unstrukturiert waren, sondern auch seine Befragungen keinem standardisierten Schema folgten.

Durch die Auswertung von statistischen Materialien und durch Gespräche mit städtischen Experten und mit einzelnen Bewohnern identifizierte WHYTE einen bestimmten Bezirk Bostons als den für seine Ansprüche geeignetsten und gab ihm den Namen "Cornerville", da sich ein großer Teil des täglichen Lebens der Jugendlichen auf der Straße, besonders an den Straßenecken, abspielte. Trotzdem aber bezeichnet er seine Wahl als unwissenschaftlich; er begründet sie vielmehr mit dem Bild, das er von einem Slumbezirk hatte. Diese Einlassung ist wohl verständlich, da er keine Kriterien angibt, die es dem Leser ermöglichen könnten, seine Wahl zu verstehen bzw. nachzuvollziehen.

Nach seiner Entscheidung für Cornerville als Untersuchungsgebiet begann WHYTE mit der genaueren Planung seiner Studie. Dies bedeutete für ihn in erster Linie die Beschäftigung mit sozialwissenschaftlichen Forschungsmethoden und mit der Literatur zur Gemeindesoziologie. Sein erster Ansatz bestand dann auch praktisch in einer Gemeindestudie über Cornerville (Geschichte des Bezirks, ökonomische und soziale Lebensbedingungen, privates und öffentliches Leben). WHYTE sah sehr wohl, daß eine solche Untersuchung seine Kräfte übersteigen würden; er plante deshalb den Einsatz von etwa zehn Beobachtern, die schwerpunktmäßig einzelne Bereiche untersuchen sollten.

In vielen Gesprächen mit Professoren der Harvard University, für die er ein dreijähriges Stipendium bekommen hatte, mußte er sich aber überzeugen lassen, daß eine Aufgabe dieser Größenordnung nicht ohne detaillierte Feldkenntnisse zu lösen war. In der Rückschau auf seine vielen Überlegungen und Pläne zu Anfang der Untersuchung schreibt er:

> "As I read over these various research outlines, it seems to me that the most impressive thing about them is their remoteness from the actual study I carried on" (WHYTE 1955, S. 285).

Je vertrauter er mit der entsprechenden soziologischen Literatur wurde, desto begrenzter und enger wurde sein Untersuchungsplan. Er kam schließlich zu der Einsicht, daß er die Sozialstruktur durch direkte Beobachtungen der Interaktionen von Individuen untersuchen konnte. Theoretische Grundlage bildeten verschiedene Interaktionstheorien und Theorien über die soziale Organisation von Stadtbezirken.

Die ersten Feldarbeiten unternahm WHYTE im Rahmen eines Seminars am soziologischen Department in Harvard. Er nahm sich einen Hausblock in Cornerville vor und unterhielt sich hier mit Einwohnern über ihre Probleme (Wohnbedingungen etc.). Über die gleichen Probleme holte er zusätzlich Erkundigungen bei einigen Wohnungsmaklern ein. Bald aber empfand er diese Art, mit den Leuten in Kontakt zu kommen als wenig befriedigend, zumal er sehr oft das Gefühl hatte, als Eindringling betrachtet zu werden. Er brach deshalb diesen ersten Versuch wieder ab, dem dann noch einige andere folgten, die aber auch nicht den gewünschten Erfolg zeigten. WHYTE hatte immer das Gefühl, als Fremder nicht akzeptiert zu werden bzw. keinen richtigen Zugang zu den einzelnen Gruppierungen zu bekommen.

Durch Gespräche mit einigen Sozialarbeitern des Bezirks wurde er schließlich auf die Bedeutung der Gemeinschaftshäuser hingewiesen und auf die Rolle, die die jeweiligen Führer der dort verkehrenden Jugendbanden spielten. Besonders eine Sozialarbeiterin machte ihm klar, daß er nur über diesen Personenkreis Zugang zur übrigen Bevölkerung gewinnen könne. Sie war es dann auch, die ihn auf "Doc" aufmerksam machte, einen Jugendlichen, der früher einmal in einem Gemeinschaftshaus mitgearbeitet hatte und als Führer der "Norton-Street-Gruppe" galt.

WHYTE setzt nun den eigentlichen Beginn seiner Studie mit dem Tag an, an dem er das erste Gespräch mit "Doc" hatte. Dieser hörte sich seinen Plan an, zeigte Interesse dafür, wies WHYTE aber daraufhin, daß es besser für ihn sei, sich ein Zimmer in Cornerville zu suchen. Da dies aber in einem dicht bewohnten Bezirk wie Cornerville schwierig war, half "Doc" auch in diesem Fall und besorgte ihm ein Zimmer bei einer italienischen Familie, die ein kleines Restaurant betrieb. Dieses Restaurant kam WHYTE in vielen Fällen sehr zu statten; es war ein idealer Stützpunkt für seine ersten Beobachtungen und für die ersten Kontaktaufnahmen mit Bewohnern des Bezirks. So konnte er schließlich auch an solchen Aktionen partizipieren, die sich spontan und unvorbereitet entwickelten, und die er ohne einen solchen Stützpunkt im Beobachtungsfeld niemals hätte beobachten können.

Im Laufe der Zeit fühlte sich WHYTE fast wie ein Familienmitglied bei den Martinis (so hießen die Besitzer des Restaurants) und er begann, italienisch zu lernen, um sich auch mit der Einwanderergeneration unterhalten zu können. Dieses Bemühen wurde von seiner neuen Umgebung als Ausdruck der Ernsthaftigkeit seiner Absichten angesehen, mit den Bewohnern gut auszukommen. Es hat ihm besonders in der Anfangsphase seiner Studie viele Sympathien,auch bei der jüngeren Generation eingebracht. Er hob sich damit nämlich positiv von allen amerikanischen Sozialarbeitern im Bezirk ab, die es nie für notwendig gehalten hatten, die Sprache der Einwanderer zu lernen. WHYTE gewann so einen weiteren Zugang zu seinem Feld, den die Sozialhelfer nie bekommen hatten.

Der jüngerenGeneration in Cornerville galt nun sein besonderes Interesse und nachdem er so gut in Cornerville eingeführt war, konnte er mit seiner eigentlichen Arbeit beginnen. Durch "Doc" wurde WHYTE in die "Norton-Street-Gruppe" als sein Freund Bill eingeführt und er nahm sofort an einigen Gruppenaktivitäten wie Bowling, Tanzen, Wetten, Spielhallen-Besuchen teil. Als "Doc's" Freund wurde er in sehr kurzer Zeit von allen Gruppenmitgliedern akzeptiert, freundlich behandelt und von Zeit zu Zeit auf örtliche Gebräuche und Sitten hingewiesen, wenn er sich einmal nicht entsprechend verhalten hatte. Er lernte somit das Leben in der italienischen Einwandererfamilie und in den Jugendbanden beinahe so gut kennen, als ob er darin aufgewachsen wäre.

Nach einer Zeit des Zusammenlebens mit der "Norton-Street-Gruppe" glaubte WHYTE eine Begründung und eine Erklärung für seine Tätigkeit in Cornerville haben zu müssen. Für "Doc's"-Leute war eine solche Erklärung nicht mehr nötig, wohl aber für andere Gruppen, mit denen sie von Zeit zu Zeit zusammentrafen und die dann die Gründe für seine Aktivitäten wissen wollten. WHYTE gab anfangs vor, die Sozialstruktur von Cornerville untersuchen zu wollen, wobei er nicht den natürlichen Weg einer Analyse von der Vergangenheit zur Gegenwart gehen wollte, sondern den entgegengesetzten Weg von der Untersuchung des gegenwärtigen Zustandes zur Analyse der Entwicklung bis zu diesem Zustand. Keiner der Jugendlichen schien aber eine solche Erklärung zu verstehen. Sie war nicht präzise genug, damit sich die Gruppenmitglieder etwas bestimmtes darunter hätten vorstellen können. So bemerkte WHYTE bald, daß sich die einzelnen Gruppen ihre eigenen Erklärungen machten über den Grund seiner Aktivitäten in Cornerville: die allgemein geläufigste war die, daß er ein Buch über Cornerville schreiben wolle. Obwohl auch darüber nur sehr verschwommene Vorstellungen herrschten, schien diese Erklärung zu genügen. Nicht die Begründung für WHYTE's Tätigkeit war das entscheidende Moment, sondern die Bewertung seiner Persönlichkeit durch die einzelnen Gruppen. WHYTE (1955, S. 3oo) schreibt dazu:

> "Whether it was a good thing to write a book about Cornerville depend entirely on people's opinion of me personally. If I was all right, then my project was all right; if I was no good, then no amount of explanation could convince them that the book was a good idea".

Fragen, die sich mit seiner Person beschäftigten, wurden auch nie an ihn persönlich gerichtet, sondern liefen fast immer über "Doc", mit dessen Antworten man sich auch in der Regel zufrieden gab. Darin zeigte sich wieder einmal die Bedeutung von Schlüsselpersonen in einer teilnehmenden Beobachtung für die Kontaktaufnahme und das Kontakthalten in unbekannten Gruppen. So stellte WHYTE immer wieder fest, daß es nur wichtig war, dem einzelnen Gruppenführer Informationen zu geben und über sein Vorhaben zu unterrichten, daß aber die Mehrzahl der Jugendlichen nur sehr wenig Interesse dafür zeigte.

Sein Verhältnis zu "Doc" veränderte sich im Laufe der Studie in eine für seine Zwecke durchaus positive Richtung. War "Doc" zu Anfang nur eine Schlüsselperson und ein "Sponsor" für den

Zugang zum Untersuchungsfeld gewesen, so wurde er durch die Fülle von Informationen, die ihm WHYTE gab, immer mehr zu einem aktiven Mitarbeiter, zumal WHYTE viele Probleme mit ihm diskutierte und viele neue Anregungen von ihm erhielt. Oft übernahm "Doc" die Initiative und wies WHYTE of wichtige Ereignisse hin, die es wert sein konnten, untersucht zu werden.

Je mehr WHYTE in der folgenden Zeit an den Gruppenaktivitäten teilnahm, umso genauer lernte er die Verhaltensweisen der Gruppen und deren Mitglieder kennen und umso besser konnte er seine Position im Feld und die an ihn gesetzten Erwartungen abgrenzen. So lernte er, daß besonders Fragen nach dem Verhältnis der Jugendlichen zur Polizei für ihn "tabu" waren und daß er sich auch nicht in seiner Ausdrucksweise dem Slang der Jugendlichen anzupassen brauchte. "Doc" machte ihn wiederholt darauf aufmerksam, daß er nur dabei zu sitzen brauche und beobachten solle, die Antworten auf viele seiner Fragen würden sich dann im Laufe der Zeit praktisch von selber ergeben.

WHYTE vermied es während der gesamten Zeit seiner Untersuchung,die Gruppen, an deren Aktivitäten er teilnahm zu beeinflussen oder irgendwelche offiziellen Positionen innerhalb dieser Gruppen zu übernehmen. Nur als man ihm anbot, Schriftführer im "Italian-Community-Club" zu werden, nahm er nach einigem Zögern an, weil er merkte, daß dieser Job von allen Personen als "schmutzige Arbeit" angesehen wurde. Für WHYTE ergab sich damit eine neue Gelegenheit, eine der zentralen Organisationen von Cornerville noch genauer kennen zu lernen.

Durch die größere Vertrautheit WHYTE's mit den Jugendlichen und dem immer persönlicher werdenden Verhältnis mit ihnen, tauchten neue Probleme auf, die er zum Teil nicht zu lösen vermochte. Da war beispielsweise die Frage der persönlichen Hilfe, die in diesem Slumbezirk oft sehr weitgehend sein konnte. Zwar versuchte WHYTE soweit zu helfen, wie er es eben konnte (Formulare ausfüllen, bei der Arbeitssuche behilflich sein, etc.), aber wie verhielt es sich z.B. mit materieller Hilfe? Sollte er Geld verleihen oder nicht? Denn es war nicht die Möglichkeit auszuschließen, daß man den Kontakt mit ihm meiden, ja sogar abbrechen würde, wenn zum vereinbarten Zeitpunkt eine Rückzahlung nicht gesichert war. Andere Probleme lagen in den vielen kleinen und großen Konflikten, die zwischen den einzelnen Jugendbanden von Zeit zu Zeit ausgetragen wurden. War WHYTE dann Mitglied der "Norton-Street-Gruppe" oder nicht, sollte er sich aktiv an den Auseinandersetzungen beteiligen oder sollte er sich heraushalten und gleichsam den unbeteiligten Dritten spielen? Dies alles waren Fragen, die er bei der entsprechenden Gelegenheit richtig zu beantworten hatte und von deren Beantwortung der Fortgang seiner Untersuchung abhängen konnte. (Mit diesen Fragen sind Probleme der Forschungsethik angesprochen; vgl. dazu auch unsere kurzen Erörterungen auf S. 1o6; Fragen dieser Art können nicht generell, sondern nur in Abhängigkeit von Bedingungen des jeweiligen Beobachtungsfeldes beantwortet werden).

Neben der eigentlichen Feldarbeit war WHYTE stark mit Problemen der Aufzeichnung und der Rückgewinnung seiner Beobachtungen beschäftigt. Einmal ordnete er seine Aufzeichnungen inhaltlich, so etwa nach: Politik, Verbrechen, Kirche, Familie usw.; zum anderen ordnete er seine Beobachtungen in Bezug auf die Gruppe, in denen sie gemacht wurden. WHYTE entschloß sich schließlich dazu, seine Aufzeichnungen nach den Gruppen zu ordnen, zu denen sie gehörten. Die inhaltliche Differenzierung konnte aus diesen Aufzeichnungen immer noch gewonnen werden, falls es notwendig sein sollte.

Den Sommer des Jahres 1937 verbrachte WHYTE mit seinen Eltern außerhalb von Cornerville. Er benutzte die Zeit,um Literatur zu studieren und einen Überblick über seine bisherigen Ergebnisse zu bekommen. Dabei stellte er fest, daß ihm das Verbindungsglied zwsichen der Untersuchung des Gemeindelebens und der Intensivstudie einzelner Gruppen fehlte. Er suchte deshalb nach seiner Rückkehr im September die Gelegenheit, auch in Bereichen von Cornerville an Aktivitäten teilzunehmen, die außerhalb der "Norton-Street-Gruppe" oder des "Italian-Community-Clubs lagen".

Er entschloß sich, das politische Leben in Cornerville etwas genauer zu untersuchen, da er der Überzeugung war, daß es sehr enge Beziehungen zwischen den Gruppenaktivitäten und den politischen Aktivitäten gab, wobei es besonders um die Auswahl rivalisierender Kandidaten einzelner politischer Organisationen ging. Er beteiligte sich aktiv an einer solchen Kampagne, wohl wissend, daß dies für den weiteren Fortgang seiner Untersuchung und für die Beziehungen zu verschiedenen Leuten hinderlich sein konnte.

Während des Wahlkampfes zur Bürgermeisterwahl im Herbst 1937 wurde er mit vielen Offiziellen von Verwaltung und Politik bekannt und lernte die Taktiken, Tricks und Manipulationen eines Wahlkampfes kennen. Als Ergebnis dieser Aktion konnte WHYTE einige wichtige Erkenntnisse für die Feldarbeit gewinnen, die hier mit seinen eigenen Worten beschrieben werden sollen:

> "The experience posed problems that transcended expediency. I had been brought up as a respectable, law-abiding, middle class citizen. When I descovered that I was a repeater, I found my conscience giving me serious trouble. This was not the picture of myself that I had been trying to build up. I could not laugh it off simply as a necessary part of the field work. I knew that it was not necessary; at the point where I began to repeat, I could have refused ... I had to learn that in order to be accepted by people in a district, you do not have to do everything just as they do it. In fact, in a district where there are different groupings with different standards of behavior, it may be a matter of very serious consequences to conform to the standards of one particular group.

> I also had to learn that the field worker cannot afford to think only of learning to live with others in the field. He has to continue living with himself. If the participant observer finds himself engaging in behavior that he has learned to think of as immoral, then he is likely to begin to wonder what sort of a person he is after all. Unless the field worker can carry with him reasonably consistent picture of himself, he is likely to run into difficulties" (WHYTE 1955,S. 316 f.)

Nach diesen Erfahrungen innerhalb politischer Organisationen zog er sich zurück und wandte sich wieder der Norton-Street zu. Er versuchte aber weiterhin einige der neu gewonnenen Kontakte aufrechtzuerhalten. In der folgenden Zeit machte er dann zwei wichtige Entdeckungen, von denen die erste allgemeinerer Art war, während die zweite sich speziell auf die Sozialstruktur der Gruppen bezog.

In der Zeit des Wahlkampfes war er für längere Zeit nicht mehr so stark mit der 'Norton-Street-Gruppe' befaßt, sodaß ihn, bei seiner Rückkehr zum ersten Male bewußt wurde, daß er eine im schnellen sozialen Wandel begriffene Gemeinde untersuchte. (Hier wird die Bedeutung der bereits mehrfach angesprochenen "serendipity patterns" deutlich; vgl. S. 52). Als aktiv teilnehmender Beobachter war diese Tatsache ihm vorher nicht aufgefallen. Er bemerkte nun etwas von den Vorgängen innerhalb der einzelnen Gruppen: einige Mitglieder begannen, mit Mitgliedern anderer Gruppen in engeren Kontakt zu treten, worauf sich Spannungen innerhalb der Gruppen entwickelten; einige bekamen eine geregelte Arbeit und konnten sich damit dem Zugriff der Gruppen entziehen, u.ä. mehr. Die zweite Erfahrung liegt in gewisser Weise der ersten entgegen. Schien sich die für ihn bis dahin stabile Gruppenstruktur etwas aufzulockern, so mußte er gleichzeitig feststellen, wie stabil sie doch im Grunde noch immer war. Anläßlich des jährlich stattfindenden Bowlingwettbewerbs machte er mit einigen Gruppenführern einige Prognosen über den zukünftigen Sieger und die mutmaßliche Reihenfolge der Teilnehmer. Dabei mußte er feststellen, daß die prognostizierte Reihenfolge sich völlig mit der Gruppenstruktur deckte: auf den ersten Plätzen tauchten immer wieder die Namen der Gruppenführer auf, obwohl doch sicher manche Mitglieder der Gruppen bessere Bowler sein mochten. Bei dieser Gelegenheit stellte WHYTE zum ersten Mal bewußt den großen Einfluß fest, den die Gruppenstruktur auf jedes einzelne Gruppenmitglied auszuüben in der Lage ist. WHYTE (1955, S. 319), der im Wettkampf selbst mitspielte, schreibt dazu:

> "It was a strange feeling as if something larger than myself was controlling the ball as I went through my swing and released it toward the pins".

So war es denn auch für ihn keine große Überraschung mehr, daß die Teilnehmer in der vorhergesagten Reihenfolge einkamen Mit diesem Ergebnis glaubte WHYTE, eine erste allgemein gültige Gesetzmäßigkeit in der Beziehung zwischen den einzelnen Individuen und der Gruppenstruktur herausgefunden zu haben.

Nach seiner Heirat im Frühjahr 1938 suchte er sich eine eigen Wohnung, da er im Bezirk selbst bleiben wollte. Von dieser Zeit sagte WHYTE, sie sei eine Periode der Selbstbesinnung, der Inventur über das bisher Erreichte und der Neuplanung gewesen. Veranlaßt wurde diese Phase durch den Ablauf seines 3-jährigen Stipendiums in Harvard; um eine Verlängerung zu er reichen, mußte er seine bisherigen Erfahrungen und Ergebnisse in Cornerville in einem schriftlichen Bericht zusammenfassen. Dabei stellte er fest, wie wenig er doch im Grunde genommen über die Sozialstruktur dieses Bezirks wußte: er wußte vieles über die "Norton-Street-Gruppe" und über den "Italian-Community-Club", nur sehr wenig aber über das Familienleben, über den Einfluß der Kirche und der Schieber- und Wettorganisationen ("racketeering"). Er bemerkte zunehmend den Unterschied zwischen seiner Untersuchung und anderen Gemeinde-Untersuchungen: Das Ehepaar LYNDT beschäftigte sich in seiner "Middl town"-Untersuchung nicht mit einzelnen Individuen oder Gruppe sondern setzte allgemeinere Schwerpunkte in der Analyse des Lebensstils, der Freizeit, der Kindererziehung etc.; WHYTE untersuchte dagegen bestimmte Individuen und Gruppen. Außerdem war in seiner Studie die Zeitdimension von nicht unerheblicher Bedeutung: "Middletown" war praktisch die Momentaufnahme der Lebensbedingungen in einer Kleinstadt; Cornerville wurde in seiner Entwicklung und in seinem Wandel beschrieben. Seine Untersuchung läßt sich damit als eine Längsschnittsuntersuchung kennzeichnen, wogegen "Middletown" als Querschnittsuntersuchung zu bezeichnen ist.

WHYTE stand nun vor dem Problem, von der Untersuchung ganz bestimmter Individuen Aussagen ableiten zu wollen, die für alle Individuen und Gruppen in Cornerville gültig sein sollten. Die Lösung sah er einmal darin, Individuen und Gruppen nur in ihrer Beziehung zur Sozialstruktur zu sehen und nach grundlegenden Gemeinsamkeiten zu forschen, die es ihm erlauben würden, sich mit der Analyse nur einer Gruppe zufrieden geben zu können.

> "A Study of one Cornergang was not enough, to be sure, if an examination of several more showed up the uniformity that I expected to find, then this part of the task became manageable (WHYTE 1955, S. 323).

WHYTE fand auch die Verbindung zwischen seiner Gruppenstudie und der geplanten Studie über die politischen Verhältnisse. Dieses Verbindungsglied zwischen den einzelnen Gruppen und den politischen Organisationen bildeten die jeweiligen Gruppenführer. Dies berücksichtigt, waren seine Daten über "Politik" nicht so schlecht, wie er ursprünglich angenommen hatte; waren doch seine Beobachtungen, über die einzelnen Gruppenführer ziemlich intensiv gewesen. Die einzigen Lücken in seiner bisherigen Erfahrung in Cornerville bildeten aber nach wie vor die Familienstruktur, die Kirche und das Verhältnis von Verbrechertum und Polizei. Besonders interessiert war er am letzteren und er hoffte, auch dort noch mehr Erfahrungen sammeln zu können.

Nachdem sein Stipendium um ein Jahr verlängert worden war, setzte er seine Untersuchungen in Cornerville fort. Es gelang ihm, "Doc" in ein öffentliches Sozialprojekt einzuschleusen und später über ihn den Führer einer anderen Gruppe (Sam) kennenzulernen, der Zeitungsausschnitte über Cornerville und einiges Material über seine eigene Gruppe systematisch gesammelt hatte. Mit Sam entwickelte sich dann eine noch intensivere Zusammenarbeit als mit "Doc", zumal jener viel Verständnis für methodische Probleme der Feldarbeit zeigte. Durch dieses Sozialprojekt (ein Erholungszentrum für Jugendliche) lernte WHYTE auch andere Jugendgruppen kennen, bei denen er immer die gleichen Strukturen identifizieren konnte. Die einzige Ausnahme bildete eine Gruppe, die sich in zwei feindliche Lager aufspaltete, als die beiden Jugendlichen Streit bekamen, die die Führung in dieser Gruppe beanspruchten.

Für WHYTE war mit diesen Untersuchungen der Gruppenstruktur von Jugendbanden der erste Teil der gestellten Aufgabe erfüllt. Er wandte sich nun dem Problem der "racketeers" zu, die in den Bostoner Vorstadtvierteln immer stärkeren Einfluß gewannen.

Durch die Martinis, bei denen er anfangs gewohnt hatte, lern er Tony Cataldo kennen, einen der prominentesten Schieber un Wetter von Cornerville. Er wurde mit seiner Frau bei den Cataldos eingeladen und lud beide wieder zu sich nach Hause ein. Es machte sich positiv bemerkbar, daß er verheiratet wa da man in diesen "höheren" Kreisen von Cornerville per Famil verkehrte. Das anfangs gute Verhältnis zu den Cataldos kühlt sich aber bald merklich ab, da Tony einmal finanzielle Schwi rigkeiten bekam und zum anderen sich wohl eine gewisse persönliche Aufwertung von den Kontakten mit einem "Harvard-Pro fessor" versprochen hatte.

WHYTE war nun gezwungen, sich nach anderen Informationsquell umzusehen. Da Tony aber alle Aktivitäten möglicher Informant überwachte, kam WHYTE schließlich zu der Überzeugung, daß er wieder versuchen mußte, mit Tony in engerem Kontakt zu kommen. Dafür schien ihm der "Cornerville social and athletic Club" besonders geeignet zu sein, da Tony dort Mitglied war; außerdem lag das Versammlungslokal dieses Clubs direkt gegenüber seinem Apartment, sodaß er einen guten Beobachtungsposten hatte, wenn er sich nicht im Club selbst aufhielt. Er stellte aber fest, daß Tony nur sehr selten im Club war, daß sein Einfluß aber trotzdem sehr groß sein mußte. Es schein zwei Fraktionen mit zwei Führern im Club zu geben: Tony und Carlo. Über das Verbrecherwesen erfahr WHYTE aber kaum etwas. Er blieb aber weiterhin im Club und begann die Aktivitäten und Interaktionen innerhalb des Clubs systematisch zu analysieren. Hinter dem Versuch eines "positional mapmaking" (vgl. Abb. 7) stand die Annahme,

> "that the men who associated together most closely socially would also be those who lined up together on the same side when decisions were to be made ..." (WHYTE 1955, S. 333).

Er machte zusätzliche systematische Aufzeichnungen der Häufigkeiten von Interaktionen, der daran beteiligten Personen und stellte danach fest, wer jeweils bestimmte Interaktionen initiierte. Bei diesem "positional mapmaking" kristallisierten sich wieder beide Fraktionen heraus, deren Aktivitäten im wesentlichen nur innerhalb der Fraktionen abliefen; nur 16% der Personen nahmen an Interaktionen in einer Gruppe teil, zu der sie eigentlich nicht gehörten. Schwierigkeiten hatte WHYTE hingegen bei der Analyse der "influentials": in einem Beobachtungszeitraum von fast 6 Monaten war die Analyse von 2-Personen-Ereignissen ("pair-events") negativ: in Zweier-Beziehungen konnte er nur sehr selten eine dominante Person identifizieren; anders dagegen war es bei der Analyse von Ereignissen, an denen drei oder mehr Personen beteiligt waren ("set-events"): hier zeigte sich sehr schnell die hierarchische Struktur im Club.

Abb. 7: Informale Organisation des S & A Clubs von Cernerville

Erste Septemberhälfte 1939

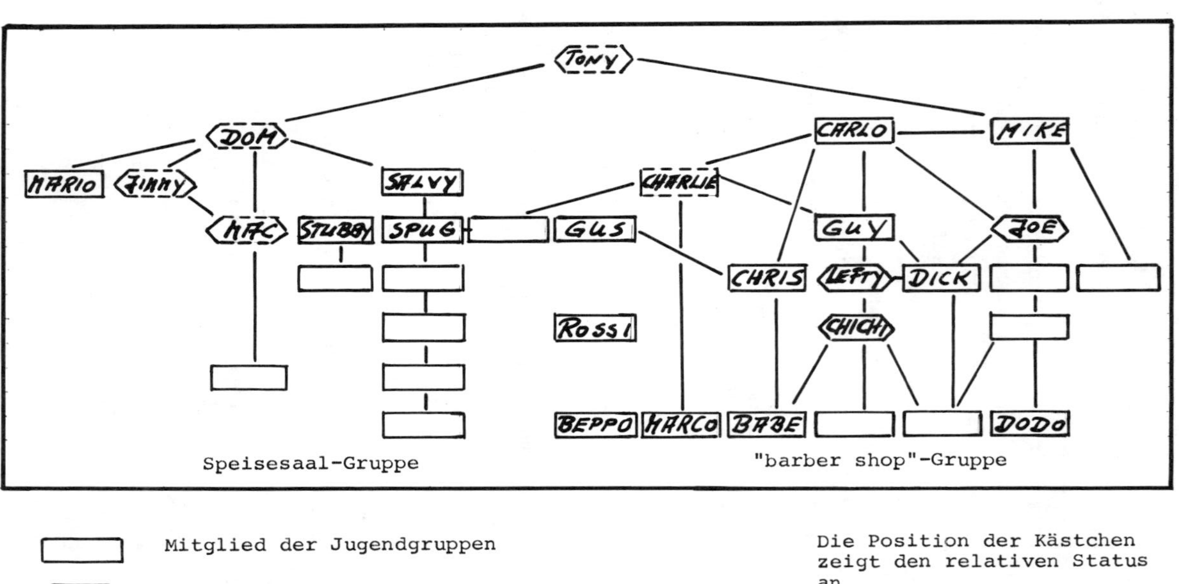

ls WHYTE zu diesem Zeitpunkt klar wurde, daß er die Schieber-
rganisationen in ähnlicher Weise beobachten konnte, wie die
ugendgruppen - nämlich die Rolle des jeweiligen Führers als
otwendiges Verbindungsglied zu sehen - machte er einen ent-
cheidenden Fehler. Tony Cataldo versuchte die Clubmitglieder
u überzeugen, seinen Kandidaten bei einer Wahl zu unterstützen,
bwohl fast alle Mitglieder einen anderen Kandidaten favori-
ierten. Hier nun verließ WHYTE die Rolle eines passiv-teil-
ehmenden Beobachters; er schlug vor, daß man sich im Club die
einung eines Kandidaten anhören könne, ohne sich damit bereits
einem Votum festgelegt zu haben. Dieser Vorschlag fand all-
emeine Anerkennung, wirkte sich jedoch nicht in der erhofften
eise aus. WHYTE glaubte mit seinem Eingreifen, Tony einen Ge-
allen getan zu haben, ohne Carlo zu verärgern. Mit seinem Vor-
chlag erreichte er aber beides nicht: Carlo war verägert und
tschuldigte WHYTE's Vorgehen damit, daß er ihm die Unwissen-
eit in dieser speziellen Situation vorwarf; sein Bemühen um
ny aber scheiterte vollends. Dieser sah sich plötzlich mit
r Autorität von Carlo konfrontiert, versuchte den Vorfall
zuwiegeln und mit dem neuen Rivalen zu kooperieren. WHYTE
955, S. 336 f.) schreibt hierzu:

> "As I thought over this event later, I came to the conclusion that my action had not only been unwise from a practical research standpoint; it had been a violation of professional ethics. It is not fair to the people who accept the participant observer for him to seek to manipulate them to their possible disadvantage simply in order to seek to strengthen his social position in one area of participation. Furthermore, while the researcher may consciously and explicitly engage in influencing action with full knowledge of the people with whom he is participating, it is certainly a highly questionable procedure for the researcher to establish his social position on the assumption that he is not seeking to lead anyone and then suddenly throw his weight to one side in a conflict situation".

i einer anderen Gelegenheit dagegen nahmen alle Gruppen von
rnerville einen Vorschlag WHYTE's mit Begeisterung auf: alle

Bewohner hatten sich im Laufe der drei Jahre, die WHYTE in Cornerville war, immer wieder über die Benachteiligung ihres Bezirks seitens der politischen Instanzen beklagt. WHYTE regte nun eine Demonstration an, um auf die besondere Lage Cornervilles hinzuweisen. Dieser Vorschlag fand allgemeine Zustimmung; die einzelnen Jugendgruppen konnten zur Zusammenarbeit gewonnen werden und einige lokale Politiker unterstützten diese Aktion.

Die Demonstration selbst bezeichnete WHYTE als einen Erfolg, verhehlte allerdings nicht seine Enttäuschung darüber, daß es dem Organisationskommitee nicht gelang, diesen Anfang zu nutzen und eine kontinuierliche Zusammenarbeit aller Gruppen in Cornerville zu konstituieren. Die meisten Gruppen zogen sich nach der Demonstration wieder in ihre Straßenzüge zurück,der anfängliche Enthusiasmus ebbte ab und machte wieder einer allgemeinen Lethargie Platz.

Die Organisation und die Teilnahme an der Demonstration war WHYTE's letzte Aktivität in Cornerville. Im Frühjahr und im Sommer 194o begann er mit der endgültigen schriftlichen Fixierung seiner Untersuchung, in der er auch seine eigene Tätigkeit immer wieder kritisch unter die Lupe nahm. So konnte er abschließend feststellen, daß er aus seinen Fehlern während der Feldarbeit mehr gelernt habe, als aus den Erfolgen, die er im Laufe der Arbeit hatte oder aus den theoretischen, aus der soziologischen Literatur gewonnenen Überlegungen.

5.2. Die Bewertung dieser Untersuchung

Welchen besonderen Charakteristiken lassen sich nun für "Stre Corner Society" festhalten? WHYTE's Vorsatz, das soziale Syst "Cornerville" zu untersuchen, ließ sich aufgrund der großen Komplexität eines solchen Vorstadtbezirks nicht halten. Er konzentrierte deshalb seine Untersuchung nur auf einen Teil des Systems - die "gang". Dieses Subsystem spielte dann auch in charakteristischer Weise die Rollen- und Sozialstruktur des Obersystems wider. WHYTE beschränkte sich dabei nicht nur auf die Untersuchung einer einzelnen "gang", sondern weitete seine Analyse auf eine Reihe weiterer "gangs" und auf andere Subsysteme von Cornerville aus (Clubs, "racketeering" etc.).

Besondere Aufmerksamkeit widmete er den Problemen der Führerschaft in den einzelnen Subsystemen, da er erkannt hatte, welche Bedeutung die jeweiligen Führer im sozialen System spielten, und wie wichtig die Führerrolle als theoretisches Verbindungsglied zwischen der Analyse des Subsystems und der Analyse des Gesamtsystems war. Er begriff dabei Führerschaft nicht als ein Persönlichkeitsproblem, sondern als Rollenproblem: Führerschaft war auf der einen Seite die wohl wichtigste Rolle innerhalb der Subsysteme "gangs". Der Begriff "Rolle" stellte sich damit für WHYTE in zweifacher Hinsicht als ein Verbindungsglied in seiner Untersuchung dar: erstens als Verbindung der persönlichen Ebene des Führers zur Ebene des Subsystems und zweitens als Verbindung zwischen Subsystem und dem gesamten sozialen System von Cornerville.

Methodisch können wir "Street Corner Society" als eine deskriptive Studie bezeichnen, die datenerhebungstechnisch mit zwei Instrumenten arbeitet: mit teilnehmender Beobachtung und Interviews, wobei erstere den größeren Raum in dieser Studie einnimmt. Für beide Verfahren läßt sich aber generell ein Vorgehen zeigen, daß man als unsystematisch oder nicht standardisiert bezeichnen kann. Diese Bezeichnungen implizieren aber nicht, daß WHYTE seine Datensammlung ohne Bezug zu einer soziologischen Theorie vornahm. Das Gegenteil war vielmehr der Fall (vgl. S. 142). Nur zweimal im Verlauf seiner Untersuchung benutzte er systematische Verfahrensweisen: das "positional mapmaking" zur Analyse der Clubstruktur und die Analyse von "set events" und "pair events" zur Untersuchung von Interaktionsmustern (vgl. S. 155).

Zusammenfassend läßt sich "Street Corner Society" als deskriptive, exploratorische Untersuchung klassifizieren, deren Möglichkeit zu generalisierenden Aussagen über die Struktur von städtischen Vorortbezirken oder auch nur über Gruppen zu gelangen, sehr begrenzt ist. Weitere Nachteile liegen speziell in der methodischen Vorgehensweise und kristallisieren sich im wesentlichen in der Person des Forschers bei teilnehmender Beobachtung (vgl. Abschnitt 4.2.1.): 1. im Gegensatz zum Experimentator hat der teilnehmende Beobachter keine oder nur wenig Kontrolle über den Einfluß, den er auf das Geschehen und auf die Mitglieder einer Gruppe ausübt (so beschwert sich Doc eines Tages bei WHYTE, daß er bei allem, was er mache, immer darüber nachdenke, in welcher Beziehung dies zu WHYTE's Untersuchung stehen könnte und wie dieser darüber denken würde. Er fühlte sich offensichtlich manchmal durch WHYTE und durch seine Kenntnis des Untersuchungsziels zu sehr eingeengt); 2. ein teilnehmender Beobachter unterliegt Wahrnehmungsverzerrungen, die ihrerseits wieder unterschiedliche Ursachen haben können: a) durch die Übernahme einer Rolle in der Gruppe kann er u.U. gewissen Restriktionen ausgesetzt sein, die ihm nur einen Aspekt des Gruppenlebens zugänglich werden lassen (WHYTE versuchte diesen Fehler auszuschalten, indem er mehrere Rollen zu übernehmen versuchte); b) als anerkanntes Gruppenmitglied unterliegt ein teilnehmender Beobachter sehr leicht der Gefahr, bestimmte Verhaltensweisen in der Gruppe für selbstverständlich zu halten; er verliert das Gefühl für die Wichtigkeit und für die Möglichkeit latenter Strukturen, da er sich den Verhaltens- und Bewertungsmaßstäben der Gruppe zu stark angepaßt hat ("going native"); 3. die Entscheidung eines teilnehmenden Beobachters, verdeckt oder offen in einem Beobachtungsfeld zu operieren, hat Konsequenzen bezüglich des Ausmaßes der oben genannten Nachteile: während die verdeckte

Beobachtung die Spontaneität von Gruppenmitgliedern sicherlich weniger beeinflußt als die offene Beobachtung und damit auch bessere Möglichkeiten einer Kontrolle im Sinne einer Vermeidung des Beobachtungsfehlers Nr. 1 bietet, so zeigen sich doch auch Nachteile, die man nicht gering achten sollte. Es stellt sich einmal ein forschungsethisches Problem, inwieweit man diejenigen, die man untersuchen möchte, nicht davon in Kenntnis setzt; zum zweiten bleibt ein verdeckt beobachtender Forscher sehr häufig von wichtigen Informationskanälen abgeschnitten, zu denen er keinen Zugang hatte und auch keinen finden konnte, da die Sammlung zusätzlicher Informationen seinen Beobachterstatus sofort entlarven würde. Dieses Problem konnte für WHYTE im Verlauf der dreijährigen Untersuchungsperiode zu keinem Zeitpunkt auftauchen, da er sich von Anfang an in seiner Beobachterrolle zu erkennen gab, mit den einflußreichen Leuten in Cornerville sein Untersuchungsziel besprach und durch zusätzliche Gespräche und Interviews seine Informationsbasis erheblich erweitern konnte.

Wenn wir auch gewisse Fehlermöglichkeiten anhand dieser Untersuchung kennenlernen konnten und die Begrenztheit der Aussagen aus dieser Studie erkennen mußten,so dürfen wir aber nicht übersehen, daß die Vorgehensweise WHYTE's auch erhebliche Vorzüge hat, die u.U. die Nachteile mehr als aufwiegen können. Durch diese Form einer wenig systematischen, explorativ-deskriptiven Einzelfallstudie erhob WHYTE eine Fülle von Material und Daten, die es ihm ermöglichte, die Akteure und deren Verhalten nicht nur unter einem Aspekt, sondern unter vielen Gesichtspunkten zu untersuchen; so ordnete er einmal sein Material nach inhaltlichen Kriterien, aber auch nach der Zugehörigkeit zu bestimmten Situationen, in denen er es beobachtet hatte.Damit konnte er gleichzeitig immer wieder den Bezug zur Gesamtsituation herstellen. Er konnte die Struktur Cornervilles über die Gruppenstruktur nur erfassen, weil er die einzelnen Gruppen in ihrer Verbundenheit in unterschiedlichen Kontexten untersuchte und sich nicht nur auf einen Aspekt des Gruppenlebens beschränkte. Durch seine intensive Beschäftigung mit den einzelnen Gruppen gelang es ihm, auch latente Verhaltensmuster zu entdecken und zu erklären. Neben dem Einsatz projektiver Verfahren aus der Psychologie ist die deskriptive Einzelfallstudie per teilnehmender Beobachtung eine der wenigen Techniken der Sozialforschung, latente Strukturen eines Untersuchungsfeldes zu identifizieren. Ein weiterer Vorteil besteht in WHYTE's Versuch, durch die kontinuierliche Beobachtung binnen drei Jahren auch den Prozeßcharakter von Verhaltensweisen der Gruppenmitglieder und der einzelnen Gruppen herauszuarbeiten. Wenn er auch zugibt, erst spät dieses Möglichkeit gesehen zu haben, so bleibt doch die Tatsache bestehen, daß mit dieser Untersuchung einer der ersten Versuche unternommen wurde, die Gruppen- und Sozialstruktur eines Stadtbezirks in ihren Veränderungen im Zeitablauf zu beschreiben.

6. Die teilnehmende strukturierte Beobachtung
- Eine Untersuchung in Jugendfreizeitheimen

6.1. Die Stellung der Beobachtung in dieser Untersuchung

In einer Monographie über das Verfahren der teilnehmenden strukturierten Beobachtung in einer Untersuchung über Jugendfreizeitheime - neben dieser Datenerhebungsmethode wurde u.a. mit einer Reihe verschiedener Formen des Interviews gearbeitet - versuchten FRIEDRICHS und LÜDTKE (1973) die theoretischen und methodischen Voraussetzungen dieses Verfahrens darzustellen und einige Probleme und praktische Anwendungsmöglichkeiten aufzuzeigen. Gleichzeitig sollte dies "ein erster systematischer Versuch" sein, "standardisierte teilnehmende Beobachtung auf eine Klasse vergleichbarer Beobachtungsobjekte simultan anzuwenden und mit anderen Verfahren zu verbinden" (FRIEDRICHS und LÜDTKE 1973, S. lol).[1)]

Ausgangspunkt ihrer Überlegungen war die im Vergleich zu anderen Verfahren der Sozialforschung mangelnde Berücksichtigung und systematische Erprobung einer Methodologie der teilnehmenden Beobachtung. Der Schwerpunkt der Anwendung in dieser Untersuchung war die "kontrollierte, d.h. standardisierte teilnehmende Beobachtung verschiedener Objekte eines Feldes durch mehrere Beobachter anhand eines einheitlichen Beobachtungsschemas" (S. 7). Erst eine so verstandene und ausgeführte Beobachtung erlaubt eine empirische Überprüfung von Zusammenhängen oder das Auffinden von Regelmäßigkeiten und Gesetzmäßigkeiten. Diese Art einer Analyse blieb dagegen einem Verfahren, wie es in der "Street Corner Society" angewandt wurde verschlossen.

---

1) Da aus diesem Buch in diesem Kapitel häufiger zitiert wird, werden wir im folgenden hinter dem Zitat nur die Seitenzahl des Buches angeben.

Bei der Behandlung der teilnehmenden strukturierten Beobachtung anhand dieser Untersuchung wollen wir uns wieder nur auf die Durchführung und die Bewältigung verfahrensimmanenter Probleme beschränken und die Ergebnisse dieser Studie nicht berücksichtigen.[1)]

Die Jugendfreizeitheimstudie entstand 1966 in der Nachfolge von zwei anderen deutschen Untersuchungen, die mit ähnlichen Methoden gearbeitet hatten (KLUTH, LOHMAR, PONGRATZ u.a.1955 sowie KENTLER, LEITHÄUSER und LESSING 1969). FRIEDRICHS und LÜDTKE bemängeln nun bei ihren Vorgängern, daß in deren Publikationen keine Hinweise auf Operationalisierungen, auf Verschlüsselung und Auswertung der Daten gegeben worden seien und daß eine Qualitätskontrolle der Daten vollständig zu fehlen scheine (vgl. S. lol).

Für ihre eigene Untersuchung ziehen sie daraus folgende Schlüsse, mit denen sie auch dem Anspruch einer strukturierten Beobachtung gerecht werden wollen (vgl. S. lol f.).

1. Das Erhebungsschema muß als Beobachtungsleitfaden nicht nur ausführliche thematische Vorgaben enthalten, sondern auch empirische Indikatoren, Skalen und andere Hilfsmittel;
2. Daten sollen nicht nur qualitativ in extensiver, monographischer Form ausgewertet werden, sondern auch in quantitativ meßbarer Form
3. Abgesehen von den Versuchen, die Ergebnisse als eine Verallgemeinerung von Beobachtungsprotokollen darzustellen (wie etwa bei WHYTE), sollen auch empirische Zusammenhänge systematisch untersucht werden;

---

1) Interessierten Lesern sei deshalb die Lektüre der folgenden Bücher empfohlen, die alle im Rahmen des Projektes über Jugendfreizeitheime entstanden sind: J. FRIEDRICHS und H. LÜDTKE 1971, 2. Aufl. 1973; H. LÜDTKE 1972; ders. und G. GRAUER 1973; G. GRAUER 1972

4. daraus folgernd, wollen sie über eine detaillierte und umfassende Deskription des sozialen Feldes "Jugendfreizeitheime" hinaus noch in den Erklärungsbereich bestimmter, beobachteter sozialer Phänomene vordringen;
5. Die Autoren wollen Kriterien vorstellen, die zu einer Kontrolle der Datenqualität beitragen können.

Inwieweit die Verfasser ihrem eigenen Anspruch gerecht werden konnten, soll an dieser Stelle noch nicht diskutiert werden; dies soll im Abschnitt 6.4. behandelt werden. Hier soll es zunächst einmal um die Darstellung der Vorgehensweise selbst gehen.

Das Beobachtungsfeld dieser Untersuchung bildeten Jugendfreizeitheime mit dem Charakter von "Heimen der offenen Tür", die man soziologisch als begrenzte Sozialsysteme bezeichnen könnte. Sie sollten ein kontinuierliches, von der Arbeit der Jugendverbände unabhängiges Freizeitangebot bereitstellen. Die Auswahl der Heime erfolgte aufgrund einer schriftlichen Fragebogenerhebung über deren Strukturmerkmale; sie umfaßte 73 Heime.

Den Gegenstand ihrer Beobachtungen und die Hypothesen ihrer Untersuchung skizzieren die Autoren wie folgt (S. 1o4):

> "Gegenstand der teilnehmenden Beobachtung im engeren Sinne waren nur die Situationen bzw. der räumliche Teil der Offenen-Tür-Arbeit der Heime für Jugendliche; die Arbeit von Jugendverbänden, mit Kindern oder anderen Klienten und sonstige Aufgabenbereiche der Heime wurden lediglich als Daten des äußeren Systems erhoben. Der Schwerpunkt der Beobachtung lag auf der Aktivität am Abend; nachmittags werden die Heime in der Regel nur von jüngeren Altersgruppen oder Kindern besucht. Die Hypothesen der Untersuchung beziehen sich hauptsächlich auf den empirischen Zusammenhang zwischen dem allgemeinen Feld der Freizeitorientierung von Jugendlichen (ihren Freizeitpräferenzen, Interessen, Motiven, Bezugsgruppen, Partnern und ihrer Jugendkultur) und den institutionell-administrativen Bedingungen der Heime (äusseres System) einerseits sowie ihren innerem System, d.h. ihren Interaktions- und Aktivitätsmustern, an-

> dererseits, wobei bestimmte Annahmen über selektive Mechanismen der Heime als komplexe Organisationen im Verhältnis zum allgemeinen Freizeitfeld der Jugendlichen überprüft werden sollten. Daraus ergab sich eine relative Vielfalt der Erhebungsaufgaben der Beobachter: neben ihrer eigentlichen Beobachtung im Rahmen der Besucheraktivitäten und Gruppierungen sowie der Interaktion zwischen Personal und Besuchern hatten sie eine Reihe von Daten des äußeren Systems zu erheben und eine Besucherbefragung durchzuführen".

Damit sind zwar die Hypothesen und die ihnen zugrunde liegenden soziologischen bzw. sozialpsychologischen Theoriestücke nicht verdeutlicht worden, so daß die Übersetzung in beobachtbare Sachverhalte (Operationalisierung) nicht nachvollzogen und kontrolliert werden kann und damit weitgehend einer Kritik entzogen wird, sofern man nicht gleichzeitig - am besten aber vorher - die ausführliche Darstellung der Ziele und Hypothesen dieser Untersuchung bei LÜDTKE (1972, S. 19 - 175) gelesen hat. Hier werden über 8o Hypothesen bzw. nicht direkt empirisch überprüfbare Sätze ("strategische Propositionen") vorgestellt und ihre Beziehung zu den jeweiligen, vorausgegangenen theoretischen Überlegungen aufgezeigt.Erst dann wird auch deutlich, welchen Stellenwert die teilnehmende Beobachtung in der ganzen Untersuchung hatte: sie war nur <u>eine</u> Methode, um die komplexe Konzeption der Studie überhaupt durchführen zu können Mit ihrer Hilfe sollte das "innere" und "äußere" System der Heime weitgehend erfaßt werden. Beide Begriffe werden in Anlehnung an HOMANS (196o) gebraucht und für die Bedingungen dieser Untersuchung modifiziert. LÜDTKE (1972, S. 138) beschreibt sie wie folgt:

> "Das äußere System der Heime besteht aus einem Gefüge struktureller Variablen, die hinsichtlich der Umweltkomponenten einen relativ stabilen Rahmen funktionalen Verhaltens durch normative Regelung und Selektion von Teilnehmern und bestimmten Handlungsmöglichkeiten gewährleisten. Das äußere System repräsentiert also die Eigenschaft der Heime, mit hoher Wahrscheinlichkeit solche sozialen Muster zu entwickeln, die bestimmten externen Erwartungen entspre-

> chen. Das innere System wird dagegen von den konkreten Artikulationen dieser Muster in den Interaktionsprozessen der Teilnehmer gebildet, die ihre individuellen Komponenten in die aktuelle Heimsituation einbringen, affektive Beziehungen und eine innere "Heimkultur" entwickeln, Solidaritäten, Konkurrenzen und Konflikte zwischen bestimmten Gruppierungen herauszubilden und dadurch die strukturellen Freiheitsgrade des äußeren Systems ausnutzen oder per Eigendynamik auf diese verändernd zurückwirken".

Als Beobachter wurden 74 Studenten ausgewählt, die in zwei dreitägigen Lehrgängen mit ihren Aufgaben vertraut gemacht wurden. Während dieser Lehrgänge wurden die folgenden Schwerpunkte der zukünftigen Untersuchung behandelt (S. 1o6):

> "1. Erläuterung des Feldes und der Hauptprobleme der Untersuchung, Illustration charakteristischer Feldsituationen aufgrund von Primärerfahrungen und vorliegender Literatur;
>
> 2. Strategie der Übernahme angemessener Beobachterrollen;
>
> 3. Analyse des Beobachtungsschemas, Illustration der empirischen Indikatoren, Technik der Beobachtung und der Protokollierung;
>
> 4. Simulation von Feldsituationen, Situationsspiele und deren Protokollierung durch Beobachtergruppen nach verschiedenen Aspekten, kritische Auswertung der Protokolle;
>
> 5. Interviewerschulung."

Mit diesen Lehrgängen und der darin vorgenommenen intensiven Schulung der Beobachter verfolgten die Autoren im wesentlichen zwei Ziele: einmal sollten die Beobachter mit den Problemen des Beobachtungsfeldes bekannt gemacht und zugleich in ihre zukünftigen Beobachterrollen eingewiesen werden und zum anderen mit einem Beobachtungsleitfaden so vertraut zu werden, daß die intersubjektive Vergleichbarkeit der Beobachtungsprotokolle aller Beobachter weitgehend gewährleistet werden konnte.

Der Erfolg oder Mißerfolg jeder teilnehmenden Beobachtung hängt nun in besonderem Maße nicht nur von der theoretischen und methodischen Vorbereitung seitens der Untersuchungsleitung ab, sondern auch von der Bereitschaft der zu beobachtenden Personen zur Zusammenarbeit und von den administrativ-institutionellen Instanzen, von denen bestimmte Beobachtungsfelder, so etwa auch Jugendfreizeitheime, abhängig sein können. Man sollte sich daher i.d.R. des guten Willens dieser Instanzen vergewissern und deren Interesse an einer solchen Untersuchung zu gewinnen suchen. Es erscheint allerdings auch angebracht zu sein, im Feld selbst nicht zu sehr das Interesse einer Institution hervorzuheben, da die beobachteten Personen häufig im Gegensatz zu diesen Institutionen stehen (Jugendgruppen gegen die Heimträgerschaft) und die Beobachter dann als deren verlängerten Arm ansehen würden (Verzerrungen etwa analog zum sog. "sponsorship-bias" beim Interview; vgl. ERBSLÖH 1972, S. 71 und Abschnitt 4.2.1.2.). Aus diesem, aber auch aus anderen Gründen vermeiden es die Autoren, ihren Studenten die Bezeichnung "Beobachter" zu geben; sie wählten stattdessen Bezeichnungen wie "ehrenamtlicher Mitarbeiter","Praktikant" oder "Erziehungshelfer".

Neben der teilnehmenden Beobachtung hatten die Beobachter noch zusätzliche Aufgaben zu erledigen, die die Autoren als komplementäre Erhebungsverfahren bezeichneten (S. 1o7):

"1. Erhebung des sachlichen Arrangements der Heime (bauliche Anlagen, Räume, Ausstattung) und der organisationalen Gegebenheiten durch statistische Datensammlung und Auswertung von Dokumenten;

2. Befragung von Heimexperten (ohne Personal) mittels Beurteilungsskalen mit Bezug auf verschiedene Heim- und Besuchermerkmale;

3. Befragung von Heimbesuchern (N= 2.334) mittels
   a) eines standardisierten Fragebogens für soziale Strukturdaten, Freizeitverhalten, Heimpräferenzen;
   b) Satzergänzungsaufgaben zur Ermittlung verschiedener Einstellungs- und Motivationsausprägungen;
   c) Polaritätsprofilen zur Messung der Stereotype von lo Bezugsgruppen;
   d) Guttman-Skalen zur Messung der Einstellung zur Besuchergruppe einerseits und zum Personal andererseits".

Die Befragung wurde sowohl von den meisten Heimbesuchern als reizvolle Abwechslung im Heimleben positiv aufgenommen, als auch von den Beobachtern überwiegend befürwortet, da die Interviews hinsichtlich ihrer Beobachterrolle und ihrer Stellung gegenüber den Heimbesuchern eine starke, integrative Wirkung hatten und zur Erleichterung des Verständnisses vieler Interaktionen beitrugen.

Im Verlauf der Erhebungsphase wurden die Beobachter einmal in ihrem Heim aufgesucht. Bei diesen Besuchen wurden die Probleme und die Schwierigkeiten besprochen, die den Beobachtern in der Zwischenzeit begegnet waren. Zudem verhinderte in manchen Fällen dieser Besuch das Gefühl der Isolation im Heim. Die Autoren bezeichnen diesen Tatbestand als "emotionalen feedback" und schreiben dazu (S. 1o8):

> "der einzelne, meist in neuer Umgebung relativ isolierte Beobachter konnte über seine persönlichen Probleme berichten, Rat und Anerkennung finden und im direkten Kontakt mit den Untersuchungsleitern den Bezug zur Gesamtuntersuchung herstellen - ein Bedürfnis, das wir vorher stark unterschätzt hatten".

Zum Abschluß der Untersuchung wurden in zwei Zusammenkünften aller Beteiligten die gemeinsamen Erfahrungen ausgetauscht, die Probleme analysiert, die mit dem Beobachtungsschema, der Beobachterrolle und anderen Situationskomponenten verbunden waren.

Die wesentlichen Probleme dieser Untersuchung und gleichzeitig das Hauptunterscheidungsmerkmal zur Untersuchung von WHYTE liegen nun einmal in der Konstruktion eines Beobachtungsleitfadens zur Systematisierung der Beobachtungsakte und zur Lenkung und Kontrolle der Beobachter und zum anderen in den Strategien und den Arbeitsweisen der Beobachter. Die Lösungsversuche der Autoren sollen nun im folgenden dargestellt werden.

6.2. Das Beobachtungsschema der Freizeitheimstudie

Aufgrund des zum Erhebungsbeginn noch fehlenden "vollständigen empirischen Modells" des Beobachtungsfeldes (leider wird nicht deutlich, ob die Autoren damit die mangelnden Kenntnisse über das Untersuchungsfeld "Jugendfreizeitheim" ansprechen wollen, bzw. was man sonst darunter verstehen könnte) war man gezwungen, einen Kompromiß zwischen den Forderungen nach der Allgemeinheit und der Konkretion (Bestimmtheit) des Beobachtungsschemas zu schließen. Die Beobachter sollten auf der einen Seite auf verbindliche Kategorien zurückgreifen können, auf der anderen Seite sollte das Schema aber auch für die Beobachtung unerwarteter, nicht im Schema vorkommender Aspekte offen sein. FRIEDRICHS und LÜDTKE versuchten dieses Problem in folgender Weise zu lösen (vgl. S. 1o8 f.):

1. manche Kategorienreihen waren unvollständig und ließen den Beobachtern genügend Spielraum, um die Reihe durch weitere Kategorien zu ergänzen;
2. die Beobachter sollten an besonders gekennzeichneten Stellen die Wahl einer Kategorie gesondert erläutern bzw. angeben, aus welchen Gründen man sich nicht für eine Kategorie entscheiden konnte;
3. die Beobachter wurden aufgefordert, Tagebuchaufzeichnungen zu führen, in denen sie ihre Probleme als Beobachter schildern und unerwartete Ereignisse im Feld aufzeichnen konnten, sofern diese im Schema selbst nicht einzuordnen waren. Diese Aufzeichnungen konnten die "analytische Strenge und Differenziertheit" des Schemas teilweise kompensieren.

Damit ist ein grundsätzliches Problem der Konstruktion eines Beobachtungsschemas angesprochen: wie weit darf und kann es auf ein bestimmtes Feld abgestimmt sein? Einerseits finden wir sehr allgemein gehaltene Schemata, die auf eine Vielzahl von sozialen Feldern passen, andererseits gibt es feldspezifische Schemata, die eigens für ein bestimmtes Feld entwickelt wurden. Zwischen diesen beiden Polen wird man ein Schema einordnen können, da die Extreme praktisch nur logisch denkbare Alternativen kennzeichnen, denen in der Realität keine wirklich angewandten Schemata entsprechen. Ein zu allgemeines Schema ist quasi inhaltsleer und ein zu spezifisches ist nicht mehr überprüfbar. Ein stärker an den Strukturen bestimmter Felder orientiertes Schema trifft wichtige Sachverhalte besser, vernachlässigt aber die Möglichkeiten der Übertragung der Ergebnisse auf andere Felder.

Das Schema der Freizeitheimstudie ist nun verhältnismäßig stark feldspezifisch angelegt, d.h., es läßt sich nur auf eine bestimmte Art von Heimen anwenden: auf Heime mit dem Charakter der "offenen Tür", nicht aber auch auf geschlossene Heime u.ä. (vgl. dazu auch die Kritik von BERGER 1972, S. 1o6 f.). In dem Dilemma, zwischen einem allgemeinen und einem spezifischen Schema entscheiden zu müssen, fordern die Autoren (S. 1oo):

> "In vergleichenden und generalisierenden Untersuchungen mit teilnehmender Beobachtung zahlreicher Objekte eines Feldes ist, wenn die Varianz entscheidender Strukturmerkmale dieser Objekte prinzipiell unbekannt ist, ein generelles Kategorienschema einem feldspezifischen Schema, das sich an einem Idealmodell oder auch Durchschnittstyp orientiert, vorzuziehen".

Sind die Kategorien zu spezifisch, dann finden sie keine Entsprechung in den Beobachtungen, die Beobachter werden fehlgeleitet und verunsichert und zur Interpretation der Ereignisse hinsichtlich der Gegebenheiten der Kategorien gezwungen. Von den drei Forderungen, an ein Beobachtungsschema - nämlich eine Beobachtung inhaltlich und sprachlich zu lenken und die Aufzeichnung zu erleichtern - betonen die Autoren besonders den letzteren Aspekt, um damit den Beobachtern die Möglichkeit zu geben, unabhängig von der Autorität eines Schemas im konkreten Fall entscheiden zu können, welche Kategorie angesprochen ist.

Wie sah nun das Beobachtungsschema im einzelnen aus? Wir wollen hier ein Inhaltsverzeichnis der wichtigsten Beobachtungsaspekte (Dimensionen) geben; nur die Dimensionen der Abschnitte II und III bezogen sich auf die teilnehmende Beobachtung (Abschnitt III war zudem nicht obligatorisch), während Abschnitt I mittels komplementärer Erhebungsverfahren erfaßt wurde (Interviews und Statistiken; vgl. S. 111 ff.):

"I. Das sachliche Heimarrangement

A. Gebäude und Anlagen

1. Art der Gebäude
2. Heimeigene Anlagen
3. Geschichte des Heims

B. Räumlichkeiten des Heims

1. Liste sämtlicher Räume
2. Ständige Nutzungsarten aller Räumlichkeiten

C. Kapazität des Heims

1. Belegungsstärke
2. Höchstmögliche Belegungsstärke
3. Besucherzahl an Wochentagen
4. Besucherzahl in Monaten

D. Institutionelle Zwecke des Heims

E. Öffnungszeiten des Heims

1. Für reine Offene-Tür-Arbeit
2. Für Jugendverbandarbeit
3. Für sonstige feste Zwecke

F. Das Personal

1. Zusammensetzung des Heimpersonals
2. Statistische Angaben über das hauptamtliche Personal
3. Verantwortliche für die Jugendarbeit, wenn kein hauptamtlicher Heimleiter vorhanden

G. Finanzierung des Heims

1. Gesamthöhe des Etats für 1965 und 1966
2. Herkunft der Mittel für die laufenden Betriebskosten
3. Verhältnis zwischen den finanziellen Beiträgen von Trägern, Behörden, Verbänden u.a. Gruppen

H. Materialausstattung und dauerndes Angebot des Heims

1. Mobiliar und Innenausstattung
2. Materialausstattung
3. Dauerndes Angebot

II. Das soziale Gefüge des Heims

A. Besucher und Programm

1. Besucher (genaue Zählung)
2. Individueller Besuch (Teilnahme einzelner Besucher nach Gästeliste)
3. Programm über die einzelnen Wochen
4. Weitere Beobachtungen zu diesem Teil (Ergebnisse)

B. Interaktions- und Sanktionsstil des Heimleiters (HL)

1. Allgemeine Verhaltensbeobachtungen (Anwesenheit, Aktivitäten, Interaktionen)
2. Spezielle Verhaltensbeobachtungen (nach Situationen und BALES-Kategorien)
3. Erziehungsstil und Führungsstil des Heimleiters im Umgang mit den Jugendlichen
4. Sanktionen des Heimleiters
5. Auswirkungen des Führungs- und Sanktionsstils - Reaktionen der Besucher
6. Die pädagogischen Bemühungen und Intentionen des HL - seine normative Orientierung
7. Auswirkungen der normativen Orientierung des HL
8. Wie definiert der HL "abweichendes Verhalten"
9. Heimleiter und Mitarbeiter

C. Autoritäts- und Rollenstruktur des Heims

1. Die offizielle Heimordnung
2. Die Positionen des Heims
3. Die SElbstverwaltung der Jugendlichen
4. Autoritäts- und Kommunikationsstruktur der Besucher

D. Die Teilnahme an Aktivitäten im Heim

1. Überblick über die tatsächlich ausgeübten Aktivitäten im Heim
2. Initiativen zur Gruppenbildung
3. Beziehungen der Besucher untereinander
4. Heimbesuch und Aktivitäten

E. Differenziertheit und Aufforderungscharakter des Heims

F. Selektionsmechanismen in bezug auf die Besucherschaft

G. Heim und Umwelt

1. Die sozialökologische Umwelt
2. Formen, Mittel und Wirkungen der Werbung
3. Nachbarschaft und Eltern

4. Das Verhältnis des Heims zu Trägern und Behörden
5. Zusammenarbeit mit anderen Institutionen

III. Intensive Beobachtung spezieller sozialer Situationen und Interaktionen
   A. Typische Situationen des Heimlebens
      1. Klassifikation und Charakterisierung solcher Situationen
      2. Bedeutung und Umfang, Häufigkeit und Folgen dieser Situationen für die gesamte Sozialorganisation des Heims
   B. Die spezifischen Merkmale dieser Situationen
      1. Ziel, Thematik, Orientierungsgegenstand
      2. Ausgedrückte Motive, Gefühle, Affekte, Einstellungen
      3. Art und Form der Aktivitäten
      4. Geschlossenheit der Aktivitäten
      5. Medien der Interaktion
      6. Teilnehmende Personen
      7. Sprachliche Formen und Inhalte der Interaktionen
      8. Der Zusammenhang der Situationen
   C. Soziale Prozesse der Situation"

Die einzelnen, in diesem Gliederungsschema vorkommenden Dimensionen beziehen sich nun auf relativ abstrakte Bereiche und Aspekte des Sozialsystems "Jugendfreizeitheim" und seiner jeweiligen Umwelt. Erst innerhalb dieser einzelnen Dimensionen versuchten die Autoren verschiedene Situationen anzugeben, die zusammen dann das vollständige Schema ergaben. Eine ausführliche Wiedergabe aller Kategorien für alle Dimensionen würde in diesem Zusammenhang zu weit führen; zudem haben wir im Abschnitt 4.1.2. bereits das Beispiel der Operationalisierung der Dimension II B. 4 "Sanktion des Heimleiters" kennengelernt. In ähnlicher Form und mit z.T. noch detaillierteren Anweisungen definieren die Autoren jede Dimension im Schema. Sie sprechen damit also nicht Kategorien im eigentlichen Sinn an, sondern empirische Indikatoren (vgl. dazu auch S. 114 ff. und LÜDTKE und GRAUER 1973, S. 221 ff.).

Mit einem solchen Schema verfolgten die Autoren mehrere Ziele: Zum ersten wollten sie allgemeine Beobachtungsbereiche unterscheiden und bei diesen wieder nach Merkmalen differenzieren; zum zweiten wollten sie auf gewisse Verbindungen zwischen einzelnen Dimensionen und deren Merkmalen aufmerksam machen; drittens sollten die Situationen angesprochen werden, in denen solche Merkmale typischerweise auftreten und viertens sollten empirische Indikatoren und Operationalisierungen angegeben werden, die alternativ (aber nicht unbedingt bereits vollständig) für einzelne Dimensionen gelten konnten.

Wie sahen nun die praktischen Erfahrungen aus,die die Autoren und die Beobachter mit diesem Kategorienschema machten?

Wie bereits oben erwähnt, wurden im Schema selbst zwar Situationen angesprochen, nicht aber direkt als Beobachtungseinheiten definiert. Diese betrafen daher die verschiedensten Beobachtungssituationen und -objekte, sodaß sich die Beobachter in ihren Beobachtungen auf unterschiedliche Situationen beziehen konnten; zudem traten teilweise erhebliche Unterschiede in der Ausführlichkeit der Protokollierung auf. Darin lag dann auch wohl einer der entschiedensten Mängel dieses Schemas.

Eine weitere Schwierigkeit war die manchmal zu abstrakte und theoretische Formulierung einzelner Dimensionen, sowie eine zu weit gehende Differenzierung innerhalb einiger Dimensionen. So hatten viele Beobachter Probleme in der Anwendung der BALES'schen Kategorien auf die Interaktionen des Heimleiters (Dimension II B. 2). Die Autoren sprechen hier von der Schwierigkeit, eine für eine relative einfache Situation (Interaktionen innerhalb einer Kleingruppe) erstelltes Schema auf eine komplexe Situation anwenden zu wollen (vgl. S. 119).

So feldspezifisch die Autoren das Schema auch angelegt hatten, so schien es doch nicht für alle Heime geeignet zu sein: die Situationen in den einzelnen Heimen waren sehr oft zu unterschiedlich, um eine generellere Lösung des Problems,ein Beobachtungsschema aufzustellen, zu erlauben. Zudem konnten sich manche Beobachter nicht in den konkreten Situationen von Schema und dessen Anweisungen lösen; das Vertrauen "in die Kompetenz der Spezialisten", die das Schema ausgearbeitet hatten, schien teilweise noch recht groß zu sein.

Es erscheint uns allerdings etwas problematisch, hier von einem Beobachtungsschema zu sprechen, wird damit doch zu leicht eine Vorgehensweise der standardisierten nicht teilnehmenden Beobachtung (BALES u.a.) assoziiert. Wenn auch in einer sehr detaillierten Form, so liegt uns in dieser Untersuchung doch "nur" ein Beobachtungsleitfaden vor, durch den der Versuch gemacht werden soll, stärker als sonst bei teilnehmender Beobachtung möglich und üblich, die Beobachtungen zu lenken und zu kontrollieren.

Durch diese Probleme und Schwierigkeiten ergab sich dann während der Feldarbeit zwangsläufig ein gewisser Schwerpunkt bei den rein statistischen und beschreibenden Beobachtungen; die Situations- und Verhaltensbeobachtungen wurden dagegen etwas vernachlässigt. FRIEDRICHS und LÜDTKE entwickelten nun aus diesen Erfahrungen heraus einige Bedingungen für eine zuverlässige Anwendung der standardisierten Beobachtung in der Sozialforschung, d.h. einer standardisierten Feldbeobachtung (S. 12o f.):

"1. Die im Schema vorgegebenen Beobachtungseinheiten sollten sich auf jene Feldsituationen beschränken, die aufgrund eines repräsentativen Pretests als wahrscheinlichste oder typischste anzusehen sind.

2. Standardisierte teilnehmende Beobachtung wird sich also in der Regel, d.h. in relativ komplexen Feldern, auf Beobachtungseinheiten beschränken müssen,

deren Häufigkeit und Bedeutung im Feld prinzipiell bekannt sind. Die Beobachtung untypischer oder zufälliger Situationen und Ereignisse wird besser in einer explorativen Erhebung anhand von kategorial weitgehend offenen Schemata zu leisten sein.

3. Soll ein Kompromiß zwischen beiden Funktionen in einer Erhebung erzielt werden, so sind standardisierte und offene Feldbeobachtung im Schema und in zeitlicher Abfolge klar zu trennen. Der Beobachter muß dabei gelernt haben, welchem Schwerpunkt er sich jeweils intensiv zuwenden soll, damit ein Übergewicht des "leichteren" Beobachtungsteiles verhindert wird.

4. Je höher die Merkmalsvarianz der verschiedenen Objekte eines Beobachtungsfeldes ist, desto geringer muß die Zahl der Beobachtungseinheiten des Schemas im Verhältnis zur Gesamtzahl der möglichen Einheiten und desto allgemeiner müssen die operationalen Beobachtungskategorien sein. Gegensätzliche Extreme sind z.B. die Felder "Kompanie der Waffengattung X" (geringe Varianz aufgrund identischer Formalstruktur) und "Informaler Jugendclub" (hohe Varianz aufgrund verschiedener Aktivitäten z.B. Pop-Musik oder politische Diskussion).

5. Die gleiche Forderung gilt für den Grad der Komplexität von Beobachtungseinheiten: Interagiert der Beobachter in Situationen mit vielen Personen und physischen Objekten, so soll er weniger verschiedene Situationen nach allgemeineren Kategorien beobachten als wenn er es in der Regel mit Situationen zu tun hat, die nur wenige Personen (und physische Objekte) einschließen.

6. Ist der Untersuchungsansatz sehr global, d.h. soll sich, wie im Fall der Freizeitheimstudie, die Beobachtung mehrerer Beobachter auf sehr verschiedene Dimensionen bzw. Einheiten des Feldes beziehen und lassen der Pretest sowie die Tests der Beobachterschulung vermuten, daß die Beobachter durch diese Aufgabe überfordert werden, so kann eine erfolgreiche Standardisierung nur durch eine Restriktion des Schemas auf solche Einheiten garantiert werden, die sich hinsichtlich der Kategorien nicht allzusehr voneinander unterscheiden.

7. Soll der globale Untersuchungsansatz dennoch aufrecht erhalten werden, so empfehlen sich folgende Alternativen:

a) eine zeitliche Aufteilung der Beobachtung: Zuerst wird die Beobachtung des einen Teils der Einheiten abgeschlossen, danach (möglichst durch andere Beobachter) der verbleibende Teil;

b) eine personelle Aufteilung der Einheiten: In einem Objekt konzentrieren sich mehrere Beobachter auf verschiedene Teile des Schemas;

c) ein Splitting der Einheiten: die Beobachtung konzentriert sich in den einzelnen Feldobjekten auf je verschiedene Einheiten, d.h. in keinem Objekt werden alle Einheiten beobachtet; insgesamt aber wird jede Einheit in mindestens zwei verschiedenen Objekten beobachtet".

6.3. Strategie und Arbeitsweise der Beobachter

Durch die ausführliche Beschreibung der Beobachtungsdimensionen (vgl. Beispiel S. 73 in diesem Skriptum) waren die Beobachter gehalten, bestimmte Situationen und Ereignisse zu beobachten und ihre Beobachtungen zu protokollieren. Ihre Vorgehens- und Arbeitsweisen sollen hier kurz beschrieben werden.

Die Aufzeichnungen der Beobachter lassen sich etwa wie folgt in verschiedene Arten der Protokollierung unterteilen:

1. "Basisprotokolle" komplexer Situationen:
In den meisten Protokollen von komplexen Situationen wurden verschiedene Einheiten innerhalb eines Situationskontextes mit dimensionaler Überlagerung beschrieben, d.h. die Protokolle erstreckten sich über mehrere Dimensionen und enthielten Beobachtungen von bereits generalisierendem Inhalt: die Beobachter versuchten gleiche oder auch ähnliche Vorgänge zu ordnen und somit ein komplexes Syndrom von konstanten Eigenschaften des Besucherverhaltens aufzuzeigen.

Im Gegensatz zu diesen Protokollen standen die Aufzeichnungen zeitlich begrenzter Situationen. Auch hier überlagerten sich mehrere Dimensionen; es wurden aber keine Generalisierungen vom Beobachter vorgenommen; diese erfolgten später bei der Vorlage mehrerer solcher Protokolle von verschiedenen Beobachtern. Der Vorteil dieser Art von Protokollen lag darin, daß man ihre Angaben besser anhand der Vorgaben des Leitfadens überprüfen konnte als dies bei den verallgemeinernden Protokollen möglich war.

Eine weitere Möglichkeit der Aufzeichnung komplexer Situationen lag in der knappen Darstellung mittels mehr statistischer Daten über einen Prozeßverlauf. In einem solchen Protokoll beschränkte man sich im wesentlichen auf Zahlen, Zeitangaben und auf physische Daten; soziale Indikatoren und Verhaltensbeschreibungen der Teilnehmer fehlten fast ganz. Die Autoren bezeichnen ein solches Protokoll als "informationsarm".

2. Die Beschreibung sozialer Beziehungen von Gruppen und Personen

Diese Protokolle lagen auf einer mittleren Abstraktionsebene zwischen der Beschreibung komplexer Situationen und der Beschreibung elementarer Verhaltensweisen. Sowohl mit der Beschreibung der sozialen Beziehungen(zwischen Besuchern und Personal, innerhalb der Besucherschaft allgemein, zwischen Jungen und Mädchen, innerhalb des Personals etc.) als auch bei der Beschreibung von Personen und Gruppen (Führer und Status-Personen, Heimleiter, einzelne Jugendgruppen etc.) ergaben sich kaum Schwierigkeiten. Diese Einheiten waren relativ einfach zu beobachten und die Protokollierung der Beziehungen wies keine Probleme auf.

Besonders wichtig scheint in diesem Zusammenhang die exakte Beschreibung der Schlüsselpersonen zu sein. Geht man von der Annahme aus, daß sich die für eine Untersuchung wichtigsten sozialen Prozesse um diese Personen kristallisieren (WHYTE machte jedenfalls auch diese Erfahrung), dann erscheint die

Beschreibung dieser Personengruppe von großer Wichtigkeit zu sein; ein entsprechend sensibilisierter Beobachter kann somit die für eine Untersuchung relevanten Situationen viel leichter identifizieren als ein Beobachter, der diesem Personenkreis weniger Beachtung schenkt.

3. Die Sammlung und Beschreibung elementarer Verhaltensweisen:
Elementare Verhaltensweisen wurden in fast allen Protokollen der oben geschilderten Art beschrieben und gesammelt. Besonders wichtig waren sie für Vergleiche der Beziehungen zwischen einzelnen Akteuren und Gruppen. Sie eigneten sich zudem vorzüglich zur empirischen Veranschaulichung allgemeiner Aussagen; sie enthielten im wesentlichen prägnante Darstellungen von typischen Redewendungen, des Jargons der Jugendlichen oder auch von mehr "rituellen" Handlungen im Kontext spezifischer Situationen (z.B. im Verhältnis von Jungen und Mädchen).

4. Beschreibung der die Beobachtung unterstützenden Hilfsmittel:
Mittels spezieller Hilfsmittel versuchten manche Beobachter komplizierte Sachverhalte zu veranschaulichen und zusätzliche Möglichkeiten für die spätere Auswertung auszuschöpfen. Die Hilfsmittel wurden meistens ad hoc eingesetzt und ohne vorherige Absprache mit dem Leitungsteam. So wurden Listen geführt, auf denen einige statistische Angaben für jeden Besucher, sowie der Zeitraum seiner Anwesenheit im Heim festgehalten waren. Mit solchen Listen war eine einfachere Identifikation von Gruppen, von Außenseitern und Einzelgängern möglich; damit konnte die Beziehung zum jeweiligen Verhalten der Jugendlichen hergestellt werden.

Andere Beobachter führten unter den Besuchern soziometrische Tests durch und gewannen dadurch neue empirische Indikatoren zur Beschreibung von sozialen Interaktionen. Durch die verschiedensten Arten von Schaubildern und Darstellungen versuchten einige Beobachter einen Überblick über die Beziehungen der Heimbesucher zur persönlichen und institutionellen Umwelt zu gewinnen. Besonders Hilfsmittel dieser Art erleichterten nicht nur die Aufzeichnungen von Beobachtungen und deren Einordnung in eine vorgegebene Systematik, sondern standardisierten das Beobachtungsmaterial auch auf einen generellen Vergleichsmaßstab hin und erfüllten somit eine wichtige Funktion für die Auswertung.

6.4. Die Bewertung dieser Untersuchung

"Noch immer ist die Standardisierung der teilnehmenden Beobachtung ein Programm". (FRIEDRICHS und LÜDTKE 1973, im Vorwort zur 2. Auflage). Mit diesen Worten ist der Stellenwert dieser Methode im Rahmen der sozialwissenschaftlichen Erhebungstechniken wohl treffend gekennzeichnet. Dies macht aber auch zugleich eine Bewertung jeder Untersuchung, die mit einem solchen Verfahren arbeitet, schwierig und problematisch, ist man sich doch immer bewußt, daß hier noch quasi "Grundlagenforschung" betrieben wird (neben den eigentlichen, inhaltlichen Problemen in einer Untersuchung) und daß der Erfolg oder Mißerfolg in einer Feldforschung von vielen Unwägbarkeiten und Zufälligkeiten abhängen kann.

Dies sollte uns aber nicht daran hindern, auf dem Hintergrund der Überlegungen zu den einzelnen Problemen einer wissenschaftlichen Beobachtung, die Anwendung der teilnehmenden strukturierten Beobachtung in dieser Untersuchung zu beurteilen und gleichzeitig aufzuzeigen, welche Wegstrecke noch zur völligen Standardisierung zurückzulegen ist bzw. welche Probleme noch zu lösen sind.

Wir haben bereits auf die Schwäche des Beobachtungsleitfadens hingewiesen, der eigentlich kein Schema im engeren Sinne ist.

Vom Ansatz her können wir es vielleicht als eine Kombination von Merkmalssystem mit Ratingsystem kennzeichnen, in dem nur einzelne Dimensionen mit einem wirklichen Kategoriensystem erfaßt werden sollen (z.B. Dimension II B.2). Die Beobachtungseinheiten wurden nicht als kleinste Einheit einer Beobachtung definiert, sondern wurden inhaltlich so weit gefaßt, daß die Beobachter sich nicht auf genau spezifizierte Situationen beziehen konnten. So wird dann auch zu Recht nur von einem "teil standardisierten" Schema gesprochen (LÜDTKE 1972, S. 181). Der Spielraum eines jeden Beobachters war nicht nur in der Beobachtung selbst, sondern mehr noch in der Protokollierung verhältnismäßig groß, so daß die Autoren Protokolle unterschiedlicher Qualität erhielten. Die Unterschiedlichkeit des Rohmaterials brachte dann natürlich auch Probleme für die Auswertung. In vielen Fällen war eine "inhaltsanalytische Umformulierung" einzelner Beobachtungseinheiten und damit eine Anpassung an die Protokolle notwendig, um die Daten für eine Auswertung kodieren zu können (vgl. FRIEDRICHS und LÜDTKE 1973, S. 139). In der Auswertung selbst wurde dann mehr auf die Gemeinsamkeiten in verschiedenen Protokollen geachtet als auf die Einhaltung und die Vollständigkeit der Beobachtungseinheiten. Die Beobachtungen wurden also auf den kleinsten gemeinsamen Nenner gebracht, sofern sie nicht inhaltlich von den im Leitfaden angegebenen Dimensionen abwichen. Die Autoren erkennen, daß dabei wichtige Basisinformationen verloren gingen und lediglich die Systematik und Exaktheit der Auswertung aufrechterhalten wurde (S. 14o). Dies ist aber sicher nicht nur ein Problem dieser Untersuchung, sondern allgemein beim Versuch der Standardisierung teilnehmender Beobachtung festzustellen: das Problem der Strukturierung wird von der eigentlichen Beobachtung verlagert auf die Phasen der Analyse und der Auswertung, in der mit einer Reihe von Transformationsschritten die Beobachtungsrohdaten weiterverarbeitet werden. Im Vergleich zur bisherigen Methodik teilnehmender Beobachtung ist aber die Beschränkung der Strukturierung auf

Analyse und Auswertung ein wichtiger Schritt nach vorne.

Eine Beurteilung der Transformationen ist nur schwer möglich, da die Autoren nur eine einzige davon vorstellen (S. 14o f.) und die Mehrzahl der Verhaltensprotokolle nicht in solche Auswertungen eingingen, sondern "in Form von Auszügen systematisch gesammelt und qualitativ ausgewertet wurden" (LÜDTKE und GRAUER 1973, S. 77). Außerdem müssen wir hier noch einmal betonen, daß viele wichtige Aspekte in dieser Untersuchung nicht mittels teilnehmender Beobachtung erhoben wurden, sondern durch andere Erhebungsverfahren. Es kann deshalb unserer Ansicht nach auch nicht klar entschieden werden, ob die mit dieser Untersuchung erfolgte Überprüfung von Hypothesen wirklich auf die Standardisierung der Beobachtungen oder nicht doch in größerem Maße auf die kunstvollen Transformationen der Auswertung zurückzuführen sind.

Dem Problem der Zuverlässigkeit und Gültigkeit von Daten aus teilnehmender Beobachtung geben die Autoren breiten Raum. Die Gültigkeit konnte relativ leicht überprüft werden, da ausreichende, komplementäre Außenkriterien zur Verfügung standen. Die Prüfung der Zuverlässigkeit erfolgte auf indirektem Wege durch Kontrolle des Rollenverhaltens der Beobachter und die bereits erwähnte "sekundäre" Standardisierung in der Auswertungsphase, da die theoretisch am einfachsten zu begründenden Formen der Zuverlässigkeitskontrolle (Simultan- und Parallelbeobachtungen) in einer teilnehmenden Beobachtung i. d.R. zu aufwendig sind.Es müßte aber sicher noch in einigen weiteren Untersuchungen gezeigt werden, ob man die Kontrolle des Rollenverhaltens als Kriterium zur Zuverlässigkeitsprüfung verwenden kann, da nicht in allen Feldern die Rollenfindung so relativ einfach sein wird, wodurch das Verhalten der Beobachter leicht kontrolliert werden kann.

Die Beobachter unterzogen sich in dieser Untersuchung einer intensiven Schulung und befanden sich unter einer kontinuierlichen Kontrolle seitens der Forschungsleitung (vgl. Abschnit 4.2.1.4.). Sie übernahmen in den Heimen die Rollen von Prakti kanten, die als ehrenamtliche Helfer den jeweiligen Heimleitern zugeordnet waren. In geringem Umfang konnten sie aber ihre Rollen insofern selbst definieren, als sie verschiedene Funktionen in den Heimen ausüben konnten, die von den Autoren als Leitungs-, Verwaltungs- und integrative Funktionen bezeichnet wurden. Die beiden ersten Funktionen waren mehr personalorientiert, während die letzte besucherorientiert war. Über die Hälfte der Beobachter (54%) bezeichnete sich selbst als besucherorientiert (vgl. S. 18o).

Die Problemlosigkeit der Rollenfindung und -definition zeigte sich in der Untersuchung darin, daß es zwischen Beobachtern und Jugendlichen nur selten zu Rollenkonflikten kam; wegen der mangelnden Professionalisierung der Berufspositionen des Heimpersonals ergaben sich dagegen einige Schwierigkeiten,da in diesen Fällen die Beobachter als Konkurrenten angesehen wurden.

Verzerrungen durch "going native" spielten, wie die Autoren glauben, ebenfalls keine Rolle, da einmal die Beobachtungszeit zu kurz war (25 - 4o Tage Beobachtungszeit pro Heim), um eine innere Angleichung an die Verhaltensweisen im Feld vermuten zu können und zum anderen die Heterogenität des Fel des einer solchen Angleichung im Wege stand. Die Beobachtung erfolgten weitgehend verdeckt, d.h., die Beobachter waren zu verdeckten Beobachtung gehalten, konnten aber in einigen Fäl len ihre Tarnung nicht durchhalten. Aufgrund der großen Fremdheit des Feldes für die studentischen Praktikanten und der starken Expressivität in den Heimen finden wir in di ser Untersuchung eine starke Intensität in der Teilnahme der Beobachter an den Aktivitäten der Heime.

Durch die verhältnismäßig große Überschaubarkeit des Sozialsystems "Jugendfreizeitheime" und durch die Konzentration der Beobachtung auf eng umgrenzte Situationen war auch die Auswahl von Schlüsselpersonen methodisch unproblematisch. Außerdem bekamen die Beobachter vor Eintritt ins Feld eine Liste mit Personen, die als Informanten in Betracht kamen.

Wenn wir abschließend eine Gesamtbeurteilung der Methode der strukturierten Beobachtung im Rahmen dieser Untersuchung geben wollen, dann müssen wir den Zusammenhang zu einigen älteren Untersuchungen sehen (KLUTH, LOHMAR und PONGRATZ u.a. 1955, DAHEIM 1957, ATTESLANDER 1959, BALES 1962, KENTLER, LEITHÄUSER und LESSING 1969 und einige andere mehr; vgl. auch die Zusammenstellung bei FRIEDRICHS und LÜDTKE 1973, S. 24 f.), um den zweifellosen Fortschritt zu erkennen, den diese Untersuchung darstellt. Sie reiht sich damit in eine Entwicklung ein, die eine Verfeinerung jener Methoden verfolgt, die bisher durch die Überbewertung des Interviews in der empirischen Sozialforschung vernachlässigt wurden. Die Zahl der Forscher, die sich besonders in den letzten Jahren dieses Verfahrens angenommen haben, läßt unserer Ansicht nach für die Zukunft einige Fortschritte erwarten.

7. Die strukturierte nicht-teilnehmende Beobachtung

7.1. Vorbedingungen für die Arbeit mit diesem Verfahren

Eine strukturierte nicht-teilnehmende Beobachtung (in der anglo-amerikanischen Literatur als systematische Beobachtung bezeichnet), empfiehlt sich, wenn bereits Kenntnisse über das zu beobachtende Objekt erworben hat und sich zur Beschreibung und Diagnose auf Kategorien beziehen kann, die schon vor der eigentlichen Materialsammlung festgelegt wurden. Dieses Verfahren wird am häufigsten zur Untersuchung kleiner Gruppen herangezogen, deren Mitglieder in einem unmittelbaren Kontakt zueinander stehen. Es lassen sich - je nach Struktur des Feldes - aber auch größere Einheiten systematisch beobachten. Dabei sollte man aber (etwa durch eine teilnehmende Beobachtung) genügend Vorkenntnisse erworben haben, um eine erweiterte Analyse vornehmen zu können. Entscheidend für den Einsatz einer strukturierten Beobachtung ist also nicht so sehr die Gruppengröße, sondern die Kenntnisse über die Struktur und das Leben in einer Gruppe. Man ist dabei nicht unbedingt auf eigene Voruntersuchungen angewiesen, sondern kann auf Literatur- und Forschungsberichte und auf theoretische Erkenntnisse zurückgreifen.

Gleichzeitig muß man sich entscheiden, ob man mit einer teilnehmenden oder mit einer nicht-teilnehmenden Beobachtung arbeiten will. Diese Entscheidung ist im wesentlichen von zwei Faktoren abhängig:

1. von der untersuchten Gruppe: Durch das Wissen über bestimmte Gruppen und über das Verhalten ihrer Mitglieder können wir Aussagen darüber machen, inwieweit ein teilnehmender Beobachter Zugang zu einem Feld haben wird und welche Verhaltensbeeinflussungen durch seine Teilnahme erfolgen werden. Außerdem muß, wie wir gesehen haben, der Homogenitätsgrad eines Feldes in einer Entscheidung mit berücksichtigt werden;
2. von den Forschungszielen: Besonders wichtig sind nun die Absichten eines Forschers, die er in einer Unter-

> suchung verfolgen will. Liegt es in seiner Absicht und ist er zudem in der Lage, Situationen so zu kontrollieren, daß unerwartete Beeinflussungen und Störungen des Verhaltens der Beobachteten weitgehend ausgeschlossen werden sollen und auch ausgeschlossen werden können, dann ist er gezwungen, die größte Beeinflussungs- und Verzerrungsgefahr auszuschalten, nämlich den teilnehmenden Beobachter. Wir kommen mit der Kontrolle von Situationsbedingungen und mit der gleichzeitigen Variation von Faktoren in verschiedenen Beobachtungsserien allerdings schon in Bereiche experimenteller Beobachtungen (vgl. ZIMMERMANN 1972, S. 194 ff.).

Das zentrale Problem dieses Verfahrens liegt nun im Ausmaß, wie die Wahrnehmung organisiert und kontrolliert wird. Dies soll durch die Standardisierung von drei Selektionsprozessen erfolgen (vgl. FRIEDRICHS 1973 b, S. 271 f.): Die erste Selektion erfolgt bereits in der Definition der Wahrnehmungsinhalte (worauf soll sich eine Beobachtung richten?); die zweite Selektion betrifft die Definition von einzelnen Gesichtspunkten der Wahrnehmung, sowie zeitliche und andere Angaben (Unterteilung der ausgewählten Wahrnehmungsinhalte); die dritte Selektion bezieht sich auf die Protokollierung und Kodierung von Wahrnehmungen mit Hilfe eines Schemas oder audiovisueller Hilfsmittel, sowie auf die Auswertung, in der wiederum auf das Schema zurückgegriffen wird. Es sollen also die folgenden Phasen einer Wahrnehmung kontrolliert und standardisiert werden: die Selektion selbst, die Provokation eines Verhaltens, die Protokollierung, die Kodierung und die Auswertung (vgl. WEICK 1968, S. 36o). Außerdem sollen Ad-hoc-Interpretationen des Beobachters aber auch des Forschers vermieden werden. Zusammenhänge von Variablen und die Interpretation eines beobachteten Verhaltens sollen nur in Hypothesen über die Zusammenhänge einzelner Variablen mit anderen Hypothesen oder Variablen begründet sein.

Im Verhältnis zu Ergebnissen des Interviews oder der teilnehmenden Beobachtung finden wir in der strukturierten nicht-teilnehmenden Beobachtung eine verhältnismäßig starke Einengung und Begrenzung auf Teilaspekte komplexer Handlungsprozesse, wodurch vielleicht die etwas einseitige Ausrichtung dieses Verfahrens an psychologischen und sozialpsychologischen Fragestellungen verständlich wird.

Die am häufigsten Beobachteten Verhaltensweisen in systematischen Beobachtungen sind verbales Verhalten und sinnlich wahrnehmbare Merkmale individueller, interaktiver Verhaltensweisen (Mimik, Körperbewegungen, Blickverhalten, räumliches Verhalten etc.). Manche Kategoriensysteme beziehen sich nur auf strukturelle Merkmale des Sprechens (Zeit, Intonation u. ä,) oder auf interaktive Verhaltensweisen (Stärke, Richtung u.ä.), andere versuchen dagegen dieses Verhalten auch inhaltlich zu erfassen. Viele dieser Systeme zur Beobachtung sozialer Interaktionen sind so spezifisch in ihrer Problemstellung daß sie nur von geringer genereller Relevanz sein können, d. h., allgemeinere Aussagen, etwa über das Verhalten und die Struktur aller Kleingruppen, Schulklassen, Ferienlager etc., sind kaum möglich. Die Beobachtungsschemata sind dann zu feld spezifisch auf bestimmte Untersuchungsobjekte und Fragestellungen hin angelegt. Wir werden noch zu überprüfen haben, ob dieser Mangel - im Sinne der Vertiefung und Erweiterung theoretischer Kenntnisse ist dies sicher auch ein Vorteil - auf die hier vorgestellten Kategorienschemata zutrifft.

Dieses Kapitel beschränkt sich nun im wesentlichen auf die Darstellung von Versuchen, Kategoriensysteme zu entwickeln, die sich vorwiegend mit dem Inhalt von sprachlichen Kommunikationen befassen. Untersucht wird i.d.R. das Verhalten von Mitgliedern der verschiedenartigsten Gruppen (Diskussionsgruppen, Arbeitsgruppen, Schulklassen, Familien, Gruppen psychisch Kranker etc.) und ihre sozialen Interaktionen. Die Beobachtung beschränkt sich zudem nicht nur auf die einfache Protokollierung des Verhaltens, sondern versucht auch gleichzeitig dieses Verhalten interpretierend verschiedenen Kategorien zuzuordnen.

7.2. Die Interaktionsanalyse von Robert F. BALES (IPA)

7.2.1. Theoretische Grundlagen der Interaktionsanalyse

"Die Interaktionsanalyse ist eine Beobachtungsmethode zur Untersuchung von sozialem und emotionalem Verhalten von Individuen in Kleingruppen, ihre Problemlösungsversuche, ihre Rollen und Statusstruktur und deren Wandel im Zeitablauf" (BALES 1968a, S. 465).

Der Begriff "interaction process analysis" fand in die sozialwissenschaftliche Literatur durch ein Buch gleichen Namens von BALES (195ob) Eingang und stand als Sammelbezeichnung für eine Anzahl von ähnlichen Methoden. Einige dieser Methoden wurden in experimentellen Kleingruppenuntersuchungen angewandt, andere in Therapiestudien und in Schulklassenuntersuchungen. Erscheint es auch theoretisch gerechtfertigt,den Begriff "interaction process analysis" für eine Vielfalt von einander sehr ähnlichen Verfahren als Sammelbezeichnung zu verwenden, so ist doch in der Praxis der eindeutige Bezug zu einer bestimmten Methode und zu einem bestimmten Kategoriensystem gegeben: nämlich zu dem von BALES entwickelten Konzept und Schema.

Dieses Konzept stellt den Versuch dar, ein deskriptives und diagnostisches Verfahren zu entwickeln, daß eine theoretisch relevante Messung aller Arten von Kleingruppen ermöglicht. Ausgangspunkt war die Überzeugung, daß eine generelle Theorie über die Struktur von Gruppen und über den Prozess von Interaktionen möglich sei.

Diese Theorie finden wir in der Theorie sozialer Systeme, als deren prominentesten Vertreter wir PARSONS nennen müssen. Die "pattern variables" von PARSONS stehen als generalisierende Aussagen in engem Zusammenhang mit den von BALES und seinen Kollegen vom "Laboratory of Social Relations" in Harvard entwickelten Kategorien zur Beobachtung problemlösender Gruppen (vgl. EBERLEIN 1971, S. 61 ff.). BALES postuliert, daß jedes soziale System, also auch jede der von ihm untersuchten Kleingruppen dazu tendiert, zwischen theoretischen Extremen zu pendeln: zwischen optimaler innerer Integration zu Lasten der Anpassung an die äußere Situation und optimaler Anpassung zu Lasten der inneren Integration (vgl. BALES 1961, S. 128). Es besteht also eine prinzipielle strukturelle Gleichheit von Mikro- und Makrosystemen, auf der dann die Hypothesen zur Entwicklung seines Schemas beruhen (vgl. Abschnitt 7.2.3., in dem auf die Kategorien im einzelnen eingegangen wird).

Die Interaktionsanalyse ist damit als eine allgemeine Methode zur Beobachtung kleiner Gruppen anzusehen, da "sie unabhängig von dem Thema und der Aufgabe, mit der sich die Gruppe befaßt, angewendet werden kann, indem sie die Meßbarkeit eines Systems von theoretisch bedeutsamen Variablen eröffnet" (BALES 1968b, S. 149).

BALES selbst und auch andere Forscher arbeiteten mit dieser Methode unter den verschiedensten Bedingungen und mit den unterschiedlichsten Arten von Gruppen: Ausschüsse und Arbeitsgruppen in ihrer natürlichen Umgebung, Gruppen in therapeutischen Sitzungen und Ehepaare, bei denen durch Interviews ermittelte Meinungsverschiedenheiten aufgetaucht waren. Das Hauptinteresse von BALES lag aber in der Beobachtung sogenannter beschlußfassender und problemlösender Diskussionsgruppen der eigenen Kultur (die Gruppengröße variierte von 2 - lo Personen).

Wir wollen im folgenden versuchen, einige der Probleme zu behandeln, die bei der Arbeit mit diesem Schema auftauchen können und die es demnach zu beachten gilt; weiterhin sollen die Kategorien dargestellt und einzelne Anwendungsmöglichkeiten aufgezeigt werden.

7.2.2. Der Beobachtungsraum

Der größte Teil der Beobachtungen beschlußfassender oder problemlösender Gruppen wurde in Laboratorien durchgeführt, die von der Außenwelt abgeschlossen waren. Die Beobachter konnten in das Laboratorium hineinsehen, ohne selbst gesehen zu werden.

BALES nennt nun drei Gruppen von Personen, auf die in dieser typischen Beobachtungssituation Rücksicht genommen werden muß. Dabei stellen die beiden ersten Personengruppen die eigentlichen Protagonisten einer Beobachtung dar, während die dritte Gruppe eigentlich in dieser Situation nichts zu suchen hat, in den Untersuchungen von BALES aber sehr oft anwesend war: 1. die Gruppenmitglieder als Beobachtungsobjekte; 2. die spezialisierten Beobachter, die auch zugleich die Verkoder sind (Eintragungen werden ja sofort im Kategorienschema vorgenommen); 3. andere, nicht spezialisierte Beobachter, Zuschauer und Interessenten. Es ist nun wichtig, bei der konkreten Ausgestaltung des Beobachtungsraumes (Beobachterraum und Gruppenraum) auf die beiden ersten Gruppen besonders Rücksicht zu nehmen.

Je nachdem, ob wir es mit ad hoc zusammengestellten Gruppen zu tun haben oder nicht, wird es notwendig werden, die Teilnehmer durch den Versuchsleiter miteinander bekannt zu machen. Da die Teilnehmer kaum genaue Vorstellungen von den Vorgängen in einem Laboratorium und von den Absichten der Beobachter haben werden, andererseits aber - außer bei der Beobachtung von Kindern - sehr schnell die Ein-Weg-Spiegel und Mikrofone entdecken werden, erscheint es sinnvoll zu sein, eine Einführung in die Versuchsanordnung zu geben und die Nützlichkeit technischer Hilfsmittel zu erklären. Dies sichert dann ein hohes Maß an Unbefangenheit gegenüber dieser neuen Situation und ihren Aufgaben.

Die Sitzgelegenheiten im Gruppenraum sollten so angeordnet werden, daß jeder Teilnehmer genügend Bewegungsfreiheit hat und daß unabhängig von der Größe der Gruppe Sichtkontakt zwischen den Gruppenmitgliedern, sowie zwischen ihnen und den Beobachtern besteht. Letzteres läßt sich besonders gut herstellen, wenn man eine halbkreis- oder U-förmige Sitzordnung wählt, deren offene Seite den Beobachtern zugewendet ist. Durch eine schlechte Sicht auf die Teilnehmer wird nicht nur die Leistung der Beobachter, sondern auch die Zuverlässigkeit der Beobachtung stark beeinträchtigt.

Im Einsatz von Tonbandgeräten und "Interaction Recorders",die einen Papierstreifen in gleichmäßiger Geschwindigkeit vorwärts bewegten, lag eine zusätzliche Hilfe für die Beobachter. Auf diesem Streifen wurden die Interaktionen in ihrer zeitlichen Reihenfolge vermerkt. Mit Hilfe beider Geräte kann zudem eine ziemlich genaue Überprüfung der Zuverlässigkeit der Beobachtungen erfolgen, wenn simultan beobachtet wird.

Eine weitere Möglichkeit, die Beobachtungsleistung und Zuverlässigkeit zu steigern, besteht darin, auch für die Beobachter die gleichen Bequemlichkeiten zu schaffen, wie für die Teilnehmer. Ein richtig eingerichteter Beobachterraum erlaubt nicht nur den gleichzeitigen Einsatz mehrerer Beobachter, sondern auch eine eventuell notwendige Besprechung über das Geschehen, ohne daß die Teilnehmer dadurch gestört werden könne
Es sollte also grundsätzlich jede Störung des Beobachtungsfel

des durch die Beobachter während einer Untersuchung unmöglich sein. So vergleicht BALES das Laboratorium mit einem Tonstudio, in dem alles für eine bestmögliche Tonwiedergabe und für eine gute Sicht getan worden ist (vgl. BALES 197o, S.526 ff.).

7.2.3. Die Beobachtungskategorien

Im Prinzip glaubt BALES (1968b, S. 151 f.) sei seine Analyse des Interaktionsprozesses eine Art Inhaltsanalyse, die sich nicht damit begnügt, bloße statistische Größen zu erheben, sondern sich wesentlich auf den Inhalt und die Bedeutung von Kommunkationen - hier sprachlicher Kommunikation - bezieht. Da er aber Handlungsabläufe analysieren möchte, relativiert er gleichzeitig diese Zuordnung zur Inhaltsanalyse, wenn er sagt:

> "der Inhalt, den sie (die Interaktionsprozeßanalyse (KWG)) aus dem Rohmaterial der Beobachtung zu abstrahieren versucht, ist die Bedeutsamkeit jeder Handlung für die Lösung des Problems im Gesamtablauf des Geschehens. Man spricht deshalb besser von einer Analyse des Interaktionsprozesses als von einer Inhaltsanalyse".

Durch eine Klassifikation des Verhaltens in Kleingruppen und dessen Analyse sollten Indizes ermittelt werden, die den Gruppenprozeß unabhängig von Gruppenzielsetzungen, Funktionen, Normen und Gruppenzusammensetzung beschreiben konnten; zugleich wollte man die Faktoren identifizieren, die diesen Prozeß beeinflußten. Mit Hilfe unterschiedlicher Ansätze - unstrukturierten Beobachtungen und Sichtung der in der Literatur verwendeten Systeme - versuchte BALES zusammen mit seinen Kollegen ein neues Schema zu entwickeln, das die Verbindung zu einer allgemeinen Verhaltenstheorie herstellen konnte und auf eine Vielzahl von Untersuchungsobjekten anwendbar war.

Im Verlauf seiner Arbeiten reduzierte BALES die Zahl seiner Kategorien von maximal 85 auf 5; in seiner schließlich letzten Form enthält das Schema nunmehr 12 Kategorien, die sowohl im

Hinblick auf jede andere Kategorie als auch anhand konkreter Beispiele definiert sind. (Eine vollständige Definition auch der Unterkategorien für jede der 12 Hauptkategorien findet sich bei BALES 195ob). Dieses Schema stellt einen Kompromiß dar zwischen den Zwängen einer theoretischen Adäquanz auf der einen Seite und praktischen Überlegungen über die Zahl und Art der Unterscheidungen, die ein Beobachter treffen kann, der Leichtigkeit der Analyse und der Interpretationen der Daten auf der anderen Seite.

Dieses System besteht aus einem Satz von Hypothesen über die grundlegenden Dimensionen der Interaktion in Kleingruppen (vgl. die Beziehungen zum AGIL-Schema von PARSONS bei PARSONS und BALES 1953). Daher ist es auch prinzipiell offen für Modifikationen, die sich aus der Arbeit mit diesem Instrument ergeben können. Über die bloße Aufzählung geht diese Kategorienreihe insofern hinaus, als sie systematischer und umfassender ist, d.h., man behandelt die Kategorien so, als würden sie

> "auf ihrer eigenen Abstraktionsebene logisch alle Möglichkeiten erschöpfen. Man nimmt an, daß jede mögliche Handlung irgendeiner der 12 Kategorien richtig zugeordnet werden kann. Ferner sind alle Kategorien positiv definiert, d.h., keine einzige wird als Restkategorie betrachtet, unter der man alles subsumiert, was sonst nicht untergebracht werden kann. Jede Handlung wird nur einer einzigen positiv definierten Kategorie zugeordnet"

(BALES 1968b, S. 152). Damit entsprechen diese Kategorien unserer Forderung nach Ausschließlichkeit und Vollständigkeit.

Die Abb. 8 zeigt uns die Kategorien in ihrer Beziehung zueinander. BALES unterscheidet sechs Hauptdimensionen im Interaktionsprozeß, in denen "funktionale" Probleme von Interaktionssystemen zum Ausdruck kommen. Diese Dimensionen lassen sich als Probleme der <u>Orientierung</u>, der <u>Bewertung</u>, der <u>Kontrolle</u>, der <u>Entscheidung</u>, der <u>Spannungsbewältigung</u> und der <u>Integration</u> bezeichnen. Auf jeder dieser Dimensionen kann sich das Verhalten in positiver bzw. negativer Ausprägung

Abb. 8: Das BALES'sche Kategorienschema zur Beobachtung kleiner Gruppen (BALES 1968b, S. 154)

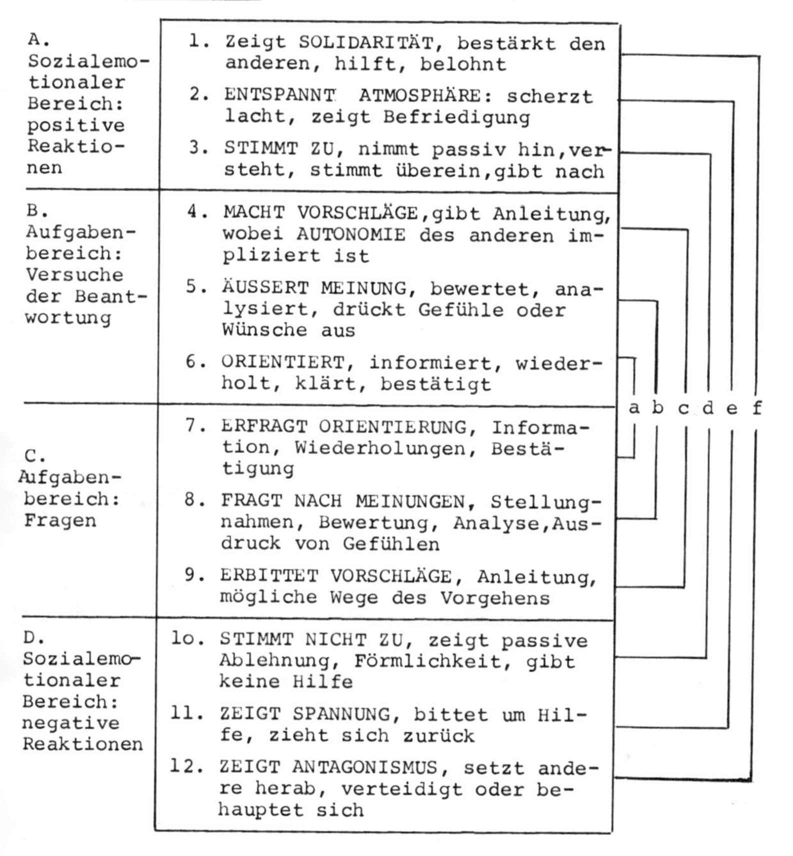

A. Sozialemotionaler Bereich: positive Reaktionen	1. Zeigt SOLIDARITÄT, bestärkt den anderen, hilft, belohnt
	2. ENTSPANNT ATMOSPHÄRE: scherzt lacht, zeigt Befriedigung
	3. STIMMT ZU, nimmt passiv hin, versteht, stimmt überein, gibt nach
B. Aufgabenbereich: Versuche der Beantwortung	4. MACHT VORSCHLÄGE, gibt Anleitung, wobei AUTONOMIE des anderen impliziert ist
	5. ÄUSSERT MEINUNG, bewertet, analysiert, drückt Gefühle oder Wünsche aus
	6. ORIENTIERT, informiert, wiederholt, klärt, bestätigt
C. Aufgabenbereich: Fragen	7. ERFRAGT ORIENTIERUNG, Information, Wiederholungen, Bestätigung
	8. FRAGT NACH MEINUNGEN, Stellungnahmen, Bewertung, Analyse, Ausdruck von Gefühlen
	9. ERBITTET VORSCHLÄGE, Anleitung, mögliche Wege des Vorgehens
D. Sozialemotionaler Bereich: negative Reaktionen	1o. STIMMT NICHT ZU, zeigt passive Ablehnung, Förmlichkeit, gibt keine Hilfe
	11. ZEIGT SPANNUNG, bittet um Hilfe, zieht sich zurück
	12. ZEIGT ANTAGONISMUS, setzt andere herab, verteidigt oder behauptet sich

Schlüssel: a - Probleme der Orientierung
b - Probleme der Bewertung
c - Probleme der Kontrolle
d - Probleme der Entscheidung
e - Probleme der Spannungsbewältigung
f - Probleme der Integration

zeigen.

Verkürzt und idealtypisch können wir den Verlauf eines Gruppenprozesses entsprechend den sechs Bereichen wie folgt skizzieren, wobei die "äußere Situation" durch die vom Versuchsleiter gestellte Aufgabe repräsentiert wird:

1. Die Gruppe versucht, eine Definition ihrer Situation und eine erste Lösung des Problems zu finden; es stellt sich i.d.R. eine ungleich verteilte Informationslage der Gruppenmitglieder heraus (Orientierungsphase);
2. es wird versucht, eine gemeinsame Haltung zu entwickeln; es finden Bewertungen der unterschiedlichen Haltungen statt (Bewertungsphase);
3. die Gruppenmitglieder versuchen, sich gegenseitig zu überzeugen und sich zu beeinflußen (Kontrollphase);
4. man kommt schließlich zu einer gemeinsamen Entscheidung (Entscheidungsphase).

Zur Lösung der in den Stufen 1 - 4 aufgetauchten Probleme muß sich jede Gruppe auch mit Problemen ihrer eigenen Organisation befassen ("innere Situation"). Die aufgetretenen Spannungen innerhalb der Gruppe müssen ausgetragen und möglichst abgebaut werden (Spannungsbewältigungsphase); danach werden die Gruppenmitglieder zu Versuchen einer Neuintegration übergehen (Integrationsphase).

Der Gruppenprozeß ist nun dadurch gekennzeichnet, daß diese Phasen nicht immer in der oben geschilderten Reihenfolge auftreten, sondern daß zwischen den einzelnen Problembereichen hin und her geschwankt wird. Versuche, Entscheidungen zu treffen, führen zwar über die Phase einer Spannungsbewältigung; vorher jedoch ist für die Mitglieder, die diese Entscheidung ursprünglich nicht vertreten wollten, eine Orientierung hinsichtlich der neuen Entscheidung notwendig. Die Probleme eines Bereichs lassen sich also nicht so isoliert voneinander betrachten wie es nach der obigen Darstellung den Anschein hat. Ein Problem bedingt das andere und wirkt auf andere zurück. "Erfolgreich" kann eine Gruppe demnach im Hinblick auf die gestellte Aufgabe nur sein, wenn der endgültigen Entscheidung eine Lösung in allen anderen Bereichen vorausgegangen ist.

Neben der Trennung nach den sechs Hauptdimensionen lassen sich die 12 Kategorien noch zusätzlich in vier andere Bereiche unterteilen: Die mittleren Kategorien (4-9) befassen sich in der Hauptsache mit Aufgaben einer Problemlösung - das Verhalten in diesen Kategorien ist als emotional neutral anzusehen. Die Kategorien 7-9 sind "Frage"-Kategorien, die Kategorien 4-6 die entsprechenden "Antwort"-Kategorien. In den extremen Kategorien wird emotionales Verhalten erfaßt, und zwar positives (1-3) und negatives (1o-12); sie befassen sich im wesentlichen mit Problemen der Gruppenorganisation und Integration.

Der Aufgaben- und der sozialemotionale Bereich beziehen sich auf die theoretischen Ziele optimaler Anpassung an die äußere Situation (Lösung der gestellten Aufgabe) und optimaler innerer Integration (Gruppensolidarität). In jedem Bereich finden dann funktionale Systemreaktionen statt (Orientierung, Bewertung, Interpretation bzw. Entscheidung, Spannungsbewältigung, Integration). Jede der sechs möglichen Reaktionen wird dann noch unterteilt in Frage und Antwort bzw. in positive und negative Gefühlsreaktionen.

Der innere Zusammenhang der BALES'schen Kategorien läßt sich vielleicht besonders gut zeigen, wenn wir den hierarchischen Aufbau des Schemas deutlich machen (vgl. Abb.9):

Abb.9: <u>Die hierarchische Struktur des Klassifikationssystems von BALES als Widerspiegelung einer Theorie gesellschaftlicher Systeme</u> (nach MANZ 1974, S. 52)

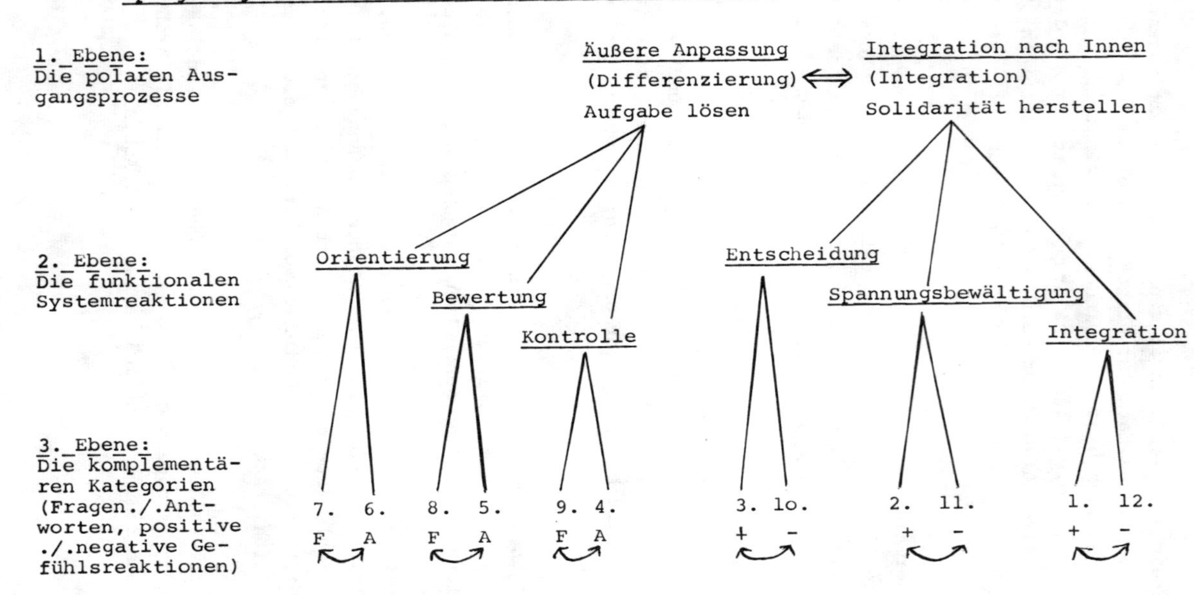

Zum besseren Verständnis des Systems und zur Veranschaulichung der Vorstellungen vom Gruppenprozeß als einer stufen- bzw. schrittweisen Vorgehensweise bei der Lösung einer gestellten Aufgabe, wollen wir im nächsten Abschnitt eine fiktive Gruppenzusammenkunft beschreiben.

7.2.4. Die Eintragungen auf dem Beobachtungsbogen

Die Beobachtungen und damit auch die Eintragungen im Beobachtungsschema sollen bei BALES ohne Folgerungen hinsichtlich der Motive der handelnden Personen erfolgen. Die latente Struktur einer Handlung kann mit den Mitteln dieses Schemas nicht herausgefunden werden; man bezieht sich vielmehr ausschließlich auf den manifesten Inhalt von Beobachtungen. Der Vorwurf einer gewissen "Oberflächlichkeit" der Beobachtung besteht also nicht ganz zu Unrecht. Nur bleibt immer zu fragen, inwieweit man überhaupt die Intentionen eines Akteurs mittels Beobachtung feststellen kann, und ob es nicht richtiger ist, mit Hilfe der Reaktionen derjenigen, an die eine bestimmte Handlung gerichtet ist, zu ermitteln, welche Folgerungen daraus gezogen werden können (vgl. Abschnitt 4.1.5.). Man könnte demnach versuchen, von der Reaktion eines Angesprochenen auf die Intentionen des Sprechenden zu schließen. Der Inhalt einer einzelnen Handlung tritt aber in diesem System für den Beobachter beim Kategorisieren seiner Beobachtungen in den Hintergrund gegenüber der Bedeutung einer beobachteten Handlung für das Problem, das die Gruppe zu lösen hat. Dieses Vorgehen scheint uns auch für einen Soziologen richtiger zu sein, versteht er doch eine Handlung oder eine Rede als sozialen Prozeß, d.h. als interaktive Beeinflussung der an einem sozialen Prozeß Beteiligten.

Wie kann man nun die Beobachtungen von sprachlichem Verhalten auf einem mit den 12 Kategorien versehenen Beobachtungsbogen eintragen? Wird vom Beobachter eine bestimmte Handlung klassifiziert, so hält er sie durch zwei Zahlen in der betreffenden Kategorie fest: mit der ersten Zahl wird die sprechende Person bezeichnet, mit der zweiten Zahl die angesprochene. Personen werden i.d.R. in numerischer Reihenfolge aufgeführt; die Gruppe als handelndes oder angesprochenes Subjekt erhält meistens die Zahl "o". Es werden also bei jeder Eintragung drei verschiedene Aspekte berücksichtigt: eine qualitative Bewertung der Handlung mittels einer Kategorie; die handelnde Person und die angesprochene Person.

Die Aufzeichnung dieser drei Aspekte erleichtert die Auswertung und bietet eine Vielzahl von Analysemöglichkeiten (vgl. Abschnitt 7.2.6.). Je nach Zweck der Untersuchung braucht man aber nicht immer alle drei Aspekte zu berücksichtigen, es genügen bereits zwei, um sinnvolle Aussagen machen zu können; so etwa wenn wir nur die handelnde Person und die entsprechende Kategorie aufzeichnen. Benutzen wir bei unseren Eintragungen keinen einzelnen Beobachtungsbogen, sondern einen "Interaktions-Recorder", so erhalten wir noch einen vierten Aspekt: nämlich die Zeitdimension, d.h., die Stellung einer Handlung im Zeitablauf.

Versuchen wir nun die einzelnen Stufen des Gruppenprozesses, so wie wir ihn bereits idealtypisch vereinfacht kennengelernt haben, nachzuvollziehen, indem wir die entsprechenden Eintragungen in einem Beobachtungsbogen vornehmen.

Die erste Stufe hatten wir als Orientierungsphase bezeichnet. Das Gruppenmitglied Nr. 4 wendet sich mit der Frage an alle anderen, welches denn nun eigentlich das Problem der Gruppe sei. Es ist dann in der Kategorie 7 "erfragt Orientierung" 4-o zu verkoden. Mitglied Nr. 5 gibt auf diese Frage eine Antwort: es ist Kategorie 6 "gibt Orientierung" 5-4 zu verkoden. Wendet sich nun Nr. 5 nicht an Nr. 4, sondern an die ganze Gruppe, dann ist 5-o zu verkoden. Das Mitglied Nr. 2 scheint nun mit der Antwort von Nr. 5 nicht einverstanden zu sein; er stellt seine Meinung dar, es ergibt sich eine Diskussion zwischen ihm und Nr. 5. Damit wäre dann bereits die Bewertungsphase erreicht, die sehr schnell in die Kontrollphase übergeht, in der die Kontrahenten versuchen, die anderen Gruppenmitglieder auf ihre Seite zu ziehen. Die zweite Phase betrifft dann im wesentlichen die Kategorie 5 "äußert Meinung", wo dann 5-2 bzw. 2-5 zu verkoden wäre; die Kontrollphase bezieht sich dann auf die Kategorie 4 "macht Vorschläge", wo sowohl Nr. 5 als auch Nr. 2 versuchen, ihre Vorschläge durchzubringen. Es wäre dann etwa 5-o bzw. 2-o zu verkoden. Das Mitglied Nr. 4 ist noch immer verunsichert und wendet sich an die Mitglieder Nr. 1 und 3, die bisher nicht zu Wort gekommen sind; dies bezieht sich auf die Kategorie 8 "fragt nach Meinungen" und ist mit 4-1/3 zu verkoden. Mitglied Nr. 1 reagiert aggressiv, in dem es sich an Nr. 5 wendet, den es der Unfähigkeit bezichtigt: Kategorie 12 "zeigt Antagonismus" 1-5. Mitglied Nr. 3 versucht zu beschwichtigen: Kategorie 1 " "zeigt Solidarität" 3-o. Mitglied Nr. 2 erbittet noch einmal neue Vorschläge (9--2-o), da die Zeit ziemlich fortgeschritten sei und erläutert seinerseits noch einmal seinen Vorschlag (4--2-o). Mitglied Nr. 5 stimmt ihm schließlich zu (3--5-2); alle anderen sind ebenfalls für diesen Vorschlag, nur Mitglied Nr. 1 brummt vor sich hin (11--1-y). Das Symbol "y" macht deutlich, daß diese Handlung auf das eigene Ich gerichtet ist oder auch expressiv und ungerichtet ist. Mitglied Nr. 3 versucht einen Scherz, um Nr. 1 zum Lachen zu bringen (2--3-1); der Scherz hat Erfolg bei der ganzen Gruppe (2--o-3).

In dieser kurzen Darstellung ist bisher nur der erste Schritt im Gruppenprozeß geschildert worden: die Definitionen des Gruppenproblems und die Einigung über dieses Problem. Erst jetzt kann die Gruppe zur eigentlichen Lösung ihres Problems übergehen.

Aus diesen Beispielen können wir sehen, wie wir Beobachtungen von verbalem Verhalten den entsprechenden Kategorien zuordnen können; allerdings wird bei BALES nicht nur verbales Verhalten beobachtet, sondern auch z.B. Gesten und Mimik. Es bleibt aber weiterhin die Frage zu beantworten, wie in diesem System eine Beobachtungseinheit abgegrenzt wird.

7.2.5. Die Beobachtungseinheit

Der Versuch, im vorigen Abschnitt einen Gruppenprozeß zu skizzieren, legt die Vermutung nahe, daß jedes Mal, wenn die handelnden Personen wechseln, eine neue Beobachtungseinheit beginnt. Nun zeichnen sich aber viele Diskussionen dadurch aus, daß die Sprechzeiten der Gruppenmitglieder unterschiedliche Länge haben. Wie ist dann zu verfahren? BALES versucht eine "instrumentale" Definition zu geben, so daß sich jede seiner Kategorien auf eine solche Beobachtungseinheit beziehen läßt: Beobachtungseinheit ist also "die kleinste erkennbare Einheit des Verhaltens, die der Definition von irgendeiner der Kategorien genügt oder anders ausgedrückt, (als) die kleinste Einheit des Verhaltens, die ihrem Sinn nach so vollständig ist, daß sie vom Beobachter gedeutet werden kann oder im Gesprächspartner eine Reaktion hervorruft" (BALES 1968b, S. 158).

Die Definition erfolgt also durch einen Bedeutungswechsel innerhalb eines Systems von Symbolen, die der Mitteilung dienen, nicht aber durch zeitliche Abläufe, personelle Veränderungen oder körperliche Bewegungen. Die Beobachtungseinheit ist aber damit typischerweise ein einfacher Satz - sofern mit zwei aufeinanderfolgenden Sätzen ein Bedeutungswandel verbunden ist -, so daß wir zwischen der Dauer der Sprechzeit und der Anzahl der Eintragungen ein fast proportionales Verhältnis feststellen können. BALES erhielt für die meisten Interaktionen etwa zehn bis zwanzig Eintragungen pro Minute bzw. etwas über 6oo Eintragungen pro Stunde.

Eine möglichst präzise Definition einer Beobachtungseinheit ist von entscheidender Bedeutung; denn eine unserer Forderungen an eine wissenschaftliche Beobachtung lautete: Kontrolle über die Beobachtungen und die Aufzeichnungen zu erlangen (vgl. S. 12 f.). Dies trifft natürlich in besonderem Maße für eine systematische Beobachtung zu. Verschiedene Beobachter sollen bei der gleichen Beobachtung nicht nur ihre Eintragungen in den gleichen Kategorien, sondern auch möglichst die gleiche Anzahl von Eintragungen überhaupt vornehmen, d.h., sie sollen sich auf die gleiche Anzahl der beobachteten Einheiten beziehen. Trotz dieser verhältnismäßig engen Definition einer Beobachtungseinheit ist diese Forderung nicht voll erfüllt worden und soweit die Unterschiede auf technische Schwierigkeiten zurückzuführen waren, konnten sie durch Schulung der Beobachter wesentlich verringert werden. Das Hauptproblem liegt aber wohl darin, daß wir es nicht mit einem einfachen Abzählen von Handlungen zu tun haben, sondern mit Eintragungen auf einem Beobachtungsbogen, die ihrerseits auf vorhergehenden Bewertungen und Interpretationen des Geschehens beruhen. Außerdem überschneiden sich diese Handlungen, sind mehrdeutig und in einem komplexen Prozeß miteinander verbunden. Neben einer unterschiedlichen physischen Fähigkeit, mit erheblicher Geschwindigkeit ablaufende, soziale Interaktionen aufzunehmen und aufzuzeichnen, werden also die Unterschiede zwischen zwei Beobachtern hauptsächlich auf Unterschiede in der Bewertung und in der Interpretation eines Handlungsablaufs zurückzuführen sein, sowie auf die unterschiedliche Abgrenzung der Beobachtungseinheiten.

Versuche, diesem Dilemma zu entgehen, sind bisher kaum erfolgt. Eine Möglichkeit würde sich vielleicht durch eine Kontrolle der Auswahl der Beobachter anbieten, d.h., man sollte versuchen, die Beobachter aus möglichst homogenen Gruppen zu rekrutieren, deren Erfahrungshorizont in etwa der gleiche ist, um damit wenigstens sozial determinierte Unterschiede zu verringern. Dabei besteht allerdings die Gefahr, daß sich bestimmte Verzerrungen in einer Richtung kumulieren können. Eine andere Möglichkeit bietet eine intensive Beobachterschulung, in der die Beobachter in Probebeobachtungen mit nachfolgenden Diskussionen mit dem Schema und den Eigenheiten der Gruppe vertraut gemacht werden (vgl. Abschnitt 4.2.1.4.).

7.2.6. Verschiedene Arten der Auswertung von Beobachtungsdaten

Wir hatten im vorigen Abschnitt festgestellt, daß wir drei verschiedene Aspekte beim Verkoden des Materials aufgezeichnet hatten: die Akteure (der Sprechende und der Angesprochene) und die Kategorien, die den Handlungen zugeordnet wurden. Auf diese drei Aspekte können wir nun bei der Auswertung des Materials zurückgreifen: 1) wir untersuchen die Verteilung sämtlicher Handlungen auf die zwölf Kategorien; wir bezeichnen das als eine Analyse der Profile; 2) wir untersuchen die Art und Weise, in der einzelne Handlungen nur ganz bestimmte andere Handlungen zur Folge haben; dies bezeichnen wir als Sequenzanalyse; 3) wir untersuchen die Häufigkeit der Handlungen pro Gruppenmitglied und stellen fest, an wen diese Handlung gerichtet ist. Wir stellen also eine "Who-to-Whom-Matrix" auf; 4) durch den Einsatz eines Interaktions-Recorders können wir die Zeitabfolge berücksichtigen, in der bestimmte Aktivitäten ausgeübt werden, wir bezeichnen dies als Phasenuntersuchung.

Bevor wir aber daran gehen, das Beobachtungsmaterial auszuwerten, müssen wir uns noch mit zwei Problemen beschäftigen: mit dem Vergleich der Beobachtungen zwischen zwei oder mehreren Beobachtern und dem Vergleich dieser Beobachtungen mit Beobachtungen anderer Gruppen, die als Kontrollgruppen gedient haben. Mit dem interpersonalen Vergleich von mehreren Beobachtern können wir Aussagen über die Zuverlässigkeit von Beobachtungsdaten machen. Im zweiten Fall stehen die Beobachtungen im Rahmen einer Versuchsanordnung, mit der Hypothesen überprüft werden können, die etwa Aussagen über die erwartete Verteilung der Eintragungen im Kategorienschema machen. Auf der einen Seite sind wir an den Ergebnissen interessiert, die typisch für unterschiedliche Gruppen und für unterschiedliche Aufgabenstellungen sind; auf der anderen Seite suchen wir aber nach den Regelmäßigkeiten oder Gesetzmäßigkeiten, die bei der Analyse von Interaktionsprozessen auftreten können. In beiden Fällen aber liegt ein wichtiges - bis heute aber etwas vernachlässigtes - Problem für den Forscher, neben der Rückbeziehung der Ergebnisse auf die der Untersuchung zugrundeliegende Theorie, in der Wahl geeigneter Testverfahren, um die Signifikanz aufgetretener Unterschiede beurteilen zu können.

7.2.6.1. Die Analyse von Profilen

Betrachten wir nun die einzelnen Analysemöglichkeiten von Beobachtungsdaten. Die erste Art der Analyse bezieht sich auf die Profile der einzelnen Kategorien, d.h. auf die Häufigkeitsverteilung pro Kategorie, ausgedrückt in Prozent- oder absoluten Zahlen. Diese Profile können sich auf den gesamten Handlungsablauf, nur auf bestimmte Teilabschnitte des Ablaufs oder aber auch auf einzelne Gruppenmitglieder beziehen.

Bei der Analyse von ca. 23.ooo Eintragungen (es wurden nach Art und Größe verschiedene Gruppen beobachtet) machte BALES die Erfahrung, daß sich je nach Gruppenart und -aufgabe verschiedene Typen von Profilen ergaben. Diese Unterschiede waren jedoch meistens nicht sehr groß, sodaß BALES das Bestehen eines allgemeinen Musters vermuten konnte. Dieses Muster läßt sich in etwa wie folgt skizzieren: Die Versuche, Informationen zu geben (Kat. 6), Vorschläge zu machen (Kat. 4) und Meinungen zu äußern (Kat. 5) sind fast immer zahlreicher, als die entsprechenden Kategorien des Aufgabenbereichs "Fragen" (Kat. 7-9). In ähnlicher Weise verhalten sich die positiven Reaktionen des sozial-emotionalen Bereichs (Kat. 1-3) zu den negativen Reaktionen (Kat. lo-12).

Diese Tatsache stellt BALES insofern als ganz "natürliche" Tatsache dar, als es nicht einzusehen sei, "wieso Gruppen weiterbestehen, ohne auseinander zu gehen, wenn es mehr Fragen als Antworten und mehr negative als positive Reaktionen gibt" (BALES 1968b, S. 16o f.).

Der Aufgabenbereich der Beantwortung stellte im Durchschnitt etwas über die Hälfte der Gesamtaktivitäten; alle anderen Bereiche teilten sich in die andere Hälfte. BALES betont, daß diese Tendenzen mehr oder weniger in allen zweck- und zielgerichteten Interaktionen eingebaut seien, die etwas erreichen und wenigstens eine minimale Befriedigung bei den Beteiligten erzeugen (vgl. BALES 1968b, S. 161).

In bezug auf die Anzahl seiner Eintragungen kam BALES zu folgender Verteilung von Handlungen auf die zwölf Kategorien (BALES 1968b, S. 172):

Abb. lo: Kategorienprofil

Kategorie	Zahl der Eintragungen absolut	%
1	246	1.o
2	1.675	7.3
3	2.798	12.2
4	1.187	5.2
5	6.897	3o.o
6	4.881	21.2
7	1.229	5.4
8	8o9	3.5
9	172	o.8
lo	1.5o9	6.6
11	1.oo9	4.4
12	558	2.4
	22.97o	loo.o

7.2.6.2. Die Analyse von Sequenzen

Mit der Darstellung der Profile können wir nichts über die Mechanismen aussagen, die zu diesen Profilen geführt haben. Untersuchen wir nun, auf welche Weise bestimmte Handlungen zu bestimmten anderen Handlungen führen, so können wir die die Gesamtverteilung bewirkenden Mechanismen identifizieren.

So führen typischerweise die Kategorien des Fragenbereichs zu den Kategorien des Antwortbereichs und fast nie unmittelbar in die Bereiche der sozial-emotionalen Reaktion. Auf den Antwortbereich folgen dann in der Regel positive Reaktionen häufiger als negative Reaktionen, deren Auftauchen wiederum meistens durch neue Versuche einer Beantwortung gemildert werden. Ähnlich wie bei den Profilen können wir auch bei der Analyse von Sequenzen unabhängig von Gruppenunterschieden verhältnismäßig geringe Abweichungen von einem allgemeinen Muster feststellen. BALES interpretiert auch dieses Muster wieder als eine Notwendigkeit für einen erfolgreichen Handlungsablauf im Sinne der Problemlösung.

7.2.6.3. Die Analyse von Matrizen

Die bisherigen Analysearten konnten uns noch keine Antwort geben, wie groß der Anteil der einzelnen Gruppenmitglieder am gesamten Handlungsablauf war. Diese Frage können wir mit Hilfe der Matrizen-Darstellung beantworten.

Nehmen wir das folgende fiktive Beispiel:

Abb. 11: Matrixdarstellung einer 3-Personen-Interaktion

	Person A	Person B	Person C	An einzelne Personen insgesamt	An die Gruppe	insgesamt
A	-	2o	1o	3o	1o	4o
B	8	-	2	1o	2o	3o
C	16	4	-	2o	1o	3o
	24	24	12	6o	4o	1oo

Das aktivste Gruppenmitglied in Abb. 11 ist Person A mit insgesamt 4o initiierten Aktionen. Gleichzeitig wurde A zusammen mit B am häufigsten als Einzelinteraktionspartner genommen (24 Interaktionen). Bemerkenswert an dieser Matrix wäre vielleicht noch, daß B in der doppelten Anzahl der Fälle sich an die ganze Gruppe gewandt hat und daß C als angesprochener Partner relativ isoliert ist.

Hinsichtlich der Teilnahme an den Interaktionen in einer Gruppe, gelang es BALES, eine Reihe von Mustern aufzuzeigen, die bestimmte zentrale Rollen in der Gruppe beschreiben("Tüchtigkeitsspezialisten" vs. "Harmoniespezialisten"; ANGER 1966, S. 39) oder typisch für bestimmte Gruppenarten und -ziele sind. So weisen Gruppen ohne bezeichneten Führer eine gleichmäßigere Teilnahme auf als Gruppen mit einem Führer. Andere Regelmäßigkeiten lassen sich etwa durch die folgenden allgemeinen Sätze beschreiben:

> "Wenn wir die Teilnehmer nach der Gesamtmenge ihrer Äusserungen einstufen, dann stellen wir fest, daß die Mengen der an sie gerichteten Äusserungen genau in der gleichen Rangordnung auftreten .... Der Mann an der Spitze einer Gruppe mit mehr als etwa fünf Mitgliedern richtet sich gewöhnlich viel mehr an die Gesamtgruppe als an einzelne Mitglieder. Alle anderen Gruppenmitglieder sprechen regelmäßig mehr zu bestimmten Einzelpersonen (vor allem dem Mann an der Spitze) als zur Gruppe insgesamt". (BALES 1968b, S. 165)

7.2.6.4. Die Analyse von Phasen

Versuchen wir, mit Hilfe eines Interaktionsrecorders auch die zeitliche Dimension eines Handlungsablaufes zu ermitteln, so können wir das Beobachtungsmaterial nach Zeitabschnitten aufteilen. Die Änderung im Zeitablauf in der Art der Aktivitäten bezeichnet BALES als die "Phasen-Struktur" einer Beobachtung. Diese Phasen beziehen sich auf die funktionalen Problembereiche, die wir bereits kennengelernt haben.

BALES unterscheidet zwei Arten von Situationen: diejenigen, die sich mit Problemen der Analyse und Planung hinsichtlich des Gruppenziels befassen, um danach zu einer Gruppenentscheidung zu kommen und den Situationen, die sich mit Rand- oder Teilproblemen beschäftigen. Besonders bei Gruppen, die sich mit den eigentlichen Problemen befaßten, konnte er eine typische Phasen-Struktur aufzeigen, die sich sehr stark dem bereits geschilderten, ideal-typisch vereinfachten Gruppenprozeß nähert. Der Prozeß beginnt gewöhnlich mit Versuchen zur

Lösung der Orientierungsproblematik, geht dann über zur Bewertungsphase und endet bei Versuchen zur Lösung des Kontroll- und Entscheidungsproblems. An den Übergängen von einer Phase zur anderen stehen i.d.R. die beiden anderen Problembereiche, nämlich die Versuche, die entstandenen Spannungen abzubauen und integrative Entscheidungen zu finden, die die Gruppe dann einer Problemlösung näherbringt.

7.2.7. Die Bewertung der Interaktionsanalyse

Aufgrund der theoretischen Überlegungen und der Einbettung der IPA-Kategorien in den größeren theoretischen Zusammenhang der Theorie sozialer Systeme, ist das BALES'sche Beobachtungsschema ein anschauliches Beispiel für die Parallelität eines empirischen und eines rationalen Ansatzes zur Entwicklung eines Forschungsinstruments (vgl. S. 129 f.).

Die Datensammlung bei BALES geschah im Gegensatz zu WHYTE's Untersuchung und zur Jugendfreizeitheimstudie ausschließlich per Beobachtung. Außerdem nahmen die Beobachter nicht am Geschehen im Beobachtungsfeld teil, sondern beschränkten ihre Interaktionen mit den Gruppenmitgliedern i.d.R. auf die Vorphase, in der einige Instruktionen und Erklärungen gegeben wurden. Während der eigentlichen Beobachtung selbst fanden keine Interaktionen zwischen Beobachtern und Beobachteten statt. Mit diesem Vorgehen werden alle Fehler weitgehend vermieden, die wir bei der Behandlung der Probleme teilnehmender Beobachtung kennengelernt hatten. Diese Einschränkung müssen wir hinsichtlich zwei Verzerrungsmöglichkeiten machen: einmal ist die Gefahr von Wahrnehmungsverzerrungen nie ganz auszuschalten (vgl. TAGUIRI 1969 und TAGUIRI und PETRULLO 1958), und zum anderen wird man selbst ein Problem wie das "going native" auch hier nicht ganz vermeiden können, wenn ein Beobachter zu sehr mit den Verhaltensweisen einer bestimmten Gruppe vertraut ist bzw. durch die Vielzahl seiner Beobachtungen vertraut wurde (Lerneffekte auf Seitendes Beobachters).

Ein weiteres Kennzeichen dieser Untersuchung ist die systematische Kontrolle des Forschers über die beobachtete Situation: Diese Kontrolle erstreckt sich auf drei Dimensionen: 1. auf die Auswahl der Teilnehmer; 2. auf das Gruppenziel, das vom Forscher vorgegeben wird (als Aufgabe, die es zu lösen gilt); 3. auf die Umweltbedingungen (durch Verlagerung der Beobachtungen in ein Laboratorium). Diese drei Kontrollfaktoren,der Gebrauch eines Kategorienschemas sowie die anschließende systematische Analyse des Materials sind die Hauptmerkmale einer strukturierten Beobachtung und damit auch die wichtigsten Bedingungen, um die Zuverlässigkeit und Gültigkeit von Beobachtungsdaten überprüfen zu können und sie gleichzeitig zur Entdeckung von Gleichförmigkeiten und Gesetzmäßigkeiten des menschlichen Verhaltens heranziehen zu können. Erst dadurch wird auch die Möglichkeit geboten, die Ergebnisse zur Testung von Hypothesen gebrauchen zu können. Außerdem erlaubt der systematische Charakter dieser Untersuchung - im Gegensatz zur Untersuchung von WHYTE - eine kontinuierliche Replikation bei gleichzeitiger Variation der Beobachtungsbedingungen (Untersuchungen in verschiedenen sozialen Feldern, mit verschiedenen Aufgabenstellungen, im Laboratorium oder in "natürlicher" Umgebung), durch die wir die BALES'sche Konzeption immer wieder überprüfen und damit ihren Anwendungsbereich abgrenzen können.

Die Kategorien im Schema sind zugleich Beobachtungs- und Verkodungskategorien und erfüllen die Forderungen, die wir an ein solches Schema gestellt haben: sie sind ausschließlich und vollständig; sie sind weitgehend konkret genug gefaßt (ein intensives Training fördert die Fähigkeit eines Beobachters, ein Verhalten einer Kategorie zuzuordnen); die Anzahl der Kategorien liegt im Rahmen der Beobachtungs- und Registrierfähigkeit von Beobachtern; die Kategorien sind aufgrund einer theoretischen Konzeption entwickelt worden; die Forderung nach Eindimensionalität ist unserer Ansicht nach nicht erfüllt worden. Die Kategorien messen zumindest auf zwei Dimensionen: sechs messen auf einer expressiv-integrativen Dimension (1-3 und lo-12); die restlichen sechs beziehen sich auf eine instrumental-adaptive Dimension (4-9). Außerdem werden auf der ersten Dimension positive und negative Reaktionen und auf der zweiten Frage- und Antwortkategorien unterschieden. Jede Kategorie mißt für sich allein gesehen nur eine einzige Dimension, das ganze Schema aber ist mehrdimensional aufgebaut. Wir sollten deshalb vielleicht die Forderung nach Eindimensionalität für ein Beobachtungsschema fallen lassen, da selbst die einfachsten, beobachteten Sachverhalte in ihrer Dimensionalität so komplex sind, daß man sie nicht eindimensional abbilden kann. Bei der Überlegung der Logik der Konstruktion eines Klassifikationsschemas - und als solches haben wir ein Beobachtungsschema ja angesehen (vgl. S. 43) - sollte man also hinsichtlich der Forderung nach Eindimensionalität eine nicht unwichtige Einschränkung machen.

Das BALES'sche Schema ist aber auch einer mehrfachen Kritik ausgesetzt, die sich im wesentlichen auf fünf Punkte konzentriert:

1. Das Beobachtungsschema ist relativ allgemein formuliert. Der Spielraum in der Abgrenzung von Beobachtungseinheiten voneinander ist auch in diesem System zu groß. Dies fällt besonders bei der Durchsicht der Unterkategorien und der empirischen Indikatoren für die einzelnen Kategorien auf. Die Verhaltensweisen, die einer einzelnen Kategorie zugeordnet werden sollen, sind z.T. sehr komplex und beinhalten häufig eine Kombination von verbalem und nicht-verbalem Verhalten (z.B. die Kategorien 1-3 und lo-12). Es zeigt sich damit, daß selbst in einem so eindrucksvollen

Schema erhebliche Anforderungen an die Beobachter gestellt werden.

2. Das Beobachtungsverfahren hat einen verhältnismäßig engen Anwendungsbereich, der im allgemeinen mit dem Stichwort "Diskussionsgruppen" umschrieben wird. Dieser Vorwurf trifft unseres Erachtens aber nur diejenigen, die glauben, auch komplexere Einheiten und Felder mit diesem Verfahren untersuchen zu können. BALES selbst ist über seinen engen Anwendungsbereich nicht hinausgegangen.
3. In diesem Zusammenhang ist sicher zu kritisieren, daß sich BALES fast ausschließlich auf Laboratoriumsuntersuchungen stützte, und daß die Zahl der Gruppen, die er beobachtete, zu klein war. Für jeden Problembereich, den er untersuchte (Phasenstruktur: BALES und STRODTBECK 1951, Führerschaftsproblem: BALES und SLATER 1955, Kommunikationskanäle: BALES, STRODTBECK u.a. 1951) bildeten 2o-22 Gruppen die Basis seiner Untersuchung. Die Mehrzahl der Gruppenmitglieder rekrutierte er zudem aus Studenten der Harvard University (vgl. STRODTBECK 1973).
4. Der Einwand der zu geringen Differenzierung innerhalb einzelner Kategorien hinsichtlich der Stärke und Ausprägung eines beobachteten Verhaltens führte in der Folge zu verschiedenen Modifikationen und Erweiterungen dieses Kategoriensystems (vgl. Abschnitt 7.3.).
5. Ein ebenfalls ernst zu nehmender Einwand betrifft die Leistungsfähigkeit der BALES'schen Kategorien hinsichtlich ihres Beitrags zur theoretischen Durchdringung verbaler Kommunikationsprozesse. In diesem Zusammenhang wird ihr deskriptiver Wert höher eingeschätzt als ihr analytischer Wert (vgl. ANGER 1966, S. 38 ff.). Die für die Kleingruppenforschung theoretisch relevanten Aspekte der Rollendifferenzierung werden auch bei BALES eigentlich nicht durch die Interaktionsprotokolle oder

durch eine aufwendige Indexbildung in der Auswertung ermittelt, sondern mit Hilfe der subjektiven Impressionen der Gruppenmitglieder. Mit der Interaktionsanalyse wurden bisher ebenfalls die Fragen der Bewertung und nach der Ursache der Unterschiede, die bei den Interaktionsprofilen verschiedener Gruppen ermittelt wurden, noch nicht gelöst (vgl. S. 2o5).

Bei aller Wertschätzung, die dieses ausgereifte, wenn auch aufwendige Verfahren von BALES weltweit genießt - und wie wir meinen zu Recht -, sollte man bei der Beurteilung der Tragweite der Ergebnisse, diese Kritik (besonders die Punkte 3-5) ernst nehmen und mit berücksichtigen.

7.3. Die Weiterentwicklung der IPA-Kategorien durch Edgar F. BORGATTA

Die Interaktionsanalyse kann man wohl mit Recht als eine der erfolgreichsten Datensammlungstechniken der Sozialwissenschaften bezeichnen. Sie wurde in einer Vielzahl von Untersuchungen entweder vollständig übernommen oder aber im Hinblick auf spezifische Untersuchungsansätze und Untersuchungsfelder modifiziert. Stellvertretend für die große Zahl der sich an BALES anschließenden Untersuchungen seien hier genannt: TALLAND (1955) mit seinen Untersuchungen von verbalem Verhalten in normalen und psychotherapeutischen Gruppen; SLATER (1955) untersuchte die Rollendifferenzierung in Kleingruppen durch eine Kombination von Soziometrie und BALES'schen Kategorien; BORGATTA und COTTREL (1955) klassifizierten und verglichen Gruppen hinsichtliche ihrer Leistungscharakteristiken.

Im deutschen Sprachbereich stand sehr häufig - besonders in der Soziologie - das BALES'sche Verfahren synonym für systematische Beobachtung. In der Psychologie und Sozialpsychologie war dieses Verfahren aber immer nur eines von vielen anderen, obwohl es einer Reihe von Untersuchungen und Entwicklungen als Vorbild diente. Besonders sichtbar wird dies in den Untersuchungen von Schulklassen, in denen das Verhalten von Lehrern und Schülern im Unterricht analysiert wurde (vgl.dazu etwa: WINNEFELD 1957, SLOTTA 1962, TAUSCH und TAUSCH 1965, ROEDER 1965).

In allen diesen Untersuchungen wird das Verfahren von BALES meistens so modifiziert, daß es den besonderen Verhältnissen bestimmter Beobachtungsfelder angepaßt werden kann. Eine Erweiterung und Verfeinerung des Systems von BALES ist damit aber nicht erreicht worden. Dies versucht BORGATTA mit seiner Revision des BALES'schen Systems durch die "interaction process scores" (IPS-System) zu erreichen; eine Neuorientierung auf theoretischer Basis gibt er dann in einem zweiten System: dem "behavior scores system" (BS-System). Beide Systeme sollen im folgenden dargestellt werden.

'.3.1. Das "Interaction Process Scores System" (IPS-System)

'.3.1.1. Theoretische Erörterungen

Die verschiedenen standardisierten Beobachtungsverfahren unterscheiden sich im Ausmaß der Beschreibung der aus ihnen resultierenden Variablen. Dies läßt sich sehr leicht an der Interaktionsanalyse verdeutlichen: die Analysekategorien von BALES sind dazu bestimmt, die kleinste Einheit des Verhaltens bzw. einer Interaktion zu beobachten, sowie sie auftritt; es ist die Aufgabe der Beobachter, das verbale und das nicht verbale Verhalten in diese Einheiten (acts) aufzuspalten. BALES (1968a, S. 466) macht besonders deutlich, daß "the criterion as to how much behavior constitutes an act is pragmatic enough to allow the observer to make a classification. A single act is essentially equivalent to a single simple sentence".

Die Intensität, mit der ein bestimmtes Verhalten aufgetreten ist, läßt sich nun mit den IPA-Kategorien nicht ermitteln. BORGATTA verläßt deshalb in seiner Revision die Ebene der Gruppendaten und wendet sich der Ebene der einzelnen Akteure zu, um die Gültigkeit der Profildaten zu überprüfen, die für jeden Akteur erhoben worden sind. Da man sich der Beobachtung eines bestimmten Verhaltens auch durch andere Verfahren versichern kann, nämlich aufgrund der Bewertung eines entsprechenden Verhaltens durch die Beobachter oder durch die beteiligten Gruppenmitglieder mittels einer Schätzskala, benutzt BORGATTA eine solche Skala als Kriterium einer Validierung. Es zeigt sich aber, daß die Beobachtungsdaten nicht mit den Ergebnissen der Schätzskalen übereinstimmen, d.h., beide Maße sind nicht kompatibel. Die IPA-Kategorien bieten keine Unterscheidungsmöglichkeiten hinsichtlich der Stärke eines beobachteten Verhaltens. Es gewichtet alle Aktionen unterschiedslos gleich und beachtet nicht - über die momentane Aktion hinaus - den sozialen Kontext, in dem eine Beobachtung stattfindet und der die Stärke einer Aktion beeinflussen kann. Im Ratingverfahren wird dieser Zusammenhang dagegen berücksichtigt, wodurch einzelne Aktionen unterschiedlich gewichtet werden und eine andere Bedeutung bekommen. BORGATTA macht dies an der IPA-Kategorie 1 "zeigt Solidarität" deutlich. Ein Gruppenmitglied, dessen Verhalten bei BALES sehr oft in diese Kategorie eingestuft wurde, braucht nicht auch unbedingt dasjenige zu sein, das von den Beteiligten selbst oder von externen Beobachtern als hilfsbereit, zugänglich und verständnisvoll, kurz als solidarisch angesehen wird. Vielmehr kann die Kumulation von Eintragungen in einer Beobachtungskategorie Konsequenzen für die Wahrnehmung der Beobachter haben (Lerneffekte); die Bedeutung der ursprünglichen Kategorie wird breiter oder ändert sich sogar völlig. Jemand, der im

Ratingverfahren einen hohen Wert für Solidarität erhalten hat, zeigt ein entsprechendes Verhalten u.U. nur einmal, dann aber in strategisch bedeutsamen Situationen, nicht aber in den meisten anderen Situationen.

Der soziale Interaktionsprozeß wird gewöhnlich als ein Prozeß der dauernden Modifikation des Verhaltens der teilnehmenden Gruppenmitglieder und als ein Prozeß der Entwicklung eines einheitlichen Bezugsrahmens in der Gruppe angesehen. Dieser Prozeß wird zudem für symmetrisch und ausbalanciert gehalten. So wird häufig von den Gruppenmitgliedern dem internen Zusammenspiel mehr Aufmerksamkeit geschenkt, als dem eigentlichen Aufgabenbereich oder den Außenbeziehungen der Gruppe. Unter diesen Gesichtspunkten können wir nicht davon ausgehen, daß alle Aktionen in einem Beobachtungsfeld hinsichtlich der Konsequenzen gleich relevant sind und den Bewertungen vergleichbar sind, die von externen Beobachtern und den Mitgliedern selbst vorgenommen wurden.

Es wird deshalb angenommen, daß

> "some revisions of BALES' category system might be effected that would be more useful in understanding both the dynamics of the group behavior and also the consequences of the rating that are made by both peers and trained observers" (BORGATTA und CROWTHER 1965,S.25).

BORGATTA nimmt daher eine Unterscheidung einzelner IPA-Kategorien in mehr "aktive" und "passive" Aktionen vor, um eine Bewertung der Intensität von Aktionen zu erreichen. Am Beispiel der Kategorie 1 "zeigt Solidarität" läßt sich diese Unterscheidung deutlich machen: Die Bestätigung eines Gruppenmitglieds durch ein anderes kann etwa erfolgen durch: "das ist richtig", aber auch durch:"das ist eine der besten Ideen, die ich seit langem gehört habe". Die erste Antwort würde man nun als das Minimum eines solidarischen Verhaltens, die zweite als eine aktive Übersteigerung passiver Solidarität ansehen.

Mit dieser Revision des Kategoriensystems der Interaktionsanalyse will BORGATTA einer solchen Differenzierung hinsichtlich unterschiedlicher Intensitäten möglicher Aktionen Rechnung tragen. Gleichzeitig aber will er sich nicht zu weit von der allgemeinen Form der Kategorien entfernen, um nicht die Vergleichbarkeit mit früheren Studien zu verlieren und um eine gewisse Kontinuität in der Methode der Kleingruppenforschung zu erhalten:

> "Implicitly, we also wished to maintain a <u>category system</u> because we wish to understand perceptions in terms of the actions persons manifest" (BORGATTA und CROWTHER 1965, S. 24).

Er weist darauf hin, daß dies nicht die einzige Überlegung bei der Erarbeitung dieser Revision war. Er fährt fort (S.24):

> "In the more complex analysis of the constitution a reconstitution of groups, at least two independent sources for examination of differences that occur seemed appropriate. Scores based on ranking and scores based on a category system satisfy the requirements of independent measures".

BORGATTA stellt die Aufgabe seines Systems und dessen Verhältnis zu den BALES'Kategorien wie folgt dar (S.24 f.):

> The revision ... was thus an attempt to reorder the symmetric and balanced system of BALES into one that correspond more directly to some important categories of behavior in applied and research applications. The intention was not to make the interpretation of the acts any deeper than they are in BALES'scoring, but merely to subdivide and reorganize in part what appeared to be important distinctions from other sources of theory ... In essence we are redrawing a few lines and adding a few rather than making a break with BALES'system".

Trotzdem scheint uns aber im IPS-System ein anderes Modell vorzuliegen, nämlich ein Modell, das die Verhaltensbeschreibung und die Einschätzung der einzelnen Akteure in den Vordergrund stellt, nicht aber am Gruppenprozeß und seiner Analyse interessiert ist. Diese Akzentverlagerung bei BORGATTA kommt dann im BS-System noch stärker zum Ausdruck (vgl. Abschnitt 7.3.2.).

7.3.1.2. Die "neuen" Kategorien des IPS-Systems

Wir wollen in diesem Abschnitt die einzelnen Kategorien kurz vorstellen und ihre Beziehungen zur Klassifikation von BALES aufzeigen. Eine ausführlichere Beschreibung der Kategorien anhand empirischer Indikatoren geben BORGATTA und CROWTHER (1965, S. 27 ff.).

Kategorie 1: Allgemeine soziale Anerkennung: Alle Arten von Begrüßungsformeln und Einleitungssätzen
Im System von BALES: Kategorie 1

Kategorie 2: Zeigt Solidarität: anerkennende Bemerkungen und Verhaltensweisen, die den Status eines anderen erhöhen. Beispiele: "das war gut"; "so können wir das Problem angehen"; "dem kann ich nur zustimmen";etc.
Im System von BALES: Kategorie 1

Kategorie 3: Zeigt Entspannung, lacht: kein Lachen, Kichern oder Grinsen, das mehr Spannung als Entspannung ausdrückt
Im System von BALES: Kategorie 2

Kategorie 4: Erkennt an, versteht, bestätigt: alle Bemerkungen, die ein passives Verständnis und eine passive Bestätigung ausdrücken. Beispiele: "O.K."; "richtig"; "so ist es";etc.
Im System von BALES: Kategorie 3

Kategorie 5: Stimmt zu, willigt ein, unterstützt: jede aktive Zustimmung und Bestätigung, die sich den Standpunkt eines anderen zu eigen macht. Beispiele: "Ich bin der gleichen Meinung"; "Ja, das ist richtig"; etc.
Schwierig kann die Abgrenzung zu den Kategorien 2 und 4 werden. Allgemein sollte aber gelten: völlig passive Zustimmung sollte in der Kategorie 4 verkodet werden; wird in der Zustimmung auf den Status eines anderen Bezug genommen, sollte in der Kategorie 2 verkodet werden.
Im System von BALES: Kategorie 3

Kategorie 6: Macht Verfahrensvorschläge: Festlegung der Aufgaben und Verantwortlichkeiten, sowie des nächsten Ziels. Beispiel: "Wir sollten jetzt dazu kommen, das folgende Problem zu besprechen"; "Ich werde diese Aufgabe übernehmen"; "Übernimm

die Protokollführung für dieses Mal". (Befehle werden in Kategorie 17 verkodet).
Im System von BALES: Kategorie 4

Kategorie 7: Macht Lösungsvorschläge: Alle Vorschläge, die Lösungsversuche für Gruppenprobleme anstreben, die von der Gruppe akzeptiert wurden oder aber direkt als Aufgabe gestellt wurden. Beispiele: "Wenn wir in dieser Richtung weitergehen, werden wir wohl eine brauchbare Antwort bekommen können"; "Nach dieser Diskussion sind wir uns wohl einig, daß ..."; etc.
Im System von BALES: Kategorie 4

Kategorie 8: Äußert Meinung, bewertet, analysiert, drückt Gefühle oder Wünsche aus: In dieser Kategorie werden allgemeine Bewertungen und Meinungen eines Akteurs verkodet, wenn eine Stellungnahme ausgedrückt wird. Beispiele: "Dieses Problem hätte man anders anpacken müssen"; "Wir müssen endlich zu einer Lösung kommen"; etc.
Im System von BALES: Kategorie 5

Kategorie 9: Selbstanalyse und ein Verhalten, das sich selbst in Frage stellt: Diese Kategorie beinhaltet die relativ objektive Selbsteinschätzung eines jeden Akteurs. Beispiele: "Ich habe im Moment leider nicht aufgepaßt"; "Ich habe manchmal eine lange Leitung"; "Dieser Aufgabe bin ich nicht ganz gewachsen"; etc. Bemerkungen, die Angst ausdrücken, werden in Kategorie 15 verkodet.
Im System von BALES: Kategorie 5

Kategorie 1o: Verweist auf Gruppenexterne Situationen, um Aggressivität umzukehren: In diese Kategorie werden alle die Aktionen eingeordnet, die mit Aggression und Feindschaft zu tun haben und nach außen gerichtet sind. Beispiele wären negative Äußerungen über Personen außerhalb der Gruppe, über die Organisatoren der Gruppe, über Vorgesetzte und andere Instanzen.
Im System von BALES: Kategorie 5

Kategorie 11: Orientiert, informiert, klärt andere auf: In diese Kategorie werden Aktionen verkodet, die auf die Vermittlung tatsächlicher Informationen gerichtet sind, soweit sie in einer Situation definiert werden können. Beispiele: "Es hat diese Nacht geregnet"; "Der Vater von Heinz hat einen Herzinfarkt bekommen"; "Dieses Problem haben wir bereits behandelt"; etc.
Im System von BALES: Kategorie 6

Kategorie 12: Bittet um Aufmerksamkeit, wiederholt, stellt klar: Wesentlicher Inhalt dieser Kategorie sind einleitende Bemerkungen wie: "Hör zu"; "wenn ich Deine Frage wieder aufnehmen darf". Ebenfalls in dieser Kategorie wird die Wiederholung einer bereits gegebenen Antwort, sowie die Klärung eines Sachverhalts verkodet: "Ich glaube, was Heinz meinte, war ...".
Im System von BALES: Kategorie 6

Kategorie 13: Fragt nach Meinung, nach Bewertung, nach Analyse, nach Gefühl oder Wünschen: Fragen, auf die man eine Antwort erwartet: "Was denkst Du eigentlich darüber?" "Glaubst Du, wir werden rechtzeitig fertig?" Weitere Verkodungsmöglichkeiten bestehen in Sätzen, die Aufforderungscharakter haben bzw. in denen die Bewertung eines Sachverhalts verlangt wird: "Mach Du weiter"; "Hast Du eine andere Meinung?"
Im System von BALES: Kategorie 8

Kategorie 14: Stimmt nicht zu, nimmt eine andere Haltung ein: Jede Meinungsverschiedenheit und Ablehnung, die sich auf den Inhalt einer Bemerkung oder die Position eines Gruppenmitglieds bezieht: "Ich bin anderer Meinung"; "Dieses Problem sollte man anders anpacken". Antagonistische und feindselige Unstimmigkeiten werden dagegen in Kategorie 17 verkodet; ebenfalls emotional gefärbte Einwände. Das einfache "Nein" braucht ebensowenig eine Meinungsverschiedenheit zu sein, wie "Ja" Zustimmung bedeuten muß. Sehr oft wird damit nur ein Nicht-Verstehen bzw. Verstehen ausgedrückt (Verkodung in Kategorie 4). Man sollte also bei diesen sehr einfachen Reaktionen unbedingt auf den Zusammenhang achten, indem sie stehen.
Im System von BALES: Kategorie lo

Kategorie 15: Zeigt Spannung, fragt nach Hilfe, es wird die persönliche Unzulänglichkeit angesprochen: Jedes generelle Anzeichen von Nervosität, Angst und Rückzug. Beispiele wären etwa das wiederholte Ansetzen und Abbrechen einer Bemerkung, das Suchen nach Worten etc. Bei der Gleichzeitigen Aufzeichnung von nicht verbalem Verhalten gehört z.B. auch offensichtliches Schwitzen, nervöses Fingerspiel mit Zigaretten und Bleistiften, Husten, Räuspern u.ä. in diese Kategorie.
Im System von BALES: Kategorie 11

Kategorie 16: Zeigt Anwachsen von Spannung: Alle Bemerkungen und Sätze, die Ausdruck einer gespannten Situation sind, in der z.B. die Kommunikation zwischen den Gruppenmitgliedern abzubrechen droht. Typische Merkmale solcher Spannungen sind peinliche Pausen in der Diskussion, die von Räuspern, Husten und von nervösen Blicken begleitet sind, die sich die Gruppenmitglieder zuwerfen. Diese Kategorie ist die einzige im System, die sich ausschließlich auf das Gruppenverhalten und nicht auf das Individualverhalten bezieht.
Im System von BALES: Kategorie 11

Kategorie 17: Zeigt Widerstand, Feindseligkeit, stellt schroffe Forderungen: Jedes Verhalten, in dem offensichtlich die Konfrontation gesucht wird, die Position eines anderen ignoriert, herabgesetzt und lächerlich gemacht wird; weiterhin aber auch jede sarkastische Bemerkung, die geeignet ist, die Gruppe oder auch nur ein Gruppenmitglied zu beleidigen und zu kränken.
Im System von BALES: Kategorie 12

Kategorie 18: Selbstverteidigung: Die Selbstverteidigung bedeutet gleichzeitig einen Angriff auf die Gruppenmitglieder. Beispiele: "Ich habe auch Rechte!"; "Ich verstehe nicht, warum Du mich immer kritisierst!"; etc. Ebenfalls hierin sollten alle selbstgerechten Bemerkungen gehören, auch wenn sie nicht mit einem direkten Angriff auf eine andere Person verbunden sind.
Im System von BALES: Kategorie 12

Stellen wir nun zum Abschluß der Besprechung die 18 IPS-Kategorien noch einmal in ihrer Beziehung zu den IPA-Kategorien dar:

Abb.: 12 Die Erweiterung des IPS-Systems durch das IPS-System

IPA-Kategorien	IPS-Kategorien
1. Zeigt Solidarität	1. Allgemeine soziale Anerkennung 2. Zeigt Solidarität (Status anderer wird erhöht)
2. Zeigt Entspannung	3. Zeigt Entspannung
3. Stimmt zu	4. Erkennt an, versteht, bestätigt 5. Gibt Einverständnis, stimmt zu
4. Macht Vorschläge	6. Macht Verfahrensvorschläge 7. Macht Lösungsvorschläge
5. Äußert Meinung	8. Äußert Meinung 9. Selbstanalyse 1o. Verweist auf gruppenexterne Situationen
6. Orientiert	11. Orientiert, informiert 12. Bittet um Aufmerksamkeit
7. Erfragt Orientierung	entfällt
8. Fragt nach Meinung	13. Fragt nach Meinung
9. Erbittet Vorschläge	entfällt
1o. Stimmt nicht zu	14. Stimmt nicht zu
11. Zeigt Spannung	15. Zeigt Spannung 16. Zeigt Anwachsen von Spannung
12. Zeigt Antagonismus	17. Zeigt Widerstand 18. Selbstverteidigung

Wie wir bei der Durchsicht dieser Zusammenstellung sehen, haben die Kategorien 7 und 9 des BALES'schen Systems keine direkten Korrespondenzkategorien im System von BORGATTA. Beide Kategorien zeigten in den Auswertungen der verschiedenen Forscher nur eine geringe Bedeutung: die Inhalte sind außerdem in der Revision des Systems durch BORGATTA besser in einigen neuen Kategorien zu verkoden. So z.B. in die Kategorie 15, wenn mit den Fragen Schwierigkeiten und Probleme im persönlichen Bereich angesprochen werden; in Kategorie 6, wenn prozedurale Vorschläge gemacht werden; in Kategorie 1, wenn die Fragen mehr routinemäßig gestellt werden und auf den Ablauf des Geschehens gerichtet sind. Eine Zuordnung der Frage-Kategorien 7 und 9 von BALES zum System von BORGATTA ist also keineswegs eindeutig und bedarf einer eingehenden Berücksichtigung des Zusammenhangs, in dem diese Fragen stehen und der Analyse verdeckter Intentionen des Akteurs.

Die Möglichkeiten einer Protokollierung und Aufzeichnung unterscheiden sich nicht von denen, die wir bereits bei BALES kennen gelernt haben. Wir können also Profile, Sequenzen, Matrizen und Phasen eines Gruppenprozesses ermitteln, je nach den Zielen, die wir bei der Untersuchung verfolgen wollen. Außerdem können wir mit diesem System eine bessere Verhaltensbeschreibung und Bewertung jedes einzelnen Gruppenmitglieds vornehmen.

7.3.2. Das "Behavior Scores System" (BS-System)

7.3.2.1. Theoretische und methodische Grundlagen

War das IPS System der Versuch, auf den von BALES vorgezeichneten Bahnen weiter zu gehen, so stellt das "Behavior Scores System" einen neuen Versuch dar, Interaktionen in einer Gruppe zu beobachten und aufzuzeichnen. Neu ist dieser Ansatz insofern, als BORGATTA hier einen theoretisch und methodisch anderen Weg beschreitet. Theoretisch knüpft er an die mannigfaltigen Versuche an, die Analyse von Interaktionen und von Gruppenverhalten mit Hilfe von Selbsteinschätzungen der Gruppenmitglieder und durch die Einschätzung durch "peers" (vgl. SCHEUCH/KUTSCH 1972, S. 54 f.) zu erleichtern und durch Interaktionswerte zu quantifizieren. Methodisch ging er ebenfalls von einer Einschätzung durch "peers" aus, die er aber einer Faktorenanalyse unterzog. Die in dieser Faktorenanalyse ermittelten Faktoren bildeten die Basis der Kategorien im BS-System. In diesem System wird die Akzentverlagerung bei BORGATTA von der Analyse des Gruppenprozesses zur Verhaltensbeschreibung einzelner Akteure besonders deutlich.

Warum aber glaubt BORGATTA, daß die Einschätzung durch andere bzw. Gruppenmitglieder selbst ein theoretisch wichtiger Aspekt bei der Analyse von Interaktionen ist? Dies können wir vielleicht mit den Ansätzen einer theoretischen Richtung der Soziologie erklären, die man als "Symbolischen Interaktionismus" bezeichnet, der menschliches Verhalten als reagierendes Verhalten ansieht, wobei sich konstante Persönlichkeitsmerkmale mit wechselnden äusseren Bedingungen verbinden (vgl. dazu MEAD, 1959). Die Frage, was die Identität und Persönlichkeit eines Individuums ausmacht, wird mit Hilfe der Reaktionen anderer auf das Verhalten eines Individuums beantwortet. So stellt sich dann die Persönlichkeit eines Menschen aufgrund der Bewertung seines Verhaltens durch andere dar. Diese Bewertungen sind gleichzeitig ein Mittel der sozialen Kontrolle und der Ursprung von Selbstwertgefühlen.

Das "Behavior Scores System" ist nun ein Interaktionspunktsystem, dessen Entwicklung auf den Erfahrungen mit der Beschreibung von Fremdeinschätzungen beruht. Diese Erfahrungen gehen auf faktorenanalytische Untersuchungen von Einschätzungen durch "peers" zurück. Dabei konnten die folgenden Faktoren identifiziert werden: 1. Selbstbewußtes Auftreten; 2.

Die Fähigkeit, mit anderen harmonisch zu kooperieren (Soziabilität); 3. Intelligentes Verhalten (Rationalität); 4. Emotionales Verhalten; 5. Aufgabenorientiertes Verhalten (Verantwortlichkeit). Zwischen diesen einzelnen Faktoren konnten etwa folgende Beziehungen festgestellt werden: Selbstbewußtheit und Soziabilität standen in einem schwach negativen Verhältnis zueinander, d.h., je selbstbewußter das Auftreten um so geringer die Neigung und die Fähigkeit, mit andern zusammenzuarbeiten; emotionales Verhalten korrelierte negativ mit Soziabilität, aber nur sehr schwach mit Selbstbewußtheit; Indizes des intelligenten Verhaltens korrelierten mit Selbstbewußtheit, Soziabilität; Aufgabeninteresse stand nicht nur in enger Beziehung zum intelligenten Verhalten, sondern auch zur Selbstbewußtheit (vgl. BORGATTA und CROWTHER 1965,S.47f.).

Dieses System ist nun der Versuch, eine Anzahl von Kategorien zu entdecken, die den Typ von Beobachtungseinheiten mit anderen Systemen (BALES u.a.) gemeinsam haben, aber gleichzeitig inhaltlich so weit gefaßt sind, um den Erfahrungen mit der Einschätzung durch "peers" Rechnung zu tragen.

BORGATTA beschränkt sich nun in seinem BS-System auf die beiden wichtigsten Faktoren: auf Soziabilität und auf Selbstbewußtsein. Er rechtfertigt diese Entscheidung einmal mit der eindeutigen Dominanz beider Faktoren und zum anderen unter Rückgriff auf die Ergebnisse des BALES'schen Systems (vgl. BORGATTA und CROWTHER 1965, S. 47). Auf diesen beiden Faktoren baut er dann ein Schema von sechs Kategorien auf, deren Verteilung im Zwei-Faktoren-Raum Abb. 13 zeigt.

Abb. 13: Verteilung der Kategorien des BS-Systems im Zwei-Faktoren-Raum (nach BORGATTA und CROWTHER 1965, S. 48)

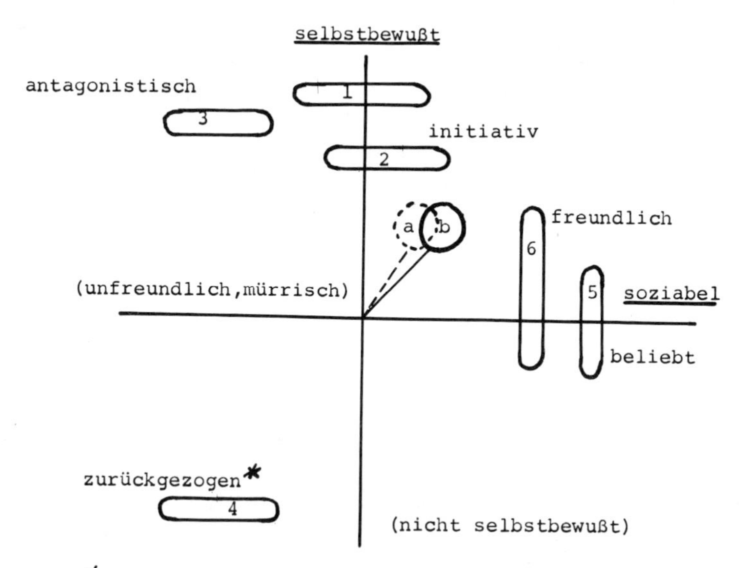

* Die Lage der Kategorie 4 konnte empirisch nicht bestätigt werden.

Aus dieser Abbildung sehen wir, daß nicht das ganze Spektrum der zwei Faktoren im System enthalten ist (die Quadranten 3 und 4 sind nur schwach besetzt). Dies liegt an der grundsätzlichen Annahme, daß sich nicht alle Aktionen notwendigerweise auf das gesamte Spektrum beziehen müssen, sondern daß "the points that would occur between the six that are indicated appear to be more easily described through judgments of larger segments of behavior than of individual acts" (BORGATTA und CROWTHER 1965,S.47). Deshalb wird in diesem System vorgeschlagen, jedes individuelle, beobachtbare Verhalten willkürlich gemäß diesem System zu klassifizieren. Zur Sicherung der Zuverlässigkeit von Eintragungen und der Vergleichbarkeit von Untersuchungen, ist dann aber eine intensive Schulung der Beobachter in diesem System notwendig. Wir wollen deshalb im nächsten Abschnitt die einzelnen Kategorien vorstellen und Beispiele von Verhaltensweisen für jede Kategorie geben (für eine ausführlichere Darstellung von Beispielen siehe BORGATTA 1963 und BORGATTA und CROWTHER 1965).

7.3.2.2. Das Kategoriensystem der "Behavior Scores"

BORGATTA teilt die selbstbewußten Aktionen in drei Kategorien ein: 1. Neutrale Kommunikationen (BS 1) sind auf den Fortgang einer Kommunikation gerichtet, drücken Erklärungen bzw. Darstellungen eines Sachverhalts aus und dienen der Behauptung einer Position im Kommunikationsprozeß. 2. In selbstbewußten oder dominanten Aktionen (BS 2) bezieht sich das Individuum deutlich auf seine Position im Gruppenprozeß, es initiiert die Diskussion und drückt ihr seinen Stempel auf. 3. Antagonistische Aktionen (BS 3) bringen eine Zurückweisung der Meinung und der Position anderer Personen zum Ausdruck. Nur ein solches Verhalten sollte in BS 3 verkodet werden, das gleichzeitig feindselig ist und ein sich selbst verteidigendes Verhalten impliziert. Ebenfalls in diese Kategorie gehört die Gruppenspannung als Ausdruck genereller Meinungsverschiedenheit.

Für mangelnde Initiative bzw. für die negative Achse des Selbstbewußtseins sind keine Kategorien vorgesehen. Rückzugsaktionen (BS 4) bedeuten nicht unbedingt ein Anwachsen individueller Spannung, obwohl dies sehr oft der Fall sein kann (vgl. BS 4c) In diese Kategorie werden die erfolglosen Versuche verkodet, sich an der Diskussion zu beteiligen oder eine Antwort zu geben, zu der man aufgefordert wurde.

Als unterstützende Aktionen (BS 5) werden alle jene Aktionen bezeichnet, in denen die Leistung eines anderen anerkannt wird und die für die Fortsetzung der Diskussion von Bedeutung sind. Beispiele dafür wären etwa die einfache Zustimmung oder die Aufforderung, weiterzumachen. Unterstützende Aktionen,die über eine einfache Zustimmung hinausgehen, indem z.B. der Status eines anderen angehoben wird, sollen in der Kategorie BS 6 klassifiziert werden; Ausnahmen davon bilden Handlungen, die die Gruppe als ganze kennzeichnen.

Zweierlei Arten von Gruppenaktivitäten sieht BORGATTA als wesentlich an: Gruppenentspannung und Gruppenspannung. Gruppenentspannung (Lachen) erhält die Kurzform "L"; Gruppenspannung die Form "T". Bei länger andauernden Gruppenaktivitäten wird alle lo Sekunden eine neue Handlung bewertet.

Hier zeigt sich in besonderer Weise die Abwendung von dem BALES'schen Schema:

1) BORGATTA trennt scharf Gruppenaktivitäten von individuellen Aktivitäten;
2) Die Beobachtungseinheit bei kollektiven Aktivitäten wird ausschließlich nach ihrer zeitlichen Dimension definiert, unabhängig von der jeweiligen Ausprägung des Verhaltens nach inhaltlichen oder Intensitätskriterien.

Neben den sechs Hauptkategorien der Interaktion und den beiden Kategorien der Gruppenaktivitäten führt BORGATTA noch Unterteilungen einzelner Kategorien ein, die sich auf zwei zusätzliche Bereiche beziehen: auf die Gruppenorientierung (a und b) und auf die Emotionalität von Aktionen (c und d). Alle Handlungen,die die Gruppe wieder zu ihrer Zielsetzung und ihrer Aufgabenstellung zurückführen wollen, werden mit einem zusätzlichen "a" gekennzeichnet; Handlungen, die dem Zusammenhalt in der Gruppe dienen, erhalten ein zusätzliches "b". Die Nicht-Benutzung von "a" oder "b" bei der Klassifikation von Aktionen bedeutet eine relative Neutralität hinsichtlich der Gruppenorientierung dieser Handlung. Oft wird es schwierig sein, eine Handlung mit "a" oder "b" zu bewerten, obwohl beide gerechtfertigt wären; in diesem Fall wird in der Regel der stärker hervortretende Aspekt verkodet oder, wenn beide gleich stark sind, immer der Aspekt "a".

Das Anwachsen der Spannung innerhalb der Gruppe wird für eine einzelne Aktion mit "c" bewertet und bezeichnet zumeist Nervosität und Angst. Nicht-vorhersagbares Verhalten (Aufbegehren, Aggressivität, emotionales sich-zur-Schau-Stellen etc.) wird mit einem zusätzlichen "d" klassifiziert.

Beispiele für die Benutzung dieser Unterkategorien wären etwa:

- Handlungen, die sich auf den Aufgabenbereich der Gruppe beziehen, werden gewöhnlich mit "2a" verkodet;
- Handlungen, die die Position des einzelnen in der Gruppe ansprechen und Gruppensolidarität bewirken, werden je nach Zusammenhang mit "2b" oder "6b" verkodet;
- Die Überlegungspausen in Sätzen ("Ahh") werden mit "1c" verkodet;
- Rückzug unter Zwang wird mit "4c" verkodet;
- Rückzug unter offensichtlicher Feindseligkeit wird mit "4d" verkodet (vgl. BORGATTA und CROWTHER 1965, S.49).

Stellen wir nun das ganze Kategoriensystem noch einmal summarisch zusammen:

<u>Selbstbewußte Handlungen:</u>

1. Neutrale Erklärungen und Kommunikationen
2. Behauptungen und überlegene Handlungen (zieht Aufmerksamkeit auf sich, behauptet, initiiert Diskussion)

3. Antagonistische Handlungen (weist andere zurück, setzt andere herab, ist selbstbewußt oder selbstverteidigend)

Rückzug

4. Rückzugsaktionen (verläßt das Beobachtungsfeld, antwortet nicht etc.)

Unterstützende Aktionen

5. Unterstützende Handlungen (erkennt an, antwortet etc.)
6. Selbstbewußte unterstützende Aktionen (hebt andere hervor, fühlt sich verantwortlich etc.)

Merke: Jede Handlung wird in diese sechs Kategorien verkodet mit Ausnahme von Gruppenaktivitäten.

"L": Gruppenlachen

"T": Gruppenspannung

Gruppenorientierte Unterteilung

"a": Aufgabenbestimmte Handlungen (macht auf die Aufgabe aufmerksam; bringt die Gruppe wieder zur Aufgabenstellung zurück etc.)

"b": Gruppenerhaltende Handlungen (zieht die Gruppe zusammen, ruft zu Einigkeit auf, überwindet den toten Punkt etc.)

Unterteilung in bezug auf die Emotionalität von Handlungen

"c": Handlungen der Anspannung (Nervösität, Angst, erzwungene Handlungen etc.)

"d": Unvorhersagbares Verhalten (Überreaktionen, Emotionalität, autistische oder beziehungslose Handlungen, die einen fehlenden Kontakt zur Gruppe bedeuten etc.). (Vgl. BORGATTA und CROWTHER 1965, S. 5o)

Zum Abschluß dieser Behandlung der Ansätze von BORGATTA wollen wir noch einmal auf die Interessen- und Schwerpunktverlagerung hinweisen, die im IPS-System bereits bemerkbar sind, im BS-System aber voll zum Ausdruck kommen: Die Analyse des

Gruppenprozesses tritt fast völlig in den Hintergrund gegenüber individualdiagnostischen Untersuchungen an den Mitgliedern der verschiedenartigsten Gruppen. Damit treffen beide Ansätze auch weniger soziologische als vielmehr psychologische Fragestellungen.

7.4. Die Revision der IPA-Kategorien durch Robert F. BALES

In diesem Abschnitt wollen wir kurz auf neuere Untersuchungen von BALES eingehen, in denen er eine Weiterentwicklung seiner Kategorien versucht. In dieser Revision wird, wie schon bei BORGATTA, eine Umorientierung in der Kleingruppenforschung deutlich: das Interesse liegt mehr bei der Analyse von Persönlichkeitsmerkmalen als bei der Untersuchung von Gruppenprozessen. Dies zeigt auch schon der Titel seines neuesten Buches "Personality and Interpersonal Behavior" (197o).

Am äußeren Charakter seines Systems hat BALES nichts verändert: die Zahl der Kategorien ist erhalten geblieben, wie auch die Symmetrie des Schemas. Im inneren Aufbau dagegen haben sich Veränderungen ergeben. BALES versucht einmal eine bessere Differenzierung in seinen Kategorien hinsichtlich des beobachteten Verhaltens zu erreichen; dies bezieht sich besonders auf unterschiedliche Gefühlsregungen und unterschwellige, emotionale Strömungen im Gruppenprozeß (vgl. BALES 197o S. 477). Die Kategorien 1,2,6,7 und 12 sind umbenannt worden, sodaß das Schema nun folgendes Aussehen hat (vgl. BALES 197o, S. 91 ff. und S. 471 ff.):

1. Scheint freundlich
2. Dramatisiert
3. Stimmt zu

---

4. Macht Vorschläge
5. Äußert Meinung
6. Informiert

---

7. Fragt nach Information
8. Fragt nach Meinung
9. Erbittet Vorschläge

---

10. Stimmt nicht zu
11. Zeigt Spannung
12. Scheint unfreundlich

Dies ist natürlich nicht nur eine einfache Umbenennung, sondern soll teilweise völlig neue Definitionen für bestimmte Kategorien ermöglichen. Wir können zudem nicht davon ausgehen, daß bei gleichen "Etiketten" die gleichen Verhaltensweisen zuzuordnen wären. BALES beschreibt ausführlich, in welcher Richtung sich einzelne Kategorien in ihrem Konnotationsfeld gewandelt haben (nur die Kategorien 3,8 und lo sind sowohl im Titel als auch in der Bedeutung unverändert geblieben;vgl. BALES 197o, S. 474 ff.).

Zum anderen löst BALES mit dieser Revision - und das macht den Ansatz einer Persönlichkeitsanalyse besonders deutlich - sein Schema aus dem theoretischen Zusammenhang zur Theorie sozialer Systeme und bettet sie in ein dreidimensionales System empirisch zusammenhängender Variablen ein. Diese drei Dimensionen bilden die Grundlage der Umbenennung und Neudefinition einzelner Kategorien, mit denen er nun ein ehrgeiziges Programm verfolgt: die Beziehungen im Gruppenprozeß zwischen den Interaktionen, den Verhaltensweisen, den Persönlichkeitsmerkmalen und bestimmten Wertmustern aufzuzeigen (vgl. STRODTBECK 1973, S. 462).

Diese drei Dimensionen ermittelt BALES aufgrund faktorenanalytischer Untersuchungen von 144 Items (vgl. dazu BALES 197o S. 177 ff.): die erste Dimension bezieht sich auf die Positionshierarchie in einer Gruppe und wird mit den Kürzeln "U" und "D" (upward vs. downward) versehen; die zweite Dimension bezieht sich auf die Aufgabenerfüllung in der Gruppe und hat die Kürzel "F" und"B" (forward vs. backward); die dritte Dimension bezieht sich auf den emotionalen Bereich der Gruppe (Wertschätzung) und bekommt die Kürzel "P" und "N" (positive vs. negative). Die genaue Lage jedes Gruppenmitglieds im drei-Faktoren-Raum wird dann in einem aufwendigen Verfahren festgestellt (vgl. BALES 197o, S. 391 f.):

1. durch schriftliche Tests werden Persönlichkeitsmerkmale ermittelt;
2. durch Beobachtungen von Verhaltensweisen;
3. durch die Klassifikation von Äußerungen über Wertvorstellungen im Verlauf einer Gruppenzusammenkunft;
4. durch Einschätzung durch die Mitglieder selbst und durch die außenstehenden Beobachter;
5. durch die Bewertung der Einschätzungen, die ein Akteur von den anderen Akteuren der Gruppe erhalten hat.

Danach können wir in der Analyse der Interaktionen feststellen, welche Merkmale von Gruppenmitgliedern (Dimensionen) besonders charakteristisch für bestimmte Kategorien sind. Der Darstellung dieser Charakteristika widmet BALES ca. 2oo Seiten seines Buches.

BALES beschreibt also die Verhaltensweisen, die eine bestimmte Position innerhalb einer Gruppe indizieren, und stellt ihre Beziehung zu Persönlichkeitsmerkmalen und Wertvorstellungen her. Er geht davon aus, daß man vom Verhalten eines Individuums auf seine Persönlichkeit und auf seine Wertmuster schließen kann. Die analytisch getrennten Dimensionen "face-to-face-behavior" eines Akteurs und "Persönlichkeit" eines Akteurs werden in einem Typ zusammengefaßt, z.B. im Typ "DNB" den BALES als "toward failure and withdrawal" beschreibt (vgl. BALES 197o, S. 354 ff.). Dabei würden dann unterschiedliche Verhaltensweisen auch unterschiedliche Persönlichkeiten und Werthierarchien implizieren. Verdeutlichen wir uns dies an einem etwas abgewandelten Beispiel von STRODTBECK (1973, S. 463 f.): Drei Studenten A, B und C haben unterschiedliche

Kenntnisse in den Sprachen Englisch und Französisch; A ist sehr gut in Englisch, aber schlecht in Französisch; B ist in beiden Sprachen gleich gut und C ist sehr gut in Französisch, aber schlecht in Englisch. In einer Rangordnung der Sprachkenntnisse würden wir für Englisch die Reihenfolge A > B > C und für Französisch die Reihenfolge C > B > A erhalten. Für BALES würde nun die unterschiedliche Position von A und C auch eine unterschiedliche Persönlichkeit anzeigen, obwohl man damit sicher keine Persönlichkeitsunterschiede verbinden kann. Es ist also nicht ganz unproblematisch, die Zusammenhänge der von ihm identifizierten Variablen so zu akzeptieren, wie sie von BALES gesehen werden.

Methodisch geht BALES in dieser Revision bereits bekannte Wege: Die Untersuchungen fanden an 12 Gruppen von etwa 6o Harvardstudenten statt. BALES bemüht sich kaum um die in Laboratoriumsbeobachtungen mögliche Kontrolle der Interaktionen; er sammelt eine große Menge von Daten über wenige Objekte und verwendet zusätzliche Verfahren (Tests, Interviews, Rating) zur Verwirklichung seiner ehrgeizigen Ziele. Es bleibt deshalb zu fragen, ob nicht trotz aller Bemühungen, der Kern der Kritik an den IPA-Kategorien auch weiterhin bestehen bleibt und aus soziologischer Sicht sogar um einen weiteren Punkt ausgedehnt werden muß, da die Analyse des Gruppenprozesses fast völlig gegenüber der Analyse von Persönlichkeitsstrukturen von Mitgliedern sogenannter "self analytic groups" in den Hintergrund tritt. Etwas resignierend schreibt STRODTBECK (1973, S. 465), ein ehemaliger Mitarbeiter von BALES:

> "By culminating the 2o-year-period of research and theory with a volume filled with pain-staking, how-to-do-it routines, Bales invites others to join in the process of still further revision and discovery".

7.5. Andere Versuche einer Standardisierung nicht-teilnehmender Beobachtung

Zur Abrundung der Darstellungen von systematischen Beobachtungsverfahren wollen wir in diesem Abschnitt auf zwei weitere Techniken zur Beobachtung verbaler Kommunikation verweisen, die besonders in der Psychologie und Sozialpsychologie verbreitet sind, nämlich auf die Versuche von CHAPPLE, sowie von CARTER u.a. Daran anschließend werden wir einen soziologischen Ansatz zur Untersuchung von Betriebsgruppen vorstellen, der von ATTESLANDER zur Beobachtung ganzer Handlungsabläufe entwickelt wurde.

7.5.1. Der Versuch von Elliot D. CHAPPLE zur Messung von Interaktionen

Der Ausgangspunkt dieses bereits sehr früh in der Entwicklung von strukturierten Beobachtungsverfahren stehenden Ansatzes (1939) war CHAPPLE's Unzufriedenheit mit dem Interview als einer möglichen Informationsquelle über die Dynamik interpersoneller Beziehungen und sein Wunsch, eine wissenschaftlich fundierte Persönlichkeitstheorie zu entwickeln. Er wollte daher, das durch die Erfahrung belegte Verhältnis zwischen objektiven Tatbeständen (Stärke und Dauer von Kontakten) auf der einen Seite und gefühlsmäßigen Beziehungen zwischen Individuen und ihr Verhältnis zueinander auf der anderen Seite genauer analysieren. Die beobachteten zeitlichen Regelmäßigkeiten der Interaktionen von zwei Personen waren für ihn von solcher Bedeutung, daß er glaubte, mit dem Faktor "Zeit" einen Verhaltensaspekt gefunden zu haben, dessen Analyse Rückschlüsse auf die interagierenden Personen und auf ihr gegenseitiges Verhältnis erlauben müßte.

Ein Beobachter hat in diesem System nur die Aufgabe, den Beginn, die Dauer und das Ende einer Aktivität aufzuzeichnen.

Es geht CHAPPLE weder um den intentionalen Aspekt von Interaktionen, noch um die Beschreibung des Inhalts einer Handlung oder der Handlung selbst. Er glaubt, daß Gefühle und inhaltliche Kategorien korrekt durch die quantitative Erfassung der Zeitcharakteristiken beschrieben werden können. Diese radikale Auffassung eines Behavioristen bringt er sehr deutlich zum Ausdruck:

> "If the reader sharpens his power of observation, he will see that in many cases people whom he does not like or cannot get along with say exactly the same things that people he does like say. So actors frequently take a short play, play it first as a tragedy and then, using the same words, play it as a comedy. Here is the language seen as unimportant, and the timing is the factor which makes the difference in its effect on the audience" (CHAPPLE 194o, S. 33).

Tatsächlich können wir mit Hilfe der Zeitaufzeichnung eine Reihe von Informationen über Interaktionsprozesse gewinnen - mehr jedenfalls als es nach dieser sehr knappen Beschreibung den Anschein hat.

Später erweiterte CHAPPLE seinen Ansatz noch um weitere Aspekte einer Analyse von Interaktionen: a) Tempo (wie häufig eine Person eine Aktion beginnt); b) Aktivität und Energie (Verhältnis von verbalem zu nicht-verbalem Verhalten); c) Anpassung (Verhältnis von seiner aktiven Unterbrechung der Aktionen anderer zum Versäumnis oder zur Verweigerung einer Antwort); d) Initiative (Häufigkeit, die Initiative an sich zu reißen); e) Dominanz (Häufigkeit des gegenseitigen Sich-Ausspielens); f) Synchronisation (die Häufigkeit des gegenseitigen Unterbrechens oder des Nicht-Antwortens). Durch die Kombination einzelner Aspekte untereinander konnte er eine Vielzahl von Indizes ermitteln, mit deren Hilfe eine weitgehende Analyse von Interaktionsprozessen möglich war (vgl. CHAPPLE 1949). Die Aufzeichnung erfolgte mit einem speziell für diese Methode entwickelten Interaktionschronographen. Dieses Gerät ist sowohl ein Aufzeichnungsgerät sozialer Interaktionen als auch ein Kleinstrechner zur Ermittlung von summierten Werten für die Hauptvariablen in diesem System.

Die Verhaltensweisen, die CHAPPLE herausgreift und beobachtet, sind wahrnehmbare Muskelaktivitäten. Jede dieser Muskelaktivitäten muß im Verhältnis zu der ihr vorausgegangenen Aktivität eine Veränderung in der Bewegung darstellen, um als neue Aktion festgehalten werden zu können (damit wird wieder der stark behavioristische Ansatz deutlich). Diese kleinste Aktion bezeichnet CHAPPLE als <u>Aktionsquantum</u>; eine Folge von Aktionsquanten bildet eine <u>Aktionseinheit</u>, die besonders von praktischer Bedeutung ist. Eine Aktionseinheit endet und beginnt mit einer Phase der Inaktivität. Deutlicher wird die Bedeutung dieser Begriffe, wenn wir von dem Verhalten ausgehen, das im Vordergrund von CHAPPLE's Interesse stand: dem verbalen Verhalten. Verbale Aktivitäten werden durch Atem- und Gedankenpausen (Phasen der Inaktivität) unterbrochen. Ein kontinuierlicher Redefluß wird als eine Aktionseinheit aufgefaßt, die eine Abfolge von voneinander getrennt wahrnehmbaren Bewegungen der Sprechmuskeln (Aktionsquanten) darstellt.

Jeder Beobachter muß nun die zu beobachtenden Aktionseinheiten selbst definieren, d.h. er muß bereits vor seine Beobachtung Kriterien für die Kontinuität eines Redeflusses bzw. für die noch zulässige, nicht als Unterbrechung einer Rede aufzufassende Länge einer Pause entwickeln. In einigen vollautomatischen Aufzeichnungsgeräten (z.B. Automatic Vocal Transaction Analyser (AVTA); CASSOTTA, FELDSTEIN und JAFFE 1964) wurde das Vorhandensein bzw. Nicht-Vorhandensein von Sprechaktivitäten automatisch registriert; in diesem Falle ergab sich als kleinste Aktionseinheit jede kontinuierliche Sprechaktivität, in der die Pausen kleiner als 3oo msek. waren. Der Interaktionschronograph, den CHAPPLE selbst benutzte, war dagegen ein halb-automatisches Gerät. Der Beobachter bestimmte hier die Aktionseinheit selbst, indem er die einer Person zugeordnete Taste des Geräts solange niederdrückte, bis diese Aktionseinheit beendet war.

Aus einer Aktionseinheit einer Person A und der unmittelbar darauf folgenden einer Person B ergibt sich dann eine Interaktionseinheit, in diesem Fall "AB". Dabei faßt CHAPPLE die Aktion von A als Reiz für die Aktion von B auf, wobei dann dessen Reaktion wiederum als Reiz für eine entsprechende Aktion von A dienen kann. Hier liegt sicher eine besondere Schwäche des Systems, wenn ausschließlich das Zeichen "Sprache" zur Unterscheidung von Aktion und Reaktion angesehen wird und andere Zeichen (Blicke wechseln, Intonation etc.) oder auch das Verstehen des Situationszusammenhanges kaum oder gar nicht beachtet werden. Unter Interaktionseinheit versteht CHAPPLE also eine nicht durch Pausen unterbrochene, alternierende Folge von zwei Aktionseinheiten. Die Abfolge von ebenfalls durch Pausen unterbrochenen Interaktionseinheiten bezeichnet er als Episode.

Anhand der folgenden Darstellung lassen sich einige der oben ausgeführten Beobachtungsaspekte und das Prinzip der Indexbildung verdeutlichen. (Vgl. Abb. 14).

Für die einzelnen Aktivitätszustände werden nun die Zeiten gezählt und summiert; das gleiche geschieht für die einzelnen Übergangsmöglichkeiten. Die Dominanz eines Partners ergibt sich beispielsweise dann aus der Differenz der Übergänge von Z_3 nach Z_1 bzw. von Z_3 nach Z_2 ($Z_3/Z_1-Z_3/Z_2$). Ist diese Differenz von Null verschieden, so dominiert ein Partner über den anderen. In ähnlicher Weise werden Initiative, Anpassung und Synchronisation definiert und ermittelt.

Diese Art der quantitativen Erfassung interaktiver Effekte durch einfache Summierungen und Differenzbildungen ist oft genug kritisiert und selbst von CHAPPLE diskutiert worden, sie

Abb. 14: Die Übergangsmöglichkeiten zwischen einzelnen Aktivitätszuständen im System von E.D. CHAPPLE (nach MANZ 1974, S. 43)

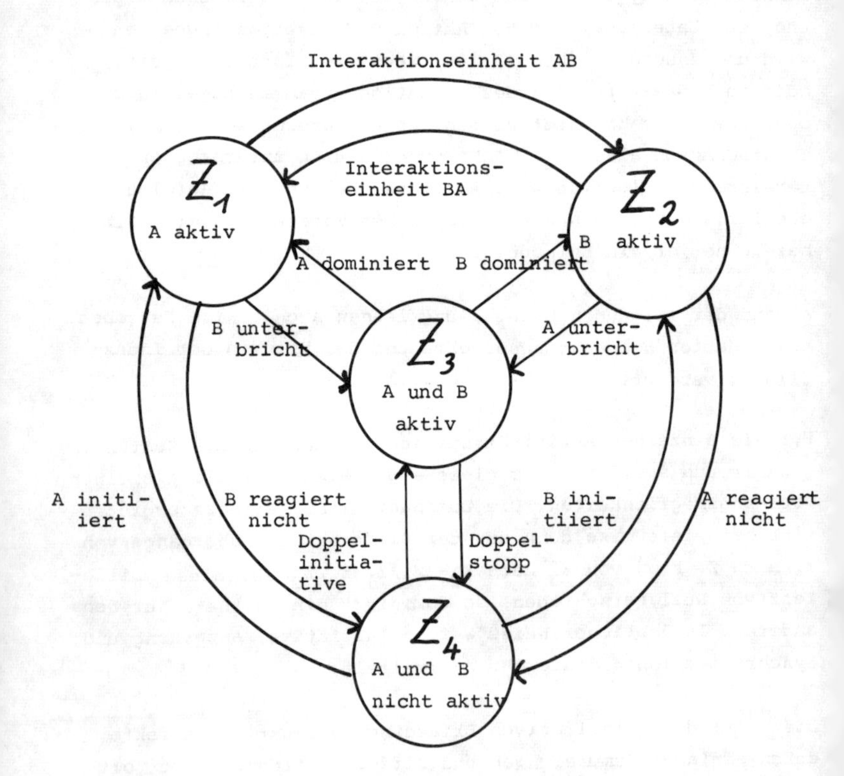

zeigt aber die Vielfalt der Analysemöglichkeiten in einer systematischen Untersuchung eines Systems von zwei Personen.

CHAPPLE's Versuch bedeutet praktisch eine Anwendung vom - in den 3oer und 4oer Jahren - vorherrschenden Trend einer qualitativen Verhaltensbeobachtung durch Beobachter mittels vorgegebener Kategorien. In seinem System finden sich keine inhaltlichen Kategorien; er erfaßt ausschließlich die zeitliche Dimension von verbalen Kommunikationen. So bezweifelten seine Gegener auch, daß ein quasi "inhaltsleeres" Beobachtungssystem, das sich ausschließlich auf die Quantifizierung von Interaktionen über die zeitliche Dimension verläßt, Bedeutung für die Erforschung interaktiver Prozesse haben könnte. Diese Bedeutung wird man aber diesem Verfahren, das weder ein Kategorien- noch ein Merkmalssystem im oben beschriebenen Sinn ist,(vgl. S. 131) wohl nicht absprechen können, obwohl sicher eine Schwäche daring liegt, daß es sich kaum auf Gruppen übertragen läßt, in denen mehr als zwei Personen interagieren. Dieses System ist zu sehr auf die Zwei-Personen-Situation zugeschnitten. Dies wird deutlich, wenn wir uns vergegenwärtigen, daß CHAPPLE die Aktion von der Reaktion nur aufgrund ihrer zeitlichen Abfolge unterscheidet, ohne sich auf andere Zeichen und Symbole, auf das Sinnverständnis eines Beobachters oder auf das Erschließen der Intentionen zu beziehen. Bei einer Analyse einer Dreier-Gruppe wird CHAPPLE deshalb immer nur die chronologische Reihenfolge einer verbalen Kommunikation aufzeichnen, nicht aber unbedingt die "sinnhafte" Reihenfolge, d.h., wenn die Personen A,B und C nacheinander sprechen, setzt er voraus, daß B auf A und C auf B reagiert hat, ohne zu berücksichtigen, daß C ja auch auf A hätte reagieren können, wodurch sich eine andere Interaktionsstruktur ergeben hätte. Die einfache Anwendung eines "Reiz-Reaktions-Musters" vernachlässigt also wichtige Aspekte wie etwa Gesten, Mimik, Blickkontakte, Analyse von Intentionen etc., die häufig größere Bedeutung für den Interaktionsprozeß haben als verbale Kommunikationen.

7.5.2. Der Versuch von Launor F. CARTER zur Beobachtung von Führerschaftsproblemen in Gruppen

CARTER's Hauptinteresse gilt dem Problem der Führerschaft in Kleingruppen (vgl. CARTER u.a. 195o, 1951a, 1951b). Von dieser Orientierung ausgehend sind die Bereiche einer Untersuchung bereits vorstrukturiert: seine Beobachtungen stehen unter Laboratoriumsbedingungen; es wird verbales und nicht-verbales Verhalten aufgezeichnet, wobei letzteres hauptsächlich aus manipulativen Tätigkeiten (Zusammensetzen von Figuren etc.) besteht. Die Autoren greifen auf eine frühe Version der IPA-Kategorien zurück und entwickeln daraus ein System, mit dem das Aufgabenverhalten und die Zielorientierung von Gruppenmitgliedern beschrieben werden kann. Sie glauben, daß die zwölf Kategorien des BALES'schen Schemas zu sehr auf die Beobachtung verbaler Kommunikation gerichtet sind und somit die manipulativen Aktivitäten in ihren Gruppen nicht zu erfassen seien.

Dieses Beobachtungssystem enthält sieben Hauptdimensionen (Verhaltensklassen) mit einer unterschiedlichen Zahl von Kategorien. Nur die ersten zwölf Kategorien der Verhaltensklasse "Gefühlszustände" sind verhältnismäßig ungenau in ihrem Bedeutungsumfang, sodaß die Beobachter in diesen Fällen sicher zu Schlußfolgerungen gezwungen sind, um ein Verhalten entsprechend einordnen zu können. Die übrigen Kategorien sprechen fast durchweg direkt beobachtbares Verhalten an, so daß sich hier ein Beobachter auf die allgemein akzeptierte Bedeutung eines Verhaltens beziehen kann (vgl. Abb. 15, die die Kategorien in einer zweiten Version darstellt: CARTER u. a. 1951b).

Abb. 15: Das Kategoriensystem von CARTER u.a.

Verhaltensklasse I: Bringt Gefühle zum Ausdruck

1. Aggressivität oder Verärgerung
2. Ängstlichkeit oder Unsicherheit
3. Aufmerksamkeit oder Bereitschaft
4. Verwirrtheit
5. Kooperationsbereitschaft
6. Nachgiebigkeit
7. Unzufriedenheit
8. Förmlichkeit, Reserviertheit
9. Freundlichkeit
10. Negativismus oder Aufsässigkeit
11. Zufriedenheit oder Befriedigung
12. Überlegenheit

Verhaltensklasse II: Macht Vorschläge und initiiert Handlungen

20. Bittet um Aufmerksamkeit und Beachtg.
21. Bittet um Information oder Fakten
22. Analysiert die Situation,interpretiert
23. Bittet um Gefühls- oder Meinungsäußerungen
24. Schlägt Aktionen für sich selbst vor
25. Schlägt Aktionen für andere vor
26. Unterstützt und erläutert seinen Vorschlag
27. Verteidigt seine Vorschläge
28. Initiiert aufgabenbezogene Handlungen, die aufgenommen bzw.fortgesetzt werden
29. Unterstützt Vorschläge eines anderen
30. Stimmt zu oder billigt
31. Informiert
32. Hat Einblick in Zusammenhänge
33. Allgemeine Diskussion über die Aufgabe
34. Äußert Meinung

Verhaltensklasse III: Widerspricht und argumentiert (mit etwas Bedeutung

40. Lehnt ab oder ist skeptisch
41. Widerspricht anderen
42. Widerspricht anderen heftig
43. Wird ausfallend und setzt andere herab
44. Ist anmaßend und unverschämt

Verhaltensklasse IV: Übernimmt Führungsrolle im Handlungsablauf

50. Informiert über die Ausführung einer Handlung
51. Lobt, empfiehlt, belohnt

52. Wünscht, daß etwas getan wird
53. Bittet um Hilfestellung für andere
54. Bittet um Hilfestellung für sich
55. Integriert die Gruppe

Verhaltensklasse V: Übernimmt Untergebenenrolle im Handlungsablauf

6o. Folgt Vorschlägen und Anweisungen
61. Bietet seine Hilfe an, hilft
62. Macht anderen etwas nach
63. Bittet um Erlaubnis
64. Arbeitet mit anderen zusammen
65. Beantwortet Fragen
66. Ausführung einer einfachen Arbeit mit anderen zusammen
67. Ausführung einer einfachen Arbeit (allein)
68. Hilft mit (passiv)

Verhaltensklasse VI: Erfolgloses oder unproduktives Aufgabenverhalten

7o. Initiiert Handlung, die nicht aufgenommen oder fortgesetzt wird
71. Ergebnisloses verbales Geplänkel
72. Hört zu, ohne sich zu äußern oder zu beteiligen

Verhaltensklasse VII: Verschiedene

8o. Steht herum und tut nichts
81. Beschäftigt sich mit Aktivitäten, die nichts mit der Gruppenaufgabe zu tun haben
82. Beteiligt sich an Schwätzchen während der Arbeit

Die Beobachter sollen alle 52 Kategorien auswendig lernen und zudem die Aktivitätsrichtungen mit aufzeichnen (Whom-to-Whom-Matrix). Außerdem haben sie am Ende eines Beobachtungszeitraums jeden Teilnehmer mit Hilfe einer sieben-Punkte-Schätzskala hinsichtlich 15 Persönlichkeitsmerkmalen und 4 gruppenorientierten Gesichtspunkten einzustufen. Einige der Aspekte sind:Autoritarismus, Führerschaft, Unterwürfigkeit, Initiative u.a.

Durch die gleichzeitige Beobachtung von verbalem, nicht-verbalem und inaktivem Verhalten in dem System von CARTER, ist die Definition einer Beobachtungseinheit schwieriger als in den bereits vorgestellten Systemen. CARTER definiert deshalb - in einer Erweiterung der Definition von BALES - jeden Wechsel eines Verhaltens als den Beginn einer neuen Einheit. Da er dabei nicht den Bedeutungswandel in einem Verhalten berücksichtigt, stellt auch jede Wiederholung einer Routineaufgabe einen Verhaltenswechsel und damit eine neue Einheit dar.

7.5.3. Das Interaktiogramm von Peter ATTESLANDER

Mit diesem System wollen wir einen soziologischen Ansatz zur systematischen Feldbeobachtung von Betriebsgruppen vorstellen. Während in fast allen anderen Systemen das Hauptinteresse auf interaktiven Verhaltensweisen liegt, versucht ATTESLANDER mit Hilfe des Interaktiogramms die Interaktionen im chronologischen Zusammenhang mit anderen Handlungen im Beobachtungsfeld darzustellen (vgl. ATTESLANDER 1965).

Mit dieser Methode soll die Arbeitsausführung von Aufsichtspersonen in Arbeitsgruppen untersucht werden. Dies hat dann zur Folge, daß man sich nicht auf die Interaktionen beschränkt, sondern auch an allen übrigen Tätigkeiten dieses Personenkreises interessiert ist.

Die Interaktionen werden im Interaktiogramm in die folgenden Kategorien aufgeteilt:

1. in Interaktionen, die vom Aufsichtspersonal ausgehen;
2. in Interaktionen, die von anderen Personen ausgehen.

Beide Kategorien werden dann unterteilt bezüglich ihres Zusammenhangs zur Arbeitsausführung:

a) Interaktionen, die direkt zur Arbeit in Beziehung stehen;
b) Interaktionen, die nicht direkt mit der Arbeit zusammenhängen.

In der Kategorie 2 wird noch eine Kontakt-Interaktion unterschieden, bei der ein Arbeiter seinen Arbeitsplatz verläßt, um mit der Aufsicht zu interagieren.

Die übrigen Aktivitäten der Aufsichtspersonen sind je nach Tätigkeitsbereich mittels unstrukturierter Beobachtung zu ermitteln, um sie zusammen mit den Interaktionen in einem Kurzschrift-System einzubauen, durch das die Aufzeichnung erleichtert werden soll.

ATTESLANDER weist darauf hin, daß sein System im Gegensatz zu den Kategorien von BALES keinen Anspruch auf Universalität erhebt (ATTESLANDER 1971, S. 147). Als Beispiel für diese Methode wollen wir ein Interaktiogramm vorstellen, das aus einer Forschungsarbeit in einer amerikanischen Glasfabrik stammt. Es wurden die Aufsichtsfunktionen von zwei Meistern beobachtet, die sich regelmäßig ablösen und damit praktisch die gleichen Aufsichtsfunktionen ausüben.(Vgl. ATTESLANDER 1971, S. 145 f.; Abb. 16)

Es werden nun Interaktionen aufgezeichnet, die mindestens 5 Sekunden andauern. ATTESLANDER definiert also die Beobachtungseinheit, wie auch CHAPPLE, nur in bezug zur zeitlichen Dimension. Dieser Beobachtungseinheit entspricht jeweils ein Feld im Beobachtungsbogen; in jeder der 3o Zeilen des Beobachtungsbogens sind 12 Felder eingezeichnet, was einer Beobachtungszeit von einer Minute entspricht; pro Blatt können wir also 3o Minuten protokollieren. Nach jeder Minute sollen die Interaktionen und Handlungen sowie deren Dauer ausgezählt werden. Nehmen wir als Beispiel die 1. Zeile(=1.Minute) eines Beobachtungsbogens in Abb. 17:

Abb. 16: Kategorien eines Interaktiogramms

		Symbole
A		
1.	Interaktionen, die nicht von der Aufsicht ausgehen	J
2.	Kontaktinteraktion (ein Untergebener verläßt den Arbeitsplatz, um mit der Aufsicht zu interagieren)	kJ
3.	Interaktion, von der Aufsicht originiert	oJ
4.	Interaktion, die nicht direkt mit der Arbei in Beziehung steht	I (oder kI,oI)
B		
5.	Umhergehen	U
6.	Umhergehen, dabei Werkstücke transportierend	Ut
C		
7.	Die Aufsicht beschäftigt sich mit der Arbeitsausführung an den Arbeitsplätzen der Untergebenen, Inspizieren von Werkstücken oder Maschinen	Bi
8.	Schaut zu, ohne Einzugreifen	Bs
9.	Hilft Untergebenen	Bh
1o.	Lernt an	Ba
D		
11.	Schriftliche Arbeiten	S
E		
12.	Eigene Arbeit	Et
F		
13.	Keine besondere Tätigkeit	N
G		
14.	Verläßt den Arbeitsraum	V

Beteiligte Personen und Symbole:

1.	Arbeiter	1-4o
2.	Aufsichtspersonal	x,y,z
3.	Arbeiter, die nicht zum Arbeitspersonal gehören	a,b,c,d
4.	Monteur (Unterhaltsarbeiter)	M
5.	Telefon	T

Abb. 17: Beispiel einer Aufzeichnung

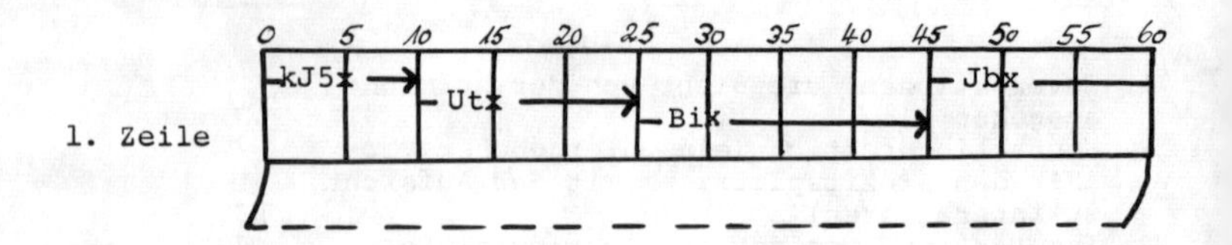

Am Beginn unserer Beobachtung geht der Arbeiter Nr. 5 zu seinem Meister x und bespricht etwas mit ihm (kJ5x); dies dauert zehn Sekunden (wir zeichnen einen Pfeil über die ersten beiden Felder). Darauf geht der Meister mit einem Werkstück fort (Utx), Dauer: 15 Sekunden; er vergleicht ein anderes Werkstück mit dem ersten (Bix), Dauer: 2o Sekunden. Zum Zeitpunkt 45 Sekunden kommt ein nicht zum Personal gehörender Arbeiter b und initiiert eine Interaktion mit dem Meister, die noch über die erste Minute hinausgeht (Jbx). In dieser ersten Minute können wir also zwei Interaktionen feststellen, von denen die zweite noch nicht abgeschlossen ist; außerdem haben wir zwei Handlungen aufgezeichnet. Wir können nun die handelnden Personen identifizieren, feststellen, von welchen Personen einzelne Aktivitäten ausgehen, in welcher Reihenfolge Interaktionen und andere Handlungen auftreten und wielange sie jeweils dauern.

Als Interaktiogramm bezeichnet ATTESLANDER (1971, S. 146) zunächst die "quantifizierte Beobachtungsstruktur", d.h., die ausgezählten und ausgewerteten Beobachtungsaufzeichnungen. Man beschränkt sich nun in der Auswertung dieser Methode fast ausschließlich auf die Analyse der Interaktionen und der anderen Aktivitäten des Aufsichtspersonals und berücksichtigt nicht die anderen beteiligten Personen. Der Gruppenprozeß spielt also in diesem Ansatz keine Rolle, da das Interesse an der Betriebsgruppe nicht aus einer gruppendynamischen Fragestellung erwachsen ist, sondern aus einer betriebs- und organisationssoziologischen Problemstellung (vgl. ATTESLANDER 1959).

ATTESLANDER macht deutlich, daß die von ihm entwickelten Kategorien - besonders diejenigen, die sich nicht auf Interaktionen beziehen - nur seinem Beobachtungsfeld gerecht werden. Die Systematik seiner Unterscheidung in Interaktionen und in andere Handlungen kann aber natürlich auf jedes Beobachtungsfeld übertragen werden, nur die Ausgestaltung der Handlungskategorien wird sich an den Gegebenheiten des jeweiligen Feldes zu orientieren haben. In den Arbeiten von STIEBER 1959, TREINEN 1955, 1959 und DAHEIM 1957 werden modifizierte Kategorien eines Interaktiogramms vorgestellt. Diese Modifikationen bedürfen aber einer vorherigen gründlichen theoretischen und praktischen Abklärung eines Untersuchungsfeldes durch den Forscher. Methodisch ist dafür wieder ein nicht unerheblicher Forschungsaufwand notwendig (z.B. unstrukturierte Beobachtungen), um präzise Kategorien aufzustellen, mit denen dann auch theoretisch relevante Sachverhalte ermittelt werden können. Die Relevanz von Sachverhalten läßt sich aber nicht einfach aus der Alltagserfahrung ableiten. Sie ergibt sich vielmehr - da wir immer nur selektiv wahrnehmen - aus einer theoretisch begründeten Reduktion, die damit wissenschaftlichen Kriterien standhält und nicht nur einleuchtend ist.

Abschließend wollen wir noch einmal herausstellen, daß die Interessenlage ATTESLANDER's nur die Analyse von Aktivitäten des Aufsichtspersonals erlaubte. TREINEN (1955, S. 129) weist auf die Möglichkeiten zur Erweiterung des Interaktiogramms hin, um durch die Analyse der Zusammenhänge zwischen einigen Kategorien (zwischen Interaktionen und anderen Aktivitäten) und durch die Untersuchung der Interaktionen und Aktivitäten der gesamten Arbeitsgruppen, Probleme des Gruppenprozesses in den Vordergrund zu rücken. Es liegt sicher weniger am Interaktiogramm, daß von dieser Möglichkeit bis jetzt so wenig Gebrauch gemacht wurde, als vielmehr an der allgemein zu beobachtenden Tendenz, soziologische Fragestellungen nicht per Beobachtung zu beantworten und an der Tatsache, daß speziell betriebssoziologische Probleme etwas aus der Mode gekommen zu sein scheinen.

8. Beobachtung und Interview

- Ein Vergleich von zwei Techniken der Datensammlung -

In diesem Abschnitt wollen wir die unserer Ansicht nach beiden wichtigsten Datensammlungsverfahren der Sozialwissenschaften einander gegenüberstellen (vgl. auch S. 25). Wir sind uns bewußt,daß wir im Rahmen dieses Skriptums nur Ansätze eines Vergleichs geben und die auftauchenden Probleme nur anreißen können. Wir glauben aber, daß es notwendig ist, zum Abschluß der Behandlung von Beobachtungsverfahren, zumindest grundsätzliche Probleme beider Verfahren in einem Vergleich anzusprechen.

Während Beobachtungsverfahren relativ selten und auch nur in ganz spezifischen Bereichen in der Sozialforschung angewendet werden, ist das Interview viel weiter verbreitet und in einer Weise methodisch weiterentwickelt und theoretisch abgesichert worden, daß es zwangsläufig eine Vorrangstellung vor allen anderen Datenerhebungstechniken erlangen mußte. Das Interview als "Königsweg der praktischen Sozialforschung"(KÖNIG 1966, S. 27) anzusprechen, ist daher nicht ganz unbegründet, verdeckt aber doch gleichzeitig sein vielleicht größtes Problem, nämlich die Ausschließlichkeit seiner Anwendung in den meisten empirischen Untersuchungen (vgl. WEBB u.a. 1966, S. 1).

So täuscht die methodische Verfeinerung der Interviewtechnik über einige Probleme hinweg, die von ihren Verfechtern nur sehr selten angesprochen werden:

1. es gibt Sachverhalte, die sich besser, leichter und auch billiger mit einer anderen Technik ermitteln und erheben lassen;
2. es wird sich wahrscheinlich lohnen, den gleichen Aufwand an methodischen und theoretischen Überlegungen auch bei anderen Techniken zu betreiben (vgl. den Versuch von FRIEDRICHS und LÜDTKE, der im Abschnitt 6 beschrieben wurde);

3. das Interview ist nicht in der Lage, in jedem Fall Beobachtung oder Inhaltsanalyse zu ersetzen. Man sollte versuchen, die drei Erhebungstechniken nicht immer als sich gegenseitig ausschließende Alternativen zu betrachten, sondern sie als komplementäre Komponenten einer Datenerhebung anzusehen.

Beobachtungsverfahren (und hier hauptsächlich die teilnehmenden Verfahren, da sich die nicht-teilnehmenden Verfahren methodisch und theoretisch mehr dem Experiment zurechnen lassen) und Befragungsverfahren lassen sich in zweierlei Hinsicht aufeinander beziehen: 1. hinsichtlich ihrer methodischen Eigenschaften und 2. hinsichtlich ihrer Brauchbarkeit und Anwendbarkeit im Rahmen einer Untersuchung.

Wir haben bereits mehrfach daraufhingewiesen, daß die Verwendung von Beobachtungsverfahren besonders bei der Untersuchung dynamisch ablaufender Prozesse, bei komplexen Untersuchungsfeldern und zu explorativen Zwecken angebracht ist. Untersuchungen mit Hilfe des Interviews würden in allen diesen Fällen zu ungenauen, wenn nicht sogar falschen Daten führen. Dies wird besonders dann der Fall sein, wenn man ein Syndrom von jeweils gemeinsam auftretenden Handlungen und Situationen in einem Untersuchungsfeld erfassen will. Methodisch sind zwar mittlerweile auch solche Probleme durch Interviewdaten zu lösen, erfordern aber nicht ganz einfache Aufbereitungs- und Auswertungstechniken (Mehrebenenanalyse, Faktorenanalyse u.ä.).

Uns erscheint deshalb der folgende grundlegende - hier etwas verkürzt dargestellt - Unterschied zwischen beiden Erhebungstechniken zu bestehen: während man mit dem Interview praktisch "nur" Verhaltensdispositionen ermittelt (mit Ausnahme vielleicht bei Panel-Untersuchungen), gelingt es mit Hilfe von Beobachtungsverfahren das tatsächliche Verhalten aufzudecken.

Soziales Handeln wird in dem Augenblick untersucht und festgehalten, in dem es abläuft; eine Vorgehensweise, die im Interview erst im Rückgriff auf die Erinnerungsfähigkeit der Befragten bzw. im Vorgriff auf deren Bewußtheitsgrad über Verhalten und Einstellungen erfolgen kann. Einen weiteren Unterschied wollen wir hier noch erwähnen: Beobachtung beschäftigt sich zwar thematisch häufig mit verbaler Kommunkation, arbeitet aber selbst nicht verbal, während es beim Interview gerade umgekehrt ist: ein Interviewer ist auf die verbale Kommunikation mit den Befragten angewiesen, ohne daß sie ihn thematisch interessieren würde.

Beobachtungsverfahren scheinen sich nun im besonderen Maße gut als ergänzende Verfahren zu Befragungstechniken zu eignen (vgl. dazu FRIEDRICHS und LÜDTKE 1973, S. 94). Diese Ergänzung kann in zweierlei Hinsicht erfolgen: 1. als Möglichkeit die bisher noch üblichen Meinungsfragen in Faktfragen überführen zu können. Da die beobachteten Sachverhalte sich ja aus den Operationalisierungen bestimmter Begriffe und Hypothesen ergeben haben, können sie bei entsprechender Bewährung als Indikatoren für Einstellungen in einem Interview, als Fragen nach dem Verhalten, gebraucht werden; 2. in der gleichzeitigen Verwendung von Interview und Beobachtung innerhalb einer Untersuchung. Damit ist einmal eine oft durchaus notwendige Ergänzung durch Daten gegeben, die mit der einen Technik nicht erhoben werden können, zum anderen kann jedes Verfahren zur Kontrolle der Daten verwendet werden, die mit einem anderen Verfahren ermittelt wurden.

Besonders der zweite Gesichtspunkt scheint in empirischen Untersuchungen ein immer breiteres Interesse zu finden (vgl. die Behandlung von Problemen der Gültigkeit und Zuverlässigkeit im Abschnitt 4.1.1.). Beim gemeinsamen Einsatz von Beobachtung und Interview lassen sich drei Möglichkeiten des Vorgehens unterscheiden: 1. die eigentliche Feldarbeit geschieht mittels Interview, Beobachtungen werden zur zusätzlichen Datengewinnung und zur Datenkontrolle herangezogen; 2. Beobachtungsverfahren bilden das Haupterhebungsinstrument, Befragungen kontrollieren die gewonnenen Daten und ergeben weitere Informationen; 3. beide Verfahren stehen gleichberechtigt nebeneinander in einer Untersuchung.

Mit der Jugendfreizeitheimstudie haben wir den dritten Typ einer Kombination von Beobachtung und Interview bereits kennengelernt. Als Beispiel für den ersten Typ möchten wir die Wahlstudie 1961 (vgl. dazu SCHEUCH und WILDENMANN 1968) nennen, in der ca. 15o Beobachtungsprotokolle aus spezifischen Situationen (Arbeitspausen, Verkehrsmittel, Gaststätten) angefertigt wurden. Die Beobachtungen hatten in diesem Fall einen mehr explorativen Charakter und dienten der Ermittlung von Interaktionskomponenten mit politischem Inhalt. Den zweiten Typ haben wir ebenfalls schon kennengelernt: nämlich die Untersuchungen von BALES und BORGATTA, in denen die Einschätzungen der Gruppenmitglieder aufgrund schriftlicher Befragungen erfolgte.

Je nach der Kombination wird jedem Verfahren in einer Untersuchung eine besondere Aufgabe zugewiesen. Ist die Beobachtung "Sekundärtechnik", so wird sie meistens als Explorationsverfahren gebraucht, sie bezieht sich dann nicht auf einen Hauptuntersuchungspunkt, sondern auf Bereiche, deren Ergebnisse z.B. zur Illustration herangezogen werden. Die Beobachtung ist deshalb in diesen Fällen i.d.R. eine teilnehmende unstrukturierte Beobachtung.

Ist das Interview "Sekundärtechnik", dann dient es sehr häufig der Ermittlung sozialstatistischer Daten (Alter, Einkommen, Schulbildung etc.), die durch die Beobachtung nicht ermittelt werden können. In den Untersuchungen von BALES und BORGATTA dienten Interviews weiterhin zur Erforschung von Persönlichkeitsstrukturen und Wertmustern der beobachteten Gruppenmitglieder. In beiden Fällen wird man sicher zu Recht fragen, ob hier beide Verfahren nicht schon gleichberechtigt nebeneinander stehen.

Besondere Schwierigkeiten tauchen nun auf, wenn wir Beobachtung und Interview als komplementäre Verfahren in einer Untersuchung verwenden. Hier wird es wieder die teilnehmende Beobachtung sein, die einige Fragen aufwirft, da eine nichtteilnehmende Beobachtung meistens in relativ homogenen Feldern und zudem in künstlichen Situationen zum Einsatz kommt und damit Probleme der Rollendefinition und der selektiven Perzeption des Beobachters vernachlässigt werden können.

In einer Untersuchung, in der teilnehmende Beobachtung und Interview gleichberechtigte Verfahren sind, werden wir unter der Voraussetzung, daß beide Verfahren das gleiche Objekt untersuchen sollen, zwei Möglichkeiten der Kombination haben: einmal erfolgt die Beobachtung im Anschluß an die Befragung, zum anderen vor der Befragung.

Die Interviews vor die Beobachtung zu ziehen, fördert einerseits die Kenntnisse zukünftiger Beobachter über das Untersuchungsobjekt, kann aber andererseits auch zu die Beobachtung lenkenden Effekten führen (selektive Perzeption) und die Rollendefinition für einen Beobachter erschweren, wenn man ihn bereits als Interviewer kennengelernt hat. Dieses Problem läßt sich aber dadurch lösen, daß man eine Befragung von anderen Personen vornehmen läßt, als von denen, die später als Beobachter eingesetzt werden.

Probleme einer Rollendefinition und einer selektiven Perzeption in der oben geschilderten Art entfallen, wenn wir die Beobachtung vorziehen. Den Beobachtern stehen dann aber keine, wichtigen Informationen zur Verfügung, deren Kenntnis auch während der Beobachtungen nützlich sein könnte. Die gleichzeitige Befragung und Beobachtung (Kombination in den Rollen "Interviewer und Beobachter") ist nur in wenigen Fällen angebracht: so etwa wenn die beobachteten Personen gleichzeitig auch wichtige Informanten für das Untersuchungsfeld sind oder wenn dieses gewohnt ist, unter ständiger Aufsicht und Kontrolle zu arbeiten (z.B. die Gruppen bei BALES 197o oder auch Sportgruppen; vgl. dazu FRIEDRICHS und LÜDTKE 1973, S. 95). Die Wahl zwischen diesen Möglichkeiten bleibt im Einzelfall dem jeweiligen Untersuchungsleiter vorbehalten und richtet sich nach der Struktur des Untersuchungsfeldes und dem Forschungsziel. Sie kann nicht a priori theoretisch entschieden oder gerechtfertigt werden.

A N H A N G

Wir wollen an dieser Stelle einige Hinweise zur Beobachtungsstrategie in verschiedenen Feldern geben und Beispiele für Beobachtungsanweisungen und Beobachtungsschemata vorstellen.[1)] Außerdem zeigen wir zwei Muster eines Beobachtungsbogen zu den Systemen von BALES und BORGATTA mit den entsprechenden Eintragungen.

[1)] Wir möchten uns an dieser Stelle noch einmal beim BELTZ-Verlag, Weinheim für die Erlaubnis zum Abdruck aus der Monographie von J. Friedrichs und H. Lüdtke "Teilnehmende Beobachtung" bedanken.

Hinweise zur Beobachtungsstrategie in verschiedenen Feldern (vgl. FRIEDRICHS und LÜDTKE 1973, S. 234-236):

Nachfolgende Klassifikationen sollen dem Forscher einige Hinweise dafür geben, welche Strategie der teilnehmenden Beobachtung in verschiedenen Feldern unter gegebenen Determinanten wahrscheinlich jeweils am geeignetsten ist. Dabei werden die folgenden Felder nach dem allgemeinen Typus ihrer Sozialorganisation unterschieden:

A Sozialökologische Systeme (z.B. Gemeinden, Siedlungen, Wohnlager, Urlaubsorte, ökologische Regionen wie Freizeitgebiete oder Geschäftszentren)

B Komplexe utilitaristische Organisationen (z.B. Wirtschaftsunternehmen, Produktions- und Handelsbetriebe)

C Komplexe Dienstleistungsorganisationen (z.B. Krankenhäuser, Häuser der Jugend, Wohnheime, Schulen, Behörden, Militär, Gefängnisse)

D Freiwillige Mitgliedschaftsorganisationen (z.B. Jugendverbände, Vereine, Bünde, Bewegungen, Kirche)

E Zielgerichtete Kommunikationssysteme mit befristeter Partizipation (z.B. Seminare, Lehrgänge, Diskussionsgruppen, Partei- und Vereinsversammlungen)

F Akzidentelle, heterogene Gruppen oder Zusammenschlüsse mit befristeter Partizipation (z.B. Ferienlager, Reisegesellschaften, Urlaubergruppen)

G Homogene Marginalgruppen oder Subkulturen (z.B. Gastarbeiterlager, Jugendgangs, Banden).

Die Klassifikation, d.h. Zuordnungen von Feldern, Determinanten und wahrscheinlicher Situation bzw. geeigneter Strategie des Beobachters, gekennzeichnet durch "x", bezieht sich auf sehr allgemeine Untersuchungsfragestellungen, die das ganze Feld umfassen. Sie ist daher in keiner Weise auch für spezielle Forschungsrichtungen, Untergruppen des Feldes oder empirische Sonderfälle als verbindlich zu betrachten. Die Klassifikation soll lediglich Orientierungshilfen bieten, kann also nicht die Entscheidung darüber präjudizieren, welche Beobachtungsstrategie nach dem Pretest tatsächlich als optimal erscheint.

Feldstruktur, Situationen, Informanten, Hilfsmittel		FELDTYPEN						
		A	B	C	D	E	F	G
Offenheit der Feldgrenzen, Interaktion mit Umwelt	hoch				x		x	x
	mittel			x	x	x		
	niedrig	x	x			x		
Vorherrschender Zusammenhang der Situationen	Einfachheit: wenige, diffuse Situationen abgrenzbar					x		x
	Komplexität: viele, spezifische Situationen abgrenzbar	x	x	x	x		x	
Offenheit der Situationen	Relativ begrenzte und geschlossene Situationen	x	x	x	x	x		
	Relativ fluktuierende und offene Situationen	x					x	x
Notwendigkeit von Situationsstichproben	ja	x	x	x	x		x	
	nein					x		x
Möglichkeit von Zeitstichproben	groß		x	x				
	mäßig	x			x		x	
	gering					x	x	x
Bedeutsame Informanten	Schlüsselpersonen	x	x	x	x		x	x
	Experten	x	x	x		x		
Hilfsmittel	Film	x			x		x	
	Tonband				x	x	x	

ROLLENSTRUKTUR: Wahrscheinliche Erwartungen an den Beobachter		FELDTYPEN A	B	C	D	E	F	G
Leistung, instrumentelle Qualitäten			x	x		x		x (?)
Formale Autorität			x	x		x[1]		
Informale Autorität		x			x			
Zuschreibungen aufgrund von Alter, Geschlecht, Aussehen		x				x	x	x
Solidarität, expressive Qualitäten				x[2]	x	x[1]		x
Gast, Besucher, Fremder		x			x			x
Lernender, Praktikant			x	x				
Allgemeine Rolle ist inkonsistent,situationsspezifisch oder irrelevant		x			x		x	
Ebenen der Definitionen allgemeiner Rollen (Subsysteme)	mehrere	x		x	x		x	
	einige oder wenige		x	x		x		x
Stabilität des Systems der allgemeinen Rollen	hoch		x	x	x	x		
	mittel	x			x	x		x
	gering	x					x	x
Wahrscheinliche Rollenkonflikte	Allg.Rolle: A vs. B	x	x	x			x	
	Allg. vs. spez.Rolle		x	x		x		
	Spezifische Rollen: a vs. b	x		x	x		x	x

1 (Partei-, Vereinsversammlungen)

2 (Häuser der Jugend)

Beispiele für Beobachtungsschemata

1. Krankenhaus (LÜDTKE u.a., unveröff. Untersuchung im Rahmen eines empirischen Praktikums an der Universität Hamburg im Sommer 197o) (nach FRIEDRICHS und LÜDTKE 1973, S.238-243)

2. Kinderspielplätze(FRIEDRICHS u.a., unveröff. Untersuchung im Rahmen eines empirischen Praktikums an der Universität Hamburg im Sommer 197o) (nach FRIEDRICHS und LÜDTKE 1973, S. 251 - 254)

1. Beobachtungseinheiten zum Beobachtungsschema Krankenhaus

Situationen[1)]

Räume / Zeit	Krankenzimmer	Schwesternzimmer	Stationszimmer	Aufenthaltsraum Patient	Flur	Bad	Teeküche	Spülraum	außerhalb d. Station
7.oo Betten, Frühstück, Abtöpfen, Aufräumen	A 1							F 1?	
8.oo Frühstück Personal		B 1					K 1		
8.3o wechselnde Tätigkeit	A 2		C 1?		E 1?		K 2		
9.oo Visite	A 2				E 2?				G
lo.oo diverse Pflegeaktivitäten	A 3?		C 2?	D 1				F 2?	
11.3o Mittagessen wechs. Tätigkeit	A 4				E 3?			F 3?	
13.oo Mittagessen Personal		B 2					K 3		
14.oo Kaffee, Administration		B 3	C 3	D 2	E 4?				
15.oo Fiebermessen, Betten	A 5								
16.3o Abendessen									
18.3o Abendessen Personal		B 4					K 4		
19.oo Diverse Pflegeaktivitäten, Nachvorbereitung	A 6	B 5	C 4		E 5?			F 4?	

1) Die Symbole in den Zeilen geben die für die Beobachtung jeweils strategisch wichtigen Situationen an.

Beobachtungsschema Krankenhaus, Blatt 1

Beobachtungskriterien für die Aktivitäten des Personals

Code	Kategorien	Indikatoren
Med	Medizinische Behandlung des Patienten	Spritzen, Verbinden, Messen, Medikamente geben, Tröpfe anlegen, Magen ausheben, Sauerstoffbehandlung, Blut abnehmen etc.
Pfleg	Sonstige Pflege des Patienten	Reinigen, Baden, Einreiben, Abtöpfen, Einläufe, Füttern, Nagelpflege, Betten, Bett ordnen etc.
Mahl	Mahlzeiten-Service	Essen bringen, anrichten, abräumen etc.
Tra	Transport von Patienten	
Ro	Reinigen u.Ordnen von Räumen u. Ausstattung	Aufwischen, Putzen, Abfall beseitigen, Geräte u. Mobiliar reinigen, Blumen ordnen, Handtücher bringen, Stühle umstellen, Küchenarbeiten etc.
Vorb	Vorbereitung u. Transport von Geräten u.Medikamenten	Spritzen aufziehen, Binden wickeln, Tupfer legen, Medikamente sortieren, medizinische Geräte aufstellen, Eingriff vorbereiten, Rollbett schieben etc.
Dok	Schreiben, Lesen, Betrachten von Dokumenten	Tätigkeiten mit Schriften, Bildern, Kartei, Formularen, Listen
Kom	Funktionale Kommunikation	Fragen, Anweisungen, Gespräche,Beratungen über Behandlung und Organisation mit anderem Personal
Frei	Freizeit	Mahlzeiten einnehmen, Ausruhen,individuelle Lektüre, informale, gesellige Unterhaltung, ungerichtetes Gehen
So	Sonstige Aktivitäten	

Beobachtungsschema Krankenhaus, Blatt 2

Beobachtungskategorien für die Kommunikation des Personals mit Patienten

1. Interaktionen des Personals

Code	Kategorien	Indikatoren
Imp	Imperative Verhaltensanordnung	Eindeutige, definitive Anordnungen, "Befehle", Zurechtweisungen, Warnungen, Richtlinien in bezug auf ein erwünschtes Verhalten bzw. die Anpassung des Patienten ohne Begründung und Diskussion
Verh	Verhaltensanordnung mit sachlicher Begründung oder entsprechende Bitten oder Vorschläge	Anordnungen, Bitten oder Vorschläge in Bezug auf erwünschtes Verhalten bzw. die Anpassung des Patienten, mit Erklärung und Begründung oder Diskussion
Fra	Fragen an den Patienten	Beteiligtes, aufmerksames Befragen des Patienten nach Befinden, Wünschen und Problemen
Inf	Information des Patienten	Sachliche Information des Patienten über Diagnose, Behandlung, Ärzte, Umstände, Termine etc.
Gespr	Informales Gespräch	Unterhaltung mit Patient über behandlungsunabhängige Themen, z.B. Familie Beruf, Kinder, Wetter, Politik, Personal, Arbeit, Urlaub etc.
Aff	Affektive Zuwendung (Kurzverhalten)	Lächeln, Äußerungen, Gesten, Mimik, körperliche Berührungen, Fragen, die emotional gefärbte Bestätigung, Ermunterung, Unterstützung, Solidarität u.ä. implizieren
Zur	Zurückweisung (Kurzverhalten)	Analog zu oben, jedoch mit Implikationen von Ablehnung, Zurückweisung, emotionaler Versagung, Schroffheit u ä. (z.B. keine Zeit! Kommt nicht infrage! Nein! Bin nicht zuständig! Da müssen Sie warten! Regen Sie sich nicht auf! Das sind wir an Ihnen ja gewohnt! usw.)

2. Reaktionen des Patienten

Code	Kategorien	Indikatoren
Pos	Positive Reaktion	Zustimmung, Befriedigung, Freude, Einverständnis, Verständnis, Dank, Einsicht, affektive Zuwendung, Lächeln, analog zu Aff.
Neut	Neutrale Reaktion	Keine sichtbaren Emotionen, sachliche Äußerungen, direkte Anpassung
Neg	Negative Reaktionen	Ablehnung, Zurückweisung, Verärgerung, Protest, Ironie, Widerspruch, Aggression, Abwertung des anderen u.ä.

Kommunikation innerhalb des Personals , Blatt 3

Hier werden alle Gespräche zwischen verschiedenen Mitgliedern des Personals protokolliert, wobei sich der Beobachter insbesondere auf die Situationen B, C, E, K (Teeküche) konzentrieren soll.

Jedes beobachtete Gespräch ist nach folgenden Dimensionen zu beschreiben:

Personen: Welche Personen waren beteiligt? Angabe der Nummern des Personalbogens! Wer leitete das Gespräch ein: die entsprechende Personennummer unterstreichen!

Situationskontext: Raum (Situation nach Matrix)

Vorherrschende Aktivität der Teilnehmer (nach Aktivitätskategorien)

Sonstige anwesende Personen ohne Teilnahme oder Schweiger

Dauer des Gesprächs in Minuten

Thema/Inhalt des Gesprächs:

(A) Aktuelle Momente, Probleme, Umstände der Arbeit:
z.B. Visite, Behandlung, Organisation, Aufträge von Vorgesetzten oder Ärzten, Verhalten der Patienten im Zusammenhang mit Behandlung, Routine etc.

(B) Nicht-arbeitsbezogene Alltagsthemen:
z.B. Wetter, Politik, Sport, Mode, Kindererziehung, Freizeit, Familie etc.

(C) Intimer Privatbereich:
persönliche Probleme und Konflikte, die über (B) hinaus die private Sphäre besonders berühren, z.B. Sex, Familie, Vorgesetzte, Kollegen, Geldprobleme etc., die man eher persönlichen Freunden als anderen anvertraut

(D) Gemeinsame Interaktionen:
Verabredungen, gemeinsame Pläne, gemeinsame Erlebnisse etc.

(E) Klatsch über nicht anwesende Dritte:
z.B. Kollegen, Vorgesetzte, Ärzte, Untergebene, Patienten mit negativer Tendenz (Herabsetzung, Sensation, Diskriminierung, Denunziation, Selbstrechtfertigung etc.)

(F) Aggression und Konflikte:
Streit, Auseinandersetzungen, aggressive Zurückweisungen, Drohungen, "Meckern", etc.

(G) Expressive Äußerungen:
Emotional bestätigende kurze Interaktionen wie Witze, Blödeleien, Scherze, Flüche über äußere Anlässe etc.

(H) Sonstige:
Bitte angeben, um welche es sich handelt!

Technik der Anwendung des Schemas

Es wurden 7 Formblätter entwickelt, bzw. Hinweise zu Formblätter gegeben, die von den Beobachtern erstellt werden sollten.

Zu diesen einzelnen Teilen des Beobachtungsschemas wurden die folgenden Beobachtungsanweisungen formuliert:

Die Beobachter kennzeichnen den Kopf jedes einzelnen Protokollbogens durch Angabe a) ihres Namens, b) der Station, c) des Datums, d) der Nummer des Formblattes.

Form 1: Matrix der Situationen. In jedem Protokoll ist die Situation (d.h. Buchstaben-Zahl-Kombination) anzugeben, auf die sich die Beobachtung bezieht. Z.B. D 1 = Aufenthaltsraum für die Patienten 1o.oo - 11.3o Uhr.

Form 2: Auf diesem Protokollbogen zeichnet der Beobachter jede Interaktion zwischen Personal und Patienten auf, wobei er jeweils oben die Zeit und die Situation angibt, innerhalb derer die Interaktion stattgefunden hat. Jede Beobachtung besteht aus einer Angabe in jeder der 3 Zeilen. Findet eine Aktivität ohne Interaktion statt, so enthalten die Zeilen Int. und Reakt. je einen Strich.

Dabei gilt folgende Regel: Ein Personalmitglied wird durch eine 2stellige Ziffer gekennzeichnet: 1. Stelle = Nummer der Berufsgruppe des Personalbogens, 2. Stelle = lfd. Nummer pro Berufsgruppe.

Ein Patient wird gekennzeichnet durch eine Ziffer (=Zimmernummer) und einen kleinen Buchstaben (3 a, b, c,etc. im Uhrzeigersinn von der Tür aus!!) In der Zeile "Int." wird als 1. Ziffer die der Person (Personal oder Pat.)eingetragen, von der die Interaktion ausging (z.B. Klingeln, Rufen, Anreden, Fragen des Patienten). Nur in Zweifelsfällen werden bei "Int." verschiedene zutreffende Kategorien verwendet. Bei längeren Interaktionen, die sich auf verschiedene Kategorien beziehen, werden mehrere Beobachtungen protokolliert, z.B.:

Aktivität	RO	-	-
Interaktion	Fra 31/3 b	Inf 3 b/31	Aff 3 b/31
Reaktion	Neut	Pos	Pos

die innerhalb von 4 Minuten auflaufen.

Form 3: PERSONAL-Bogen: er enthält eine strukturelle Klassifikation des Stationspersonals nach Berufsgruppe (form.Status) und 6 anderen Variablen. Familienstand: led, verlobt, verh., gesch./getrennt lebend, verwitwet mit Anzahl der Kinder, Wohnung:im Schwesternheim oder außerh. Nationalität angeben!

Form 4: Nach diesem Bogen werden auf Extraprotokollen die beobachteten Gespräche systematisch beschrieben. In den beiden ersten Tagen der systematischen Beobachtung (ab Montag) beschreiben die Beobachter neben der Nennung der zutreffenden Gesprächskategorien (Großbuchstaben) auch den genauen Inhalt (Thema in Kurzform) des Gesprächs.

Form 5: Hier protokollieren die Beobachter verkürzt die Informationen, die sie von bestimmten Informanten (Personal, Patienten) erhalten, d.h. in Gesprächen zwischen Beobachter und Informant oder in beobachteten Gesprächen zwischen verschiedenen Informanten. Dabei ist zu unterscheiden zwischen Informant (Personal- oder Patienten-Nr.) und Person (Pers. oder Pat.-Nr.), auf die sich die Information bezieht. Die Information wird in der entsprechenden Zelle der Matrix in

Kurzform eingetragen. Auch Informationen von Informanten über sich selbst! Hierbei können sich die Angaben mit denen zu Form 4 überschneiden!

Form 6: Patienten-Bogen: Verwendung analog zu Form 3! Die notwendigen Informationen müssen, soweit möglich, den Krankenblättern entnommen werden. Berufsbezeichnung genau angeben! Bei der Krankheit evt. die deutsche Bezeichnung erfragen.

+Familienstand ++s= ständig ans Bett gefesselt
t= teilsweise ans Bett gefesselt

In den ersten beiden Spalten werden zur genauen Kennzeichnung der Patienten die jeweilige Zimmer-Nr. und der laufende Buchstabe pro Patient und Zimmer-Nr. eingetragen, z.B. 3 b:Patient b (im Uhrzeigersinn von der Tür) in Zimmer 3.

Form 7: Bitte, in Form eines Tagebuchs alle Probleme und Ereignisse protokollieren, die sich im Zusammenhang mit der Tätigkeit auf der Station ergeben; hier legt der Beobachter Rechenschaft ab über seine Aktivität und Rolle im Verhältnis zur Struktur des Feldes [1]. Bitte, jedes Protokoll durch "Form 7" kennzeichnen.

Einige Probleme, die hier relevant sind: Art der Einführung auf der Station, Freundlichkeit der Aufnahme (wodurch erkennbar!); Begründung Ihrer Tätigkeit; Art und Prozeß der Kontaktsuche in bezug auf die anderen Akteure; wie werden Informanten gefunden, wie befragt bzw. wie mit ihnen gesprochen?(Personal + Patienten!) Art Ihrer offiziellen Tätigkeit; Schwierigkeiten der Aufzeichnung; benutzte Hilfsmittel (Karten, Strichlisten, lose Blätter etc.), Schwierigkeiten der Teilnahme an bestimmten Situationen; wie wurden die Beobachtungsstichproben gezogen? (Z.B. in zeitlicher Reihenfolge der relevanten Situationen, zufällig, nach auszuübender Tätigkeit oder wie sonst?) Technik der Aufzeichnungen, an welcher Stelle? Konflikte, Spannungen, Sympathie, Antipathie in bezug auf bestimmte Mitglieder des Personals, Anläße hierfür, Art der Lösung; inwieweit und wodurch wurde das Feld im Zuge der Tätigkeit eines Beobachters verändert? Bitte, die wichtigsten empirischen Kriterien dieser und anderer Probleme angeben!

---

1) Die Beobachter waren als Praktikanten tätig und wurden als solche eingeführt.

2. Beobachtungsschema Kinderspielplätze, Blatt 1
(alle 2 Stunden einmal auszufüllen)

Form R

Beobachter:
Datum:
Zeit: von____ bis ___

Platz: ___ Karolinenstraße
___ Schulterblatt 61
___ Mittelweg
___ Sülld. Kirchenweg

1. Wetter
Himmel: ___wolkenlos
___bedeckt
___regnerisch
Temperatur:
___bis zu 2o Grad
___über 2o Grad

2. Ausstattung des Platzes

___Kletterbogen ___Reck
___Planschbeck. ___Wippe
___Karussell ___Schaukel
___Sandkiste ___Holzhaus
___Baumstamm
___quadrat. Klettergerüst ....
___Reitpferd

3. Größe der Geräte

___nur für bis 6jährige
___auch ältere

4. Alter der Kinder
___bis 6jährige (Zahl)
___7jährige u.älter (Zahl)
___nicht einschätzbare

5. Mitgebrachtes Spielzeug(Anzahl)
___Ball ___Schaufel
___Kettcar o.ä. ___Eimer
___Dreirad ___Puppe
___Fahrrad ___Roller
___Pistole,Gewehr ___Pfeil,Bogen
___Marmeln
___Spielkarten ....
___Spez.Kleidung (Cowboy,Batman)
welche? ....

6. Kleidung (aller anwesenden Kinder)

		weiß-hell	mittel	dunkel
Hose/Rock/Kleid	Jeans,Leder,Plastik			
	and.Mat.			
Hemd/Bluse	ohne			
	mit			
Strümpfe	ohne			
	mit			
Schuhe	ohne			
	mit			
Turnzeug, Badezeug	ohne			
	mit			
Bügelfalte	ohne			
	mit			

Blatt 2 (alle Viertelstunde auszufüllen)

Form SG, 1

Beobachter: Platz: ___Karolinenstraße
Datum: ___Schulterblatt 61
Zeit: (Viertelstunde beginnend) ___Mittelweg
___Sülld. Kirchenweg

BESTANDSAUFNAHME:

1. ___Kinder, davon ___Mädchen
___Erwachs.," ___Eltern
___Kinder mit Eltern

2. ___Gruppen (lo Min. Interaktion, Wechsel)
___Spielgruppen (5 Min. Interaktion)
___Dyaden (K.-K.)
___Isolierte

SPEZIELLE SPIELGRUPPE

3. ___Jungen ___Mädchen
___dazugehörige Eltern

4. Gerät, an dem gespielt wird (Liste, s. Form R)
....

5. Mitgebrachtes Spielzeug
___Ball ___Schaufel,
___Kettcar o.ä. ___Eimer
___Dreirad ___Puppe
___Fahrrad ___Roller
___Pistole/Gew. ___Pfeil, Bogen
___Spielkarten ___Marmeln
....
___Spez.Kleidung (Cowboy,
___Batman)
welche? ....

7. Konflikt
___nicht beobachtet
___gleichzeitige Ansprüche
___(Spielzeug, Gerät)
___Sand werfen
___Zerstörung
___Mißachtung von Spielregeln

8. Eingriff von E.
___nicht beobachtet
___von Eltern
___von anderen Erwachsenen
___kein Eingriff

9. Art des Eingriffs von E.
___nicht beobachtet/kein Eingriff
___hingehen
___rufen
.... "Schmutz"
___gerufen werden

1o. Art der Konfliktlösung von E.
___nicht beobachtet/kein Vorfall
___verbal
___physisch

11. Solidarität
___nicht beobachtet/kein Vorfall
___hilfsbereit
___überlassen von Spielzeug
___Akzeptieren v.Neuankömmlingen

12. Art des Spiels
....

13. Dauer des Spiels
___Min.

Blatt 3 Form SG ,2

Beobachter:
Datum:
Zeit (Viertelstunde beginnend):

Platz: ___Karolinenstraße
___Schulterblatt 61
___Mittelweg
___Sülld. Kirchenweg

6. Status

Kriterien	nicht beobachtet	beobachtet		
		lfd.Buch-stabe	Geschl.	trifft auf K...auch a
andere Kinden drängen sich zu K.				
knüpft Bedingungen an Mitspiel				
definiert Spielregeln				
andere brechen K.'s wegen Spiel ab				
phys. Kraft				
älter als Rest				
Spielzeugbesitz				
sonstige Charakteristika				

Blatt 4 (alle Viertelstunde ausfüllen) Form KE

Beobachter:
Datum:
Zeit (Viertelstunde beginnend):

Platz: ___Karolinenstraße
___Schulterblatt 61
___Mittelweg
___Sülld. Kirchenweg

BESTANDSAUFNAHME
1.___Kinder, davon___Mädchen
___Erwachs.," ___Eltern
___Kinder mit Eltern

2.___Gruppen (lo Min.Interaktion,Wechsel)
___Spielgruppen (5 Min.Interaktion)
___Dyaden (K.-K.)
___Isolierte

SPEZIELLE K.-E. RELATION
3.___Kind(er),davon___Mädchen
___Eltern
___Mutter
___Vater
___andere

4. Kind(er)spielt/spielen
___allein
___mit anderen K.
___mit E.

5. Initiationen des Spiels
___nicht feststellbar
___E.
___K.

6. Soziale Kontrolle durch E
___M. von K. entfernt
___kann es sehen
___kann es nicht sehen
___sieht dauernd/meist hin
___sieht selten/nicht hin
___liest o.ä.
___spricht mit anderen E.

7. Sanktionen
___keine beobachtet
___Eingriff in Spiel nach ... Min.
Grund: ....

8. Schmutz
___keine entsprechende Gelegenheit
___Gelegenheit u.kein Hinweis
___Gelegenheit u.kein Hinweis durch E.

9. K. mit E.-Begleitung in Spielgruppe
a)___nicht beobachtet
___kein Eingriff in Spiel
___Eingriff in Spiel nach
___Min.
Grund: ....
___E. wurde gerufen
___E. kam von sich aus
___Konflikt von Kindern gelöst

b) Status des Kindes in Gruppe
___nicht feststellbar
___höher als andere K.
___ebenso wie andere K.
___niedriger als andere K.

lo. Dauer des Spiels
___Min.

11. Art des Spiels
....

K = Kinder
E = Eltern

Beispiele für die Aufzeichnung in Laborbeobachtungen

Der folgende Beginn einer Diskussion über die Durchführung eines Kostümfestes im Soziologischen Seminar der Universität zu Köln soll anhand der IPA-Kategorien und des BS-Systems aufgezeichnet werden. Für die Aufzeichnung mit den BALES'schen Kategorien wird ein Musterkodeblatt verwendet, in dem alle möglichen Beobachtungsaspekte vermerkt werden können:die angesprochene Kategorie, die beteiligten Akteure und die chronologische Reihenfolge. Ähnlich könnte auch ein Kodeblatt für die IPS-Kategorien aussehen. Für das BS-System haben wir ein Kodeblatt verwendet, in dem der chronologische Ablauf und der Interaktionspartner nicht erfaßt werden. Auch hier kann analog bei den anderen Verfahren vorgegangen werden. Die Beobachtungseinheiten werden durch einen Doppelschrägstrich (//) in der Gesprächsaufzeichnung gekennzeichnet.

An der Diskussion nehmen vier Personen teil:

Person 1: "Ich bin eigentlich sehr für diesen Plan eines Kostümfestes//Ihr habt es doch sicherlich alle schon bedauert,daß wir hier im Seminar so beziehungslos nebeneinander sitzen//Durch ein solches Fest könnte man sich doch menschlich näher kommen"//

Person 2:
Person 3: Nicken zustimmend

Person 4: "In den Motiven für diesen Vorschlag bin ich durchaus einer Meinung mit Pers. 1//Nach meinen Erfahrungen mit Seminarfesten weiß ich aber nicht, ob das Kostümfest wirklich ein geeignetet Weg zur Erreichung dieses Zweckes ist//Ich glaube nicht, daß auf einem solchen Fest wirklich einppersönlicher Kontakt geschaffen werden könnte//Während eines solchen Festes bleiben doch nur die gleichen Grüppchen zusammen, die sich jetzt schon kennen"//

Person 3: Schaut unsicher auf seine Fingernägel, zum Fenster hinaus und scheint im ganzen etwas verwirrt.

Person 1: "Diese Einwendungen nenne ich nun wirklich ein Musterbeispiel einer destruktiven Kritik//Auch ohne besonders optimistisch zu sein, kann man doch unterstellen, daß unsere Kommilitonen etwas aufgeschlossener sein werden//
1. Minute beendet

Was meinen Sie dazu?"(wendet sich an Person 2)

Musterkodeblatt für IPA-System

		10	20	30	40	50	60	
Zeigt Solidarität	1							
Entspannt Atmosphäre	2							
Stimmt zu, akzeptiert	3	1-0	2-1/3-1/4-1					
Macht Vorschläge	4							
Äussert Meinungen	5	1-0/1-0		4-0	4-0		1-4	
Informiert	6							
Erfragt Information	7							
Fragt nach Meinungen, Stellungnahmen	8							(1-2)
Erbittet Vorschläge	9							
Stimmt nicht zu	1o				4-0			
Zeigt Spannung	11					3-0		
Zeigt Antagonismus	12					1-4		

Musterkodeblatt für BS-System

(eingeschränkte Zahl von B.-aspekten)

Gruppe________ Sitzung________ Datum________

Verkoder________ Aufgabe________________

Person 1	Person 2	Person 3	Person 4
1 /a/	1	1	1
2 //	2	2	2 //
3 /	3	3 c	3 /
4	4	4	4
5	5 /	5 /	5 /
6	6	6	6
L		T	

Literaturverzeichnis[1)]

Verzeichnis der Abkürzungen:

AJS = American Journal of Sociology
ASR = Americal Sociological Review
JASP = Journal of Abnormal and Social Psychology
KZfSS = Kölner Zeitschrift für Soziologie und Sozialpsychologie

Albert, H., Traktat über die kritische Vernunft, Tübingen 1968

Alemann, H.v., Der Forschungsprozeß, Stuttgart 1974, in Vorbereitung

Anger, H., Kleingruppenforschung heute, in: G.Lüschen (Hg.), Kleingruppenforschung und Gruppe im Sport, Sonderheft lo der KZfSS, Köln und Opladen 1966, S. 15-44, (1966)

Arrington, R.E., An Important Implication of Time Sampling in Observational Studies of Behavior, in: AJS, Vol. 43, 1937, S. 284-296, (1937)

Atteslander, P., The Interactiogram, A Method for Measuring Interaction and Activities of Supervisory Personnel, in: Human Organization, Vol 13, Nr. 1 1954

ders., Konflikt und Kooperation im Industriebetrieb, Köln und Opladen 1959

ders., Methoden der empirischen Sozialforschung, Berlin 1971, 2. Aufl.

Bain, R.K., Die Rolle des Forschers: Eine Einzelfallstudie in: R. König 1968a, S. 115-128, (1968)

Bales, R.F., A Set of Categories for the Analysis of Small Group Interaction, in: ASR, Vol 15, S.257-263, (195oa)

ders., Interaction Process Analysis. A Method for the Study of Small Groups, Reading, Mass. 195o, (195ob)

ders., Adaptive and Integrative Changes as Sources of Strain in Social Systems, in: A.P. Hare,E.F. Borgatta und R.F. Bales (Hg.), Small Groups, New York 1961, S. 127-131

[1)] Bei den im Text angegebenen Autoren wird das Erscheinungsjahr noch einmal im Anschluß an die jeweilige bibliographische Angabe in Klammern gesetzt.

Bales, R.F., Some Uniformaties of Behavior in Small Group Systems, in: P.F. Lazarsfeld und M. Rosenberg (Hg.), The Language of Social Research, New York 1966, 6. Aufl., S. 345-358

ders., Interaction Process Analysis, in:D.L. Sills (Hg.), International Encyclopedia of the Social Sciences, New York 1968, Vol. 7, S.465-471 (1968a)

ders., Die Interaktionsanalyse: Ein Beobachtungsverfahren zur Beobachtung kleiner Gruppen, in: R. König 1968a, S. 148-17o, (1968b)

ders., Personality and Interpersonal Behavior, New York 197o

ders., und H. Gerbrands, The "Interaction Recorder". An Apparatus and Checklist for Sequential Content Analysis of Human Interaction, in: Human Relations, Vol. 1, 1948, S. 456-463

ders., und P.E. Slater, Role Differentiation in Small Decision Making Groups, in: T.Parsons und R.F. Bales (Hg.), The Family, Socialization and Interaction Process, New York 1955, S. 259-3o6, (1955)

ders., und F.L. Strodtbeck, Phases in Group Problem Solving, in:JASP, Vol. 46, 1951, S. 485-495, (1951)

ders., und F.L. Strodtbeck, T.M. Mills und M.E. Roseborough, Channels of Communication in Small Groups, in: ASR, Vol. 16, 1951, S. 461-468, (1951)

Bals, C., Halbstarke unter sich, Köln/Berlin 1962

Becker, H.S., Observation, in: D.L.Sills 1968, Vol. 11, S. 232-238

ders., Problems of Inference and Proof in Participant Observation, in: G.J. McCall und J.L. Simmons 1969, S. 245-257, (1969)

ders., und B. Greer, Participant Observation and Interviewing,in: G.J. McCall und J.L. Simmons 1969, S.322-331

Bell, C., A Note on Participant Observation, in: Sociology, Vol. 33 1969, S. 417-418

Berger, H., Erfahrung und Gesellschaftsform. Methodologische Probleme wissenschaftlicher Beobachtung, Stuttgart/Berlin/Köln/Mainz 1972

Birdwhistell, R.L., Kinesics, in: D.L.Sills (Hg.), International Encyclopedia of the Social Sciences New York 1968, Vol. 8

Böltken, F., Auswahlverfahren, Stuttgart 1974, in Vorbereitung

Borgatta, E.F., A New Systematic Interaction Observation System: Behavior Scores System (Bs-System), in: Journal of Psychological Studies, Vol. 14, 1963, S. 24-44

ders., The Stability of Interpersonal Judgments in Independent Situation, in: JASP Vol. 6o, 196o, S. 188-194

ders., Some Task Factors in Social Interaction,in: Sociology and Social Research, Vol. 48, 1963 S. 5-12

ders. und R.F. Bales, The Consistency of Subject Behavior and the Reliability of Scoring in Interaction Process Analysis, in: ASR, Vol. 18, 1953, S. 566-569

ders. und R.F. Bales, Interaction of Individuals in Reconstituted Groups, in: Sociometry, Vol. 16, 1953 S. 3o2-316

ders. und L.S. Cottrell jr., On the Classification of Groups, in: Sociometry, Vol. 18, 1955, S. 665-678, (1955)

ders. und L.S. Cottrell jr., Directions for Research in Group Behavior, in: AJS, Vol. 63, 1957, S.42-48

ders. und B. Crowther, A Workbook for the Study of Social Interaction Processes, Chicago 1965

Bruner, J.S. und C.C. Goodman, Value and Need as Organizing Factors in Perception, in: JASP, Vol 42, 1947, S. 33-44, (1947)

ders. und L. Postman, On the Perception of Incongruity, A Paradigm, in: Journal of Personality, Vol. 18 1949, S. 2o6-223, (1949)

Bruyn, S.T., The Human Perspective in Sociology: The Methdology of Participant Observation, Englewoo Cliffs, N.J., 1966

Carter, L.F., W. Haythorn, B. Shriver und J. Lanzetta, The Behavior of Leaders and Other Group Members, in: JASP, Vol. 45, 195o, S. 589-595, (195o)

Carter, L.F., W. Haythorn, B. Meirowitz und J. Lanzetta, A Note on a New Technique of Interaction Recording, in: JASP, Vol. 46, 1951, S. 258-26o (1951a)

dies., The Relation of Categorizations and Ratings in the Observation of Group Behavior, in: Human Relations, Vol. 4, 1951, S. 239-254 (1951b)

Cassotta, L., J. Feldstein und J. Jaffe, AVTA: A Device for Automatic Vocal Transaction Analysis, in: Journal of Experimental Analytical Behavior, Vol. 7, 1954, S. 99-1o4,(1964)

Chapple, E.D., Quantitative Analysis of the Interaction of Individuals, in: Proceedings of the National Academy of Science, Vol. 25, 1939, S. 58-67, (1939)

ders., Measuring Human Relations: An Introduction to the Study of Interactions of Individuals, in: Genetic Psychology Monograph, Vol. 22, 194o S. 3-147, (194o)

ders., The Interaction Chronograph: Its Evaluating Evolution and Present Application, in: Personnel, Vol. 25, 1949, S. 295-3o7, (1949)

Cicourel, A.V., Methode und Messung in der Soziologie, Frankfurt 197o

Claster, D.S. und H. Schwartz, Strategies of Participant Observation, in: Sociological Methods and Research, Vol. 1, 1972, S. 65-96

Cranach, M.V. und H.G. Frenz, Systematische Beobachtung, in: C.F. Graumann (Hg.) Sozialpsychologie; Theorien und Methoden, Band 7/1 des Handbuchs der Psychologie, Göttingen 1969, S. 269-331

Crutchfield, R.S., Conformity and Character in: American Psychologist, Vol. 1o, 1955, S. 191-198

Daheim, H., Die Sozialstruktur eines Bürobetriebes: Eine Einzelfallstudie, Diss., Köln 1957

Dean, J-P., Participant Observation and Interviewing, in: J.T. Doby (Hg.), An Introduction to Social Research, Harrisburg, Pen., 1954, S. 225-252

Eberlein, G., Theoretische Soziologie heute, Stuttgart 1971

Erbslöh, E., Interview, Stuttgart 1972

Fink, R., Techniques of Observation and their Social and Cultural Limitations, in: Mankind, Vol.5, S. 6o-68

Friedrichs, J., Teilnehmende Beobachtung abweichenden Verhaltens, Stuttgart 1973 (1973a)

ders., Methoden der empirischen Sozialforschung, Reinbek 1973 (1973b)

ders. und H. Lüdtke, Teilnehmende Beobachtung, Weinheim/Berlin/Basel, 1973, 2. Aufl.

Galtung, J., Theory and Methods of Social Research, Oslo/Bergen/Tromsö, 197o

Geer, B., First Days in the Field: A Chronicle of Research in Progress, in: G.J. McCall und J.L. Simmons, 1969, S. 144-162

Gehlen, A., Die Seele im technischen Zeitalter, Soziologische Probleme der industriellen Gesellschaft, Hamburg 1957

Gold, R.L., Roles in Sociological Field Observation, in: G.J. McCall und J.L. Simmons, 1969, S. 3o-38, (1969)

Goode, W.J., und P.K. Hare, Methods in Social Research, New York, 1952

Grauer, G., Jugendfreizeitheime in der Krise, Weinheim/ Basel 1973

Graumann, C.F., Grundzüge der Verhaltensbeobachtung, in: E. Meyer (Hg.), Fernsehen in der Lehrerbildung, München 1966, S. 86-1o7, (1966)

Hall, E.T., A System for the Notation of Proxemic Behavior, in: American Anthropologist, Vol. 65, 1963 S. 1oo3-1o26, (1963)

ders., The Hidden Dimension, New York 1969

Hallwachs, H., Beobachtungsverfahren in der Tourismusforschung, in: Studienkreis für Tourismus e.V. (Hg.), Motive-Meinungen-Verhaltensweisen. Einige Ergebnisse und Probleme der psychologischen Tourismusforschung, Starnberg, 1969 S. 19o-196

Hare, A.P., E.F. Borgatta und R.F. Bales (Hg.), Small Groups. Studies in Social Interaction, New York 1966

Hasemann, K., Verhaltensbeobachtung, in: R. Heiss (Hg.), Handbuch der Psychologie, Band 6, Psychologische Diagnostik, Göttingen 1964

Heyns, R.W. und R. Lippitt, Systematic Observational Technique in: G. Lindzey (Hg.), Handbook of Social Psychology, Vol. 1, Cambridge, Mass., 1954, S.37o 4o4, (1954)

den Hollander, A.N.J., Soziale Beschreibung als Problem, in: KZfSS, Jg. 17, 1965, S. 2o1-231, (1965)

Holm, K., Zuverlässigkeit von Skalen und Indizes, in: KZfSS, Jg. 22, 197o, S. 356-386

ders., Gültigkeit von Skalen und Indizes, in: KZfSS, Jg. 22, 197o, S. 693-714, (197o)

Homans, G.C., Theorie der sozialen Gruppe, Köln/Opladen 1965

Hummell, H.J., Probleme der Mehrebenenanalyse, Stuttgart 1972

Jahoda, M., M. Deutsch und S.W. Cook, Beobachtungsverfahren, in: R. König 1968a, S. 77-96, (1968)

dies. (Hg.), Research Methods in Social Relations, New York 1951

Jahoda, M. und H. Zeisel, Die Arbeitslosen von Marienthal, Leipzig, 1932

Kantowsky, D., Möglichkeiten und Grenzen der teilnehmenden Beobachtung als Methode der empirischen Sozialforschung, in: Soziale Welt, Jg. 2o,1969, S. 428-434

Kaplan, A., The Conduct of Inquiry, San Francisco 1964

Kentler, H., T. Leithäuser und H. Lessing, Jugend im Urlaub, Weinheim/Berlin/Basel 1969

Kluckhohn, F., Die Methode der teilnehmenden Beobachtung,in: R. König, 1968a, S. 97-114, (1968)

Kluth, H., U. Lohmar und L. Pongratz u.a., Das Heim der offenen Tür, München 1955

König, R., Praktische Sozialforschung, in: R. König (Hg.) Das Interview, Köln/Berlin 1966, 5. Aufl. S. 13-33, (1966)

ders., (Hg.) Beobachtung und Experiment in der Sozialforschung, Köln/Berlin 1968, 6. Aufl., (1968a)

ders., Beobachtung und Experiment in der Sozialforschung, in: R. König, 1968a,S. 17-47,(1968b)

ders., Handbuch der empirischen Sozialforschung, Bd. 1, Stuttgart 1967, 2. Aufl.; als Taschenbuchreihe in 4 Bänden Stuttgart 1973, 3. Aufl.

ders., Beobachtung, in: R. König, 1967, S.1o7-135; 1973, Bd. 2, S. 1-65, (1973)

Kunz, G., Beobachtung, in: W. Bernsdorf (Hg.), Wörterbuch der Soziologie, Frankfurt/Main 1972, S. 85-99, (1972)

Lessing, H., Von der teilnehmenden zur beteiligten Beobachtung: Zur Kritik der positivistischen Beobachtungslehre, in: Studienkreis für Tourismus e.V. (Hg.), Motive-Meinungen-Verhaltensweisen. Einige Ergebnisse der psychologischen Tourismusforschung, Starnberg 1969, S.197-2o4

Leventhal, H., und E. Sharp, Facial Expression as Indicators of Distress,in: S.S. Tomkins und C.E.Izard (Hg.), Affect, Cognition and Personality,New York 1965

Lewin, K., Feldtheorie in den Sozialwissenschaften, Bern/ Stuttgart 1963

Lindemann, E.C., Social Discovery, New York 1924

Lück, H. und W. Bungard, Artefakte und Nicht-Reaktive Meßverfahren, Stuttgart 1974

Lüdtke, H., Jugendliche in organisierter Freizeit. Ihr soziales Motivations- und Orientierungsfeld als Variable des inneren Systems von Jugendfreizeitheimen, Weinheim/Basel 1972

ders. und G. Grauer, Jugend-Freizeit-"Offene Tür". Methoden und Daten der empirischen Erhebung in Jugendfreizeitheimen, Weinheim/Basel 1973

Lyndt, R.S. und H.M. Lyndt, Middletown, New York 1929

dies., Middletown in Transition, New York 1937

Malinowski, B., Argonauts of the Western Pacific, London 1922

Mann, R.D., Interpersonal Styles and Group Development, New York 1967

Manz, W., Beobachtung verbaler Kommunikation im Laboratorium, in: J.van Koolwijk und M. Wieken-Mayser (Hg.), Techniken der empirischen Sozialforschung Bd. III, Erhebungsmethoden: Beobachtung und Analyse von Kommunikation, München 1974, S. 27-65, (1974)

Mayntz, R., K. Holm und P. Hübner, Einführung in die Methoden der empirischen Sozialforschung, Köln/Opladen 1969

McCall, G.J., Data Quality Control in Participant Observation, in: G.J. McCall und L.J. Simmons, 1969 S. 128-141, (1969a)

ders., The Problem of Indicators in Participant Observation, in: G.J. McCall and J.L. Simmons, 1969, S. 23o-239, (1969b)

ders. und J.L. Simmons, Issues in Participant Observation, Reading, Mass., 1969

Mead, M., Coming Age in Samoa, New York 1928

dies., Growing in New Guinea, New York 193o

Mead, G.H., Mind, Self and Society, Chicago/London 1965; deutsch: Geist, Identität und Gesellschaft, Frankfurt/Main 1968

Medeley, D.M. und H.E. Mitzel, Measuring Classroom Behavior by Systematic Observation, in: N.L. Gage (Hg. Handbook of Research on Teaching, Chicago, 1963; deutsche Bearbeitung: s. Schulz, W.u.a. (1963)

Merton, R.K., Social Theory and Social Structure, Glencoe, Ill., 1957

Miller, S.M., The Participant Observer and "Over Rapport", in: G.L. McCall and J.L. Simmons, 1969, S. 87-89, (1969)

Mills, T.M., The Sociology of Small Groups, Englewood Cliffs N.J., 1967

ders. und S. Rosenberg (Hg.), Readings on the Sociology of Small Groups, Englewood Cliffs, N.J., 197o

Nagel, E., Probleme der Begriffs- und Theoriebildung in den Sozialwissenschaften, in: H. Albert (Hg.), Theorie und Realität, Tübingen 1972

Naroll, R., Data Quality Control - A New Research Technique, Glencoe, Ill., 1962

Nunnally, J.C., Psychometric Theory, New York 1967

Øyen, E., The Impact of Prolonged Observation on the Role of the "Neutral Observer" in Small Groups, in: Acta Sociologica, Vol. 15, 1972, S.254-266

Parsons, T., The Social System, Glencoe, Ill. 1951

ders., E.A. Shils und R.F. Bales, Working Papers in the Theory of Action, New York 1953

ders. und R.F. Bales, The Dimensions of Action Space, in: T. Parsons, E.A. Shils und R.F. Bales, 1953, Kap. III, (1953)

ders. und E.A. Shils (Hg.), Toward a General Theory of Action, New York/Evanston 1962

Polsky, N., Forschungsmethode, Moral und Kriminologie, in: J. Friedrichs, 1973a, S. 51-82, (1973)

Purcell, K. und K. Brady, Assessment of Interpersonal Behavior in Natural Settings: A Research Technique and Manual, Denver, Col., 1965

Roeder, P.M., Versuche einer kontrollierten Unterrichtsbeobachtung, in: Psychologische Beiträge, Nr. 8, 1965, S. 4o8-423, (1965)

Scheuch, E.K., Versuch einer kleinen Gliederung über die Verwendung von Beobachtungsmethoden in der Sozialforschung, unveröff. Manuskript, Köln 1954

ders., Stichwort "Methoden", in: R. König (Hg.), Soziologie, Das Fischer-Lexikon, Frankfurt/Main 1967

ders., Das Interview in der Sozialforschung, in: R. König, 1967, S. 136-196; Bd. 2, Stuttgart 1973, S. 66-19o, (1973)

ders. und T. Kutsch, Grundbegriffe der Soziologie, Stuttgart 1972

Scheuch, E.K. und R. Wildenmann, Zur Soziologie der Wahl, Sonderheft 9 der KZfSS, Köln und Opladen 1968, 2. Aufl.

Schrader, A., Einführung in die empirische Sozialforschung, Stuttgart 1971

Schulz, W., W.P. Teschner und J. Vogt, Verhalten im Unterricht. Seine Erfassung durch Beobachtungsverfahren, in: K. Ingenkamp (Hg.), Handbuch der Unterrichtsforschung Teil 1, Weinheim/Berlin/Basel 197o, S. 633-852

Schwarz, M.S. und C.G. Schwarz, Problems in Participant Observation, in: G.J. McCall und J.L. Simmons 1969 S. 89-1o4 (1969)

Secord, P.F. und C.W. Backman, Social Psychology, New York 196

Selltiz, C., M. Jahoda, M. Deutsch und S.W. Cook, Untersuchun methoden der Sozialforschung, Bd. I, Neuwied und Darmstadt 1972

Sjoberg, G. und R. Nett, A Methodology for Social Research, New York 1968

Slater, P.E., Role Differentiation in Small Groups, in: ASR Vol. 2o, 1955, S. 3oo-31o, (1955)

Slotta, G., Die Pädagogische Tatsachenforschung Peter und Else Petersens, Studie zur Stellung und Bedeutung der "empirischen" Forschung in der Erziehungswissenschaft, Weinheim 1962

Stieber, H.W., Interaktionen als Ausdruck der sozialen Organisation einer Arbeitsgruppe, in: P. Atteslander, 1959, S. 75-95, (1959)

Strauss, G., Direct Observation as a Source of Quasi-Sociometric Information, in: Sociometry, Vol. 1 1952, S. 141-145

Strecker, I.A., Methodische Probleme der ethno-soziologischen Beobachtung und Beschreibung. Versuch einer Vorbereitung zur Feldforschung, Diss. Göttingen 1969

Strodtbeck, F.L., Bales 2o Years Later: A Review Essay, in:AJS, Vol. 79, 1973, S. 459-465 (1973)

Taguiri, R., Person Perception, in: G. Lindzey und E. Aronson (Hg.), Handbook of Social Psychology, Vol. 3, Reading, Mass., 1969, S. 395-449,(196

ders. und L. Petrullo (Hg.), Person Perception and Interpersor Behavior, Stanford 1958

Talland, G.A., Task and Interaction Process: Some Characteristics of Therapeutic Group Discussion, in: JASP, Vol. 5o, 1955, S. 431-434, (1955)

Tausch, A. und R. Tausch, Reversibilität/Irreversibilität des Sprachverhaltens in der sozialen Interaktion, in: Psychologische Rundschau, Jg. 16, 1965, S. 28-42,(1965)

Teuscher, W., Die Einführung des Forschers in die Untersuchungsgruppe durch Status- und Rollenzuweisung als Problem der empirischen Forschung, in: KZfSS, Jg. 11, 1959, S. 25o-256

Thomas, D.S. u.a.,Some New Techniques for Studying Social Behavior,in: Child Development Monograph, Nr.1 1929

Treinen, H., Eine Arbeitsgruppe am Fließband: Sozialstruktur und Formen der Beaufsichtigung, unveröff. Diplomarbeit, Köln 1955

ders., Formen der Beaufsichtigung; Soziale Faktoren bei der Abweichung von Produktionsvorschriften, in: P. Atteslander 1959, S.175-188,(1959)

Tripoldi, T., P. Fellini und H. J. Meyer, The Assessment of Social Research. Guidelines for Use of Research in Social Work and Social Science, Itasca, Ill., 1969

Vidich, A.J., Participant Observation and the Collection and Interpretation of Data, in: G.J. McCall und J.L. Simmons 1969, S. 87-86, (1969)

ders. und G. Shapiro, A Comparison of Participant Observation and Survey Data, in: G.J. McCall and J.L. Simmons 1969, S. 295-3o2

Warner, W.L. und P.S. Lunt, The Social Life of Modern Community, Yankee City Series, Vol. 1, New Haven 1941

dies., The Status System of a Modern Community, Yankee City Series, Vol. 2, New Haven 1942

Wax, R.H., Participant Observation, in: D.L.Sills, 1968, S. 238-241, (1968)

Webb, E.J., D.T. Campbell, R.D. Schwartz und L. Sechrest, Unobtrusive Measures: Nonreactive Research in the Social Sciences, Chicago 1966

Weick, K.E., Systematic Observational Methods, in: G.Lindzey und E. Aronson, Vol. 2, 1968, S. 357-451, (1968)

Weinberg, M.S. und C.J. Williams, Soziale Beziehungen zu devianten Personen bei der Feldforschung, in: J. Friedrichs 1973a, S. 83-1o8, (1973)

Whyte, W.F., Street Corner Society, Chicago 1943; erweiterte Neuauflage: Chicago 1955

Whyte, W.F. Observational Field Work Methods, in: M. Jahoda, M. Deutsch und S.W. Cook 1951, Vol. 2

Winnefeld, F., Pädagogischer Kontakt und pädagogisches Feld, München/Basel 1957

Zander, A., Systematische Beobachtung kleiner Gruppen, in: R. König, 1968a, S. 129-147, (1968)

Zimmermann, E., Das Experiment in den Sozialwissenschaften, Stuttgart 1972

Sachregister

A

B